动力电池与储能技术丛书

电池的计算机辅助工程

[美] 施莱姆·桑塔那戈帕兰（Shriram Santhanagopalan） 等著
方彦彦　徐　冉　马小利　译

机械工业出版社

本书通过案例详细讨论了电池实验和数学模型方面的进展，包括在工业界中的专家将数学模型应用于商用单体电池的多个实际案例。本书从解耦了单体电池几何设计与化学相关参数的多尺度多域模型出发，呈现了商用单体电池和模组设计的实例，并提供了各尺度的丰富验证；对于模型参数辨识，特别是难以获取的机械和热滥用情况下的模型参数进行了详细讨论。同时结合实际案例，重点说明了在确定给定电池或模组设计时，机械、热和电化学现象之间的复杂相互作用，并揭示了精细现象学模型在解析电池安全性方面存在的差距。最后一章重点介绍了新兴趋势——高性能计算在电池建模中的应用，提供尺度桥接的切实案例并探讨数据科学和机器学习在这个信息丰富的领域中所带来的机遇。

本书适合电池行业的从业人员，以及高等院校电气工程、新能源、材料科学等专业师生阅读。

First published in English under the title：
Computer Aided Engineering of Batteries
By Shriram Santhanagopalan, edition:1

图书在版编目（CIP）数据

电池的计算机辅助工程 /（美）施莱姆·桑塔那戈帕兰（Shriram Santhanagopalan）等著；方彦彦，徐冉，马小利译 . —北京：机械工业出版社，2024. 3
（动力电池与储能技术丛书）
书名原文：Computer Aided Engineering of Batteries
ISBN 978-7-111-75193-9

Ⅰ . ①电…　Ⅱ . ①施… ②方… ③徐… ④马…　Ⅲ . ①电池 – 系统建模 – 计算机辅助技术　Ⅳ . ① TM911

中国国家版本馆 CIP 数据核字（2024）第 042962 号

机械工业出版社（北京市百万庄大街 22 号　邮政编码 100037）
策划编辑：刘星宁　　　　责任编辑：刘星宁　闫洪庆
责任校对：杨　霞　张雨霏　陈　越　　封面设计：马精明
责任印制：刘　媛
北京中科印刷有限公司印刷
2024 年 4 月第 1 版第 1 次印刷
184mm × 240mm · 14 印张 · 326 千字
标准书号：ISBN 978-7-111-75193-9
定价：119.00 元

电话服务　　　　　　　　网络服务
客服电话：010-88361066　机　工　官　网：www.cmpbook.com
　　　　　010-88379833　机　工　官　博：weibo.com/cmp1952
　　　　　010-68326294　金　　书　　网：www.golden-book.com
封底无防伪标均为盗版　机工教育服务网：www.cmpedu.com

序

数学建模已经成为电池开发的重要组成部分。从消费类电子产品到电动汽车，各种应用场景都在开发新的电池。因此，数学建模在设计和制造新单体电池、模组和电池包中的作用至关重要。基于物理原理的电池模型被广泛用于确定电池性能设计的限制因素，在规定的操作条件下给定电池衰减的控制因素，以及估计单体电池和电池包的剩余使用寿命。随着更大尺寸单体电池的出现，这些模型将不得不重新调整，以适应大尺寸单体电池在温度、电阻积累和其他非均匀性上的局部差异。汽车电动化对快速成型和提高运转时间的需求，推动了新一代软件工具的发展。这些虚拟设计平台将几何、性能、寿命预测和安全评估集成到一套综合的数学建模工具中，使得工业界可以轻松采用这些工具来模拟不同案例研究，以满足目标应用场景的形状因子和化学成分要求。

随着供应链中各参与方的反馈，美国能源部启动了一项专门的计算机辅助工程，旨在为电动汽车电池部署先进的模拟工具。该程序基于由数学模型开发、软件公司和最终用户的技术专家组成的世界级团队多年来的现象学模型的开发成果所建立，期间工业界、学术界和几个国家实验室进行了积极合作。自那时起，这些工具已经在全球范围内得到广泛授权。本书汇集了该项工作的亮点。

本书着重总结了电池建模行业的迅猛增长，并提供了市场上可用软件工具集的实际案例，以及这些工具集在科学界逐步应用的过程。电流密度分布测量的实例及其与精细多维性能模型评估不同外形结构的商用单体电池的设计特征的关联已在经典电化学工程领域的文献中持续报道了数十年。由于可以获得更高分辨率的测量数据，定量评估电极级局部非均匀性的影响不再是数学模型关注的热点。本书通过案例详细讨论了实验和数学模型方面的进展，包括在工业界中的专家将数学模型应用于商用单体电池的多个实际案例。本书从解耦了单体电池几何设计与化学相关参数的多尺度多域模型出发，呈现了商用单体电池和模组设计的实例，并提供了各尺度的丰富验证；对于模型参数辨识，特别是难以获取的机械和热滥用情况下的模型参数进行了详细讨论。同时结合实际案例，重点说明了在确定给定电池或模组设计时，机械、热和电化学现象之间的复杂相互作用，并揭示了精细现象学模型在解析电池安全性方面存在的差距。最后一章重点介绍了新兴趋势——高性能计算在电池建模中的应用，提供尺度桥接的切实案例并探讨数据科学和机器学习在这个信息丰富的领域中所带来的机遇。

总体而言，在技术细节的复杂性、易用性和应用广泛性方面，电池的数学建模已经取得了显著进展。随着新型单体电池外形结构、化学组成和应用场景的出现，该领域正在迅速发展，以填补我们对材料局限性理解上的差距。随着虚拟开发和监测平台日益受到重视，电池数学建模领域正经历巨大变革，并有望实现实时故障监测系统的部署应用。借助软件工具的自动化程序，广泛运用数学建模与大数据分析支持的可靠性改进正在成为常态。本书全面概述了最新技术在电池数学建模中的应用，并重点介绍了相关实际问题的解决方案。

Ralph E. White
美国南卡罗来纳州哥伦比亚市

前　言

在几代电池外形结构、应用和化学中进行精密工程化使得电池的制造更像是一门艺术。与任何复杂而精细设计的体系一样，多学科交叉导致的尺度和范围上的复杂性使得问题的解决充满挑战。

美国能源部的车辆技术办公室启动了一个经过深思熟虑的计划，旨在利用仿真工具支持汽车动力电池的严谨技术和成本效益设计。自从成立以来，电动汽车电池的计算机辅助工程 (CAEBAT) 项目对电池制造商、原始设备制造商 (OEM) 和学术研究人员等产生了重大影响。在此努力下部署的软件工具集一直专注于电池设计相关的构建和破坏周期最小化，同时揭示工艺工程的微妙差异及其与电池长期性能之间的关系。本书试图提供电池性能、寿命和安全响应等几个方面建模的详细探究，重点是以物理模型为坚实的基础，为更广泛的电池行业提供实用工具。

我们并未试图对 CAEBAT 所属不同项目的各个方面进行全面覆盖，而是提供了大尺寸电池的虚拟设计工具在该项目中演变的过程。为了便于读者全面了解这些模型，本书还引用了早期出版物和网页作为参考。第 1 章对广泛应用于电池工程的计算工具和商用软件进行了全面概述。除了讨论各种软件工具的功能，该章还可作为电池建模文献的权威汇编。第 2 章对大尺寸单体电池中非均匀性的详尽实验研究进行了讨论。这些独特的测量结果有助于我们深入了解电池不同部分的热特性和电性能局限，相应的模型解决了与电池尺寸扩展相关的实际问题。第 3 章全面讨论了电极工程，并强调了其在多重电池化学介观设计中的重要性。这些经典案例展示了这些模型对下一代电池开发的实用价值。第 4 章详细考察了电池包设计的各个方面，并提供了大量实验结果，这些实验结果提示对建模工具成熟性和其与实际汽车动力电池设计相关性的关注。第 5 章详细介绍了从单体电池部件到电池模组的电池机械响应参数化方面的实验研究。该章提示注意滥用测试的设置细节，并提供具体建议，以尽量减少测试结果的不确定性。第 6 章探讨了在各种滥用条件下模拟机械变形的经验。我们解决了该领域的常见问题，如接触电阻与发热速率之间的关系，以及老化对单体电池滥用反应的影响。第 7 章强调了多尺度模型和高性能计算工具的重要性，以简化其实现过程。该章最后详细讨论了人工智能和机器学习工具如何与大型数据库进行交互，从而重新定义电池的计算机辅助工程。这些章节共同提供了全面的电池计算设计方法。

最后，这在很大程度上是一项正在进行中的工作。随着新化学物质的出现，推动电池设计和分析的数学工具正迅速发展。我们真诚希望这些章节就像数学工具为电池设计搭建舞台一样，促进电池的稳健设计和性能提升。

Shriram Santhanagopalan
美国科罗拉多州戈尔登市

致　谢

我们对美国能源部能源效率和可再生能源办公室（EERE）的车辆技术办公室在协议 No. 29834 下为电动汽车电池的计算机辅助工程（CAEBAT）项目提供的技术和财政支持表示感谢。特别感谢我们的项目经理 David Howell 和 Brian Cunningham，他们对该项目开发一个最先进的虚拟平台进行大尺寸电池的设计和分析具有远见卓识。感谢美国陆军 TARDEC（现在是 GVSC）在协议 No. MIPR 11037569/2810215（Yi Ding）下提供的资金支持。NREL 管理层一直以来给予我们持续支持和不断鼓励，特别是 Johney Green、Chris Gearhart 和 John Farrell，他们是推动项目取得多样化成功的关键人物。NREL 的 Ahmad Pesaran 和 ORNL 的 John Turner 在 CAEBAT 下组建、协调和领导不同团队方面发挥了重要作用。他们多年与行业相关合作伙伴紧密合作积累了丰富经验，这也是该项目成功所必需的。福特汽车公司的 Ted Miller 和通用汽车公司的 Mary Fortier 是这项工作的早期倡导者，并为我们提供了无与伦比的获得世界级技术资源的机会。美国先进电池联盟技术咨询委员会、碰撞安全工作组、电池公司以及软件公司成员坚定地支持着我们，并向我们提供样品、分享技术见解并满足行业需求，在此真诚地向他们致以衷心感谢。同时也深深感激 NREL 同事（现任及前任）所做出的杰出技术贡献。

目　录

序
前言
致谢

第 1 章　商用软件在锂离子电池建模和仿真领域的应用 …… 1

1.1　引言 …… 1
1.2　商用计算机辅助工程软件概述 …… 3
1.3　锂离子电池设计与仿真的商用软件产品 …… 3
1.4　具体应用场景 …… 5
1.4.1　材料设计 …… 5
1.4.2　电极模拟 …… 6
1.4.3　单体电池设计和模拟 …… 6
1.4.4　模组和电池包设计 …… 11
1.4.5　电池管理系统设计 …… 15
1.4.6　系统设计 …… 15
1.5　结论 …… 18
1.5.1　材料设计 …… 18
1.5.2　电极设计 …… 18
1.5.3　单体电池设计 …… 18
1.5.4　模组 / 电池包设计 …… 18
1.5.5　电池管理和系统设计 …… 18
参考文献 …… 19

第 2 章 大尺寸锂离子电池电流分布的原位测量 …… 24
2.1 引言 …… 24
2.2 利用分段式锂离子电池直接测量电流分布的方法 …… 26
2.2.1 使用分段式锂离子电池的实验方法 …… 26
2.2.2 分段式锂离子电池的研究结果 …… 27
2.3 通过局部电势测量间接推断电流分布 …… 41
2.3.1 改装商用圆柱形电池的实验方法 …… 41
2.3.2 改装商用圆柱形电池的实验结果 …… 42
2.3.3 单层软包锂离子电池的实验方法 …… 43
2.3.4 单层软包锂离子电池的实验结果 …… 45
2.4 磁共振成像对电流分布的无损诊断 …… 47
2.4.1 磁共振成像测量方法 …… 47
2.4.2 磁共振成像的实验结果 …… 48
2.5 总结与后续研究 …… 49
参考文献 …… 50
第 3 章 电化学能源系统的介观尺度建模与分析 …… 54
3.1 引言 …… 54
3.2 电化学物理 …… 55
3.2.1 锂离子电池的热 - 电化学耦合 …… 55
3.2.2 锂硫电池电极的物理化学相互作用 …… 59
3.2.3 聚合物电解质燃料电池中的多相多组分传输 …… 60
3.3 典型电化学系统的介观建模案例研究 …… 65
3.3.1 锂离子电池 …… 65
3.3.2 锂硫电池微观结构演化与电解质传输动力学 …… 77
3.3.3 聚合物电解质燃料电池 …… 79
3.4 总结与展望 …… 86
参考文献 …… 87

第 4 章 汽车用电池计算机辅助设计工具的开发 …… 91

4.1 背景 …… 91
4.2 引言 …… 92
4.3 电池仿真技术的发展 …… 94
4.3.1 基于 MSMD 方法的场模拟 …… 94
4.3.2 系统仿真 …… 99
4.3.3 降阶模型 …… 104
4.3.4 热滥用 / 失控模型 …… 108
4.4 电池测试和验证 …… 113
4.4.1 单体电池性能测试和验证 …… 113
4.4.2 模组 / 电池包级验证 …… 119
4.5 后续计划 …… 143
参考文献 …… 144

第 5 章 场致机械损伤条件的实验模拟 …… 146

5.1 引言 …… 146
5.2 实验设计 …… 147
5.3 单个电池接近热失控时的力学行为 …… 148
5.4 12 个电池组成的堆叠模组的圆柱形变形 …… 151
5.5 总结 …… 154
参考文献 …… 155

第 6 章 电池受机械冲击时的滥用响应 …… 157

6.1 引言 …… 157
6.2 机械建模框架 …… 158
6.2.1 机械模型的本构特性 …… 159
6.2.2 机械模型的数值实现 …… 164
6.2.3 组件级验证 …… 164
6.2.4 扩展至电池和电池包级模拟 …… 165
6.2.5 代表性三明治模型 …… 165

6.3　与电化学和热模型的耦合 …… 168
6.3.1　电化学建模框架 …… 168
6.3.2　数值实现 …… 169
6.3.3　几何和网格化 …… 170
6.4　电气短路的描述 …… 170
6.4.1　固定几何形状的内部短路 …… 170
6.4.2　带几何演变的内部短路 …… 171
6.4.3　短路电阻的随机描述 …… 172
6.4.4　短路响应的电化学 - 热建模 …… 173
6.5　单电池模拟结果 …… 173
6.5.1　同时模拟与顺序模拟 …… 173
6.5.2　固液相中的物质组分分布 …… 174
6.5.3　短路电阻与电压和温度响应 …… 175
6.6　多电池模拟 …… 177
6.6.1　多电池失效响应的耦合 MECT 模拟 …… 177
6.6.2　多电池结果的可视化 …… 177
6.6.3　使用机械 - 电化学 - 热模拟的设计权衡 …… 179
6.7　影响电池安全的其他因素 …… 180
6.7.1　应变速率的影响 …… 180
6.7.2　温度的影响 …… 181
6.7.3　老化的影响 …… 181
6.7.4　SOC 的影响 …… 182
6.8　数值考虑 …… 182
6.9　下一步工作 …… 183
6.9.1　气相反应 …… 183
6.9.2　数据科学与电池安全 …… 183
6.9.3　总结 …… 184
参考文献 …… 185

第 7 章　使用高性能计算和机器学习的机遇加速电池模拟…………………… 190

7.1 引言 …… 190
7.2 电池的连续电化学和热模型 …… 191
7.3 新型电池架构 …… 195
7.3.1 在非平面交错几何中的应用 …… 196
7.4 热管理 …… 197
7.5 安全性 …… 199
7.6 锂离子电池数据和机器学习的机遇 …… 201
7.6.1 原子建模 …… 202
7.6.2 连续尺度电化学系统 …… 205
参考文献 …… 209

第1章　商用软件在锂离子电池建模和仿真领域的应用

Robert Spotnitz

摘要　商用软件平台上的电池建模在几个方面具有其独特优势，包括提供在实际几何环境中可靠的虚拟原型平台，为电池设计人员提供持续支持，并填补了组装电池时涉及的多学科交叉认知的不足。本章首先概述商用软件工程工具，并扩展到文献中常用软件工具包的具体实例，以对比各种软件工具在适用性能和特定功能方面的差异。

1.1　引言

自 2010 年以来，电动汽车领域的快速增长推动电池设计和仿真的商用软件蓬勃发展。商用电池软件主要应用于混合动力电动汽车（HEV）、纯电动汽车（BEV）、电池管理系统和冷却系统的设计和优化。此外，商用软件还广泛应用于单体电池、模组和电池包的设计，以及老化和滥用情况下的仿真。近年来，锂离子电池在电网应用中的兴起促进了储能电池软件工具的开发。

工业界使用软件作为解决成本效益问题的工具。因此，通过考虑电池行业发展过程中所面临的挑战，我们可以理解建模和仿真在锂离子电池领域中的重要作用。首先，通过查看仿真相关的文献数量，我们可以得到关于电池仿真应用的一些观点（见图 1.1）。尽管商用锂离子电池在 1991 年就已推出，但直到 2010 年才开始出现对仿真技术的关注，并与电动汽车市场的增长相关。

1991 年，索尼首次推出商用锂离子电池，以在便携式摄像机等消费应用领域与镍氢电池竞争。市场对更高体积能量密度（Wh/L）的需求迅速导致采用石墨负极代替硬碳，并采用电解质添加剂提高电流效率；随后开发了镍钴铝酸锂和高压钴酸锂正极材料。同时，在单体电池外形结构设计上也有创新，特别是软包电池。磷酸铁锂的发明使得锂离子电池在工业中（如电动工具和叉车等）广泛应用。

在上述锂离子电池的研究中，模拟方法并未发挥主导作用，因为其未能令人信服地解决新材料如电解质添加剂或活性材料的发现和识别问题。目前已有一些软件被广泛应用于预测锂离子电池性能，特别是 1994 年 Doyle、Fuller 和 Newman（DFN）[1-3] 提出的基于物理的伪二维（P2D）模型，该模型已被证明非常有助于电池的优化设计 [4]。

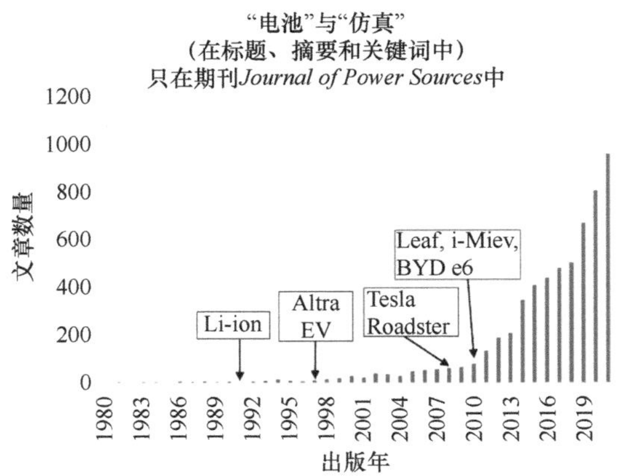

图 1.1　1980~2021 年 *Journal of Power Sources* 中以"电池"与"仿真"检索出的文章数量。随着时间推移，论文数量的增加与电动汽车的问世密切相关

DFN 模型详细解释了锂离子电池中发生的主要物理过程，包括液相和固相锂离子传输、电荷转移反应以及电子电阻。该模型成功地说明了液相传质如何限制放电容量，并允许优化活性材料颗粒尺寸和电极孔隙率，从而最大限度地提高能量和功率密度。这些结果为锂离子电池设计提供了有益的指导，然而由于实际实施上存在一定困难，其价值也有所局限。例如，DFN 模型可能表明使用更小的颗粒尺寸可以提高倍率性能，但同时改变颗粒尺寸也会影响到粘结剂和导电剂的用量以获得良好的电极涂层附着力和黏合力，并且加剧随时间推移的容量衰减。DFN 模型未能预测这些改变颗粒尺寸可能带来的副作用，因此需要通过实验来评估调整颗粒尺寸产生的影响。因此，虽然 DFN 模型对优化电池设计提供了有益的方向指引，但工业界仍需依靠实验来优化电池设计。幸运的是，对于在消费类应用中广泛使用低容量（<3Ah）且价格低廉的单体电池，工业界可以通过不断测试来完善其设计。

面向消费类电子产品市场的锂离子电池行业最紧迫的问题是提高能量密度（Wh/L）和降低成本（美元 /Wh）；当然，安全性是前提。新材料被认为是实现这些目标的最佳途径。通过计算 HOMO（能量最高的被占分子轨道）和 LUMO（能量最低的未占分子轨道）等分子特性[5]，模拟仿真为开发新的活性材料提供了指导，但这一进展主要归功于大量的实验工作和研究人员的天赋，特别是 John Goodenough 教授。

鉴于极耳在电动工具电池设计中的重要性，模拟分析确实对其有所助益。极耳的位置和数量显著影响单体电池的电阻，并已成功开发出相关预测模型[6-8]。

锂离子电池电动汽车（BEV）的出现为电池设计和模拟软件创造了一个巨大的市场。这主要是因为系统设计的重要性，特别是电池管理系统（BMS）和电池热管理系统（BTMS）。在电动汽车中，电池与电子设备、电机、制动器以及冷却系统相互作用，通过仿真模型可以充分考虑这些相互作用并优化整个系统。BMS 由硬件和软件组成，具有多种功能，其中最重要的是确保电池安全运行[9, 10]；而 BTMS 则通过硬件提供适当的策略来实现向电池传热和从电池导热[11]。

MATLAB/Simulink 在汽车系统仿真市场中占据主导地位。例如，ADVISOR（https://sourceforge.net/projects/adv-vehicle-sim/）和 Autonomie（https://www.autonomie.net/expertise/Autonomie.html）等程序都是基于 MATLAB/Simulink 构建的。其他工具如 Simcenter AMESim 和 GT-Suite 则被用作独立工具或提供特定模块，以与 MATLAB/Simulink 进行电动汽车的协同仿真。

BMS 广泛应用于航空航天[12]和消费类电子产品[13]等多个领域，而在汽车应用方面，需求规模促使商用软件供应商充分面向市场。

BTMS 的设计通常涉及复杂的几何形状和空气或液体冷却剂等传热介质的流动。为此，开发了 Simcenter STAR-CCM+[14]和 Fluent[15]等计算机辅助工程（CAE）软件程序来解决共轭传热（CHT）的计算流体力学（CFD）问题，这些软件程序非常适合 BTMS 设计。

随着新车型的推出和技术的进步，车辆系统仿真、BMS 开发和 BTMS 设计领域正不断演进。这种情况为软件工具提供了稳定甚至持续增长的需求。对电池仿真软件可靠性的要求支撑了商用软件的持续维护和改进。

1.2 商用计算机辅助工程软件概述

如今，计算机辅助工程（CAE）软件已广泛应用于各行各业，在电池领域也不例外。本节简要介绍了适用于电池的 CAE 软件类型，为接下来商用软件应用的章节提供背景信息。

自 20 世纪 80 年代以来，电子设计自动化（EDA）软件如 PSPICE 已经包含了简单的电池模型，例如恒压源。随着时间推移，更为复杂的电路模型得以开发，详见最近 Saldaña 等人[16]的综述。结合了电池物理学的非常复杂的电路模型可用于电路仿真程序[13]，参考 Raël 等人[17]使用 Saber 进行仿真的实例。

MATLAB/Simulink 等系统仿真工具使用户能够通过连接各个子系统的组件模型来构建动态模型。例如，车辆仿真可能包括电池模块、电机模块和乘员舱模块等，所有这些模块都相互连接在一起。

类似 Simcenter STAR-CCM+ 这样的多物理工具集结合了复杂几何形状网格化和应用物理（如流体力学或电磁学）的能力，从而进行高保真模拟。这些工具集广泛应用于内燃机、船舶、转子等设计领域。在历史上，CAE 程序主要侧重于使用有限体积法处理共轭传热的计算流体动力学，或采用有限元方法进行应力分析。随着时间推移，这些软件工具集已经扩展到其他物理领域，尤其是电磁学和多体动力学，并增加了优化工具。

1.3 锂离子电池设计与仿真的商用软件产品

2010 年以后，商用软件产品开始在锂离子电池设计和模拟领域崭露头角。这些产品的技术基础源自学术研究对锂离子电池进行的计算机模拟，尤其是 John Newman 所做的非常重要的工作[1-3, 18-24]；而 2010 年之前的学术研究已进行了较好的总结和综述[25, 26]。此外，在电池建模方面的2010年之前的一些重要工作也由工业研究人员完成[6]，特别是Mark Verbrugge的贡献[27-30]。美国国家可再生能源实验室（NREL）在Ahmad Pesaran领导下也开展了关于电池计算机辅助工程方面的重要研究[31-36]。

2010年，美国能源部认识到电动汽车设计需要计算机辅助工程（CAE）工具，并启动了一项由NREL领导的多年计划，名为电动汽车电池的计算机辅助工程（CAEBAT）。在过去十年中，CAEBAT计划不断发展壮大（https://www.nrel.gov/transportation/caebat.html）：

- MSMD模型（CAEBAT-1）——NREL[37]开发的锂离子电池电热模拟多尺度多域模型。
- 单体电池和电池包的软件工具（CAEBAT-1）——由ANSYS、CD-adapco（现在是西门子）和EC Power资助的单体电池和电池包设计工具开发。
- 安全和挤压模拟（CAEBAT-2）。
- 单体电池和电池包的微结构应用（CAEBAT-3）。

目前，市场上有多家公司提供用于锂离子电池设计和模拟的商用软件产品。以下是其中一些公司及其所提供的产品：

1. 西门子（https://www.plm.automation.siemens.com/global/en/products/）

2007年，西门子收购了用于系统仿真的AMESim软件，该软件用于模拟纯电动汽车设计中的如电池尺寸等问题。西门子还在2016年收购了CD-adapco和Mentor Graphics。CD-adapco的旗舰产品STAR-CCM+具备基于物理模型和经验模型进行单体电池和电池包仿真的电池模块。STAR-CCM+还包含一个微结构模型[38]，该模型可采用断层重构模型技术或使用离散元模型创建的集合进行电极仿真。CD-adapco在2012年承担了Battery Design Studio®（BDS）的开发责任。BDS软件能够对简单、卷绕和堆叠锂离子单体电池进行尺寸设计和仿真，并包含电池数据分析工具。而Mentor Graphics则提供FloTHERM来进行电池组冷却系统的设计。

2. ANSYS（https://www.ansys.com/products）

旗舰产品Fluent包括电池模拟工具以及基于NREL开发的多尺度多域（MSMD）模型的应用程序编程接口（API）[37]。2019年，ANSYS收购了Livermore软件技术公司，其LS-DYNA软件可用于进行电池挤压模拟[39]。

3. Dassault Systemes（https://www.3ds.com/products-services/）

达索系统软件包括Biovia，其中包括分子动力学模拟，已被应用于电池电解质性能的评估[40]。Abaqus软件广泛用于研究电池的机械变形，例如参考文献[41]。Dymola软件在系统模拟方面具有重要作用，而Catia软件则用于对单体电池和电池包进行电热模拟。

4. Gamma Technologies，LLC（https://www.gtisoft.com/）

该公司2018年收购了Autolion®，这对电池的电热模拟具有重要意义。GT-Suite软件用于单体电池和电池包的电热模拟、系统仿真以及BMS仿真。

5. Comsol（https://www.comsol.com/）

Comsol提供了电池和燃料电池模块，用于模拟电热行为，包括电池的失控、短路和老化。该软件支持自定义模型方程，使其在学术用户中备受青睐。

6. Altair（https://www.altair.com/）

经过改进，2019 年 Altair 的 HyperWorks 软件引入了 Sendyne 的 CellMod™ 虚拟电池平台，该模型为单体电池和电池包的电热仿真提供了基于物理原理的模型解决方案。

7. Thermoanalytics（https://www.thermoanalytics.com/battery-thermal-extension）

为其所属的 TAITherm 工具集提供电池扩展，以进行单体电池和电池包的热模拟。

8. Materials Design（https://www.materialsdesign.com/）

进行电池材料的原子尺度建模，以实现离子电导率预测和活性材料设计等。

9. OpenFOAM（https://www.openfoam.com/）

OpenFOAM 是一款免费且开源的 CFD 软件，同时也提供商用支持，目前已有多个关于电池模拟方面使用 OpenFOAM 的案例 [42-44]。

谷歌文档中有一个由专业人员维护的公开电池相关软件数据库，详见 https://docs.google.com/spreadsheets/d/1xBWc2I6vwfTw64-yY_c6iHAMXWgGulekNPf5Y5ntNMM/edit#gid=0。

经由美国爱达荷国家实验室的 Kevin Gering 开发的高级电解质模型应该提及，该模型曾一度获得许可证，具体可参考文献中对该模型进行的关键性讨论 [45]。此软件提供了一系列完整的电解质特性 [46]，可用于 Doyle Fuller Newman 宏观均匀模型 [1, 3]。

1.4　具体应用场景

有远见的人已经构想了能够从材料性能到制造工艺再到产品性能各个方面的电池模拟软件工作台，例如可以参考 https://www.u-picardie.fr/erc-artistic/。Franco 等人提供了关于多尺度建模的优秀综述 [47]。然而，到目前为止，商用软件产品仍然仅针对特定应用领域如 BMS 或 BTMS。

下面提供了关于商用软件在特定应用领域中解决的问题类型的介绍。每个小节所调研的文献并不全面，而是集中在一些主要软件产品上。其目标是为用户提供主要软件工具集所解决的问题类型的概述。

1.4.1　材料设计

最近的综述中讨论了建模在材料设计中的重要作用。Urban 等人 [48] 概述了电池材料建模最先进的从头计算方法，Wang 等人 [49] 回顾了负极 SEI 的建模。维基百科提供了量子化学（https://en.wikipedia.org/wiki/List_of_quantum_chemistry_and_solid-state_physics_software）和分子力学（https://en.wikipedia.org/wiki/Comparison_of_software_for_molecular_mechanics_modeling）软件工具集的列表。以下是一些与电池材料相关的商用软件应用。

电池材料的原子级建模通常由学者使用公共域软件进行。然而，Materials Design Corporation 提供了一些示例（详见 https://www.materialsdesign.com/batteries）。此外，达索系统公司也展示了其 Biovia 软件用于电解质性能估计的案例 [40]。

DUALFOIL 模型 [3] 结合了浓溶液理论，但目前尚无可用于该模型的完整性能数据集。E-One Moli Energy（Canada）Limited 的 Valoen 和 Reimers[50] 通过实验测量获得了完整的传递性质数据（包括密度、迁移数、活性系数、扩散系数和电导率），并证明了 DUALFOIL 模型对实验结果具有预测能力。随后，Gering[51，52] 开发了先进的电解质模型，用于预测电解质的所有性能。Battery Design Studio 软件 [46] 中收录了多个电解质性能数据。Logan 和 Dahn[45] 综述了确定电解质性能的方法。

一些研究人员利用 ANSYS 软件对材料的机械性能进行模拟。例如，Ramasubramanian 等人 [53] 采用了 ANSYS Mechanical 软件来表示耦合扩散和结构力学方法，以模拟氧化锡纳米线的锂化过程。Tokur 等人 [54] 则对各种硅复合结构的机械性能进行了模拟。

Clancy 和 Rohan[55] 利用 Comsol 软件对比了不同几何形状如固态薄膜、纳米线以及核壳纳米线的活性材料的性能。Painter 等人 [56] 在 Comsol 中开发了一个 3D 相场模型，用于模拟 $LiFePO_4$ 颗粒的锂化过程。

1.4.2　电极模拟

微观结构模型考虑了电极中活性材料颗粒的几何形状，并已应用于西门子 Simcenter STAR-CCM+[57]、ANSYS Fluent[58] 和 Comsol 等软件。最近，Zhang 等人对微观结构模型进行了综述 [59]。该模型基于 Fuller 等人开发的理论 [3]，但去除了宏观均匀性假设，能够解析微观结构，因此适用于 X 射线断层扫描、聚焦离子束 / 扫描电子显微镜或离散元方法进行三维重构得到的几何结构。此外，微观结构模型可用于量化电极的曲折度，并解析其在不同方向上的变化 [60]。微观结构模拟通常计算强度较大，因此适用于较小区域范围，例如 100μm × 100μm × 100μm。以下是常用软件进行微观结构模拟的示例。

Wiedemann 等人 [58] 利用微结构模型（ANSYS）研究了基于 FIB-SEM 重构的钴酸锂电极结构中放电行为的空间变化，Goldin 等人则使用三维微结构模型（ANSYS）辅助一维模型参数化 [61]。ChiuHuang 和 Huang[62] 开发了热静力耦合有限元模型（ANSYS），以探究不同放电倍率条件下磷酸铁锂电极上的扩散诱导应力。

Hutzenlaub 等人 [38] 分解了钴酸锂电极中的碳 - 粘结剂相，并使用微结构模型（STAR-CCM+，西门子）模拟了其性能行为。Cooper 等人 [60] 使用 STAR-CCM+（西门子）计算了磷酸铁电极的方向曲折度。

Higa 等人 [63] 对 NMC 电极进行了宏观均匀模型（Comsol）和微观结构模型（STAR-CCM+，西门子）的对比。

Wang[64] 利用 Comsol 开发了硅电极的微观结构模型，该模型考虑了化学 - 机械耦合性。

1.4.3　单体电池设计和模拟

单体电池设计问题涉及元件尺寸和组成规格，包括用于电流集流体和极耳的箔片、电极涂层、隔膜、电解液、其他内部元件（如胶带和绝缘体）以及包装。通常，这个问题由电池公司使用电子表格来完成。除了 Battery Design Studio 这一显著例外，许多商用软件产品将电池设计参数作为输入，并对电池建模进行性能模拟。

通常情况下，单体电池设计的首要步骤是确定尺寸，卷芯或叠片需要充满特定的体积。对于卷绕的电池而言，通常假设采用阿基米德螺旋形状，但这并不一定能够表征电池中一个或多个极耳放置在卷绕工艺中的几何形状。Battery Design Studio 软件包含了许多商用电极设计的卷绕工艺仿真功能。通过给定电极和隔膜长度，卷绕工艺仿真可以预测出卷绕尺寸以确保其适应指定直径。另外，也可以通过给定目标直径来计算出所需的电极和隔膜长度。为了避免任何错误，Battery Design Studio 软件自动将卷绕工艺仿真结果传递至模型中。

在设计卷绕电池时，一些软件用户常犯的错误是仅考虑电极一侧的电极涂层面积，导致输入的面积值只有正确值的一半。此外，用户有时忽略卷芯几何形状对设计可行性的影响。例如，在使用石墨负极时，应使石墨涂层大于正极涂层以避免锂沉积。因此，软件具备可视化卷绕和检查涂层及极耳位置的功能非常重要。

Harb 和 LaFollette 的早期研究 [65] 解释了铅酸卷绕电池中的电流流动。针对锂离子电池，Reimers[6, 66] 提出了一种计算卷绕电池中电流流动的方法。Lee 等人 [7] 将卷绕电池建模为同心圆柱体。Spotnitz 等人 [8] 也开发了一种模拟卷绕电池中电流流动的方法，该方法不依赖于阿基米德螺旋假设，并且适用于圆柱形和方形卷绕结构。

叠片电池的尺寸相对简单。为了充分利用可用体积，可以调整电极数量和正负涂层的厚度；通常情况下，需要保持正负涂层厚度之比不变。

如上所述，Battery Design Studio（西门子）软件专注于单体电池设计问题。基本上从一张白纸开始，用户可以构建虚拟电池并评估性能。这种方法使新材料的潜在好处得以评估；例如，Howard 和 Spotnitz[67] 评估了正极为不同金属磷酸盐的 18650 尺寸电池的理论能量密度。然而，与设计相比，建模和仿真已有锂离子电池的性能问题在文献中受到了更多的关注。

经验模型通常用于模拟给定设计的性能，例如 NTGK（Newman Tiedemann Gu Kim）[68, 69] 或 RCR[70, 71]，或者基于物理原理的模型如 DFN。在使用经验模型时，需要注意其预测结果可能超出拟合参数的范围。相比之下，基于物理原理的模型计算强度更大，并且可以以不同方式实现。例如，DFN 模型可以通过 P2D、P3D 和 P4D[66] 来实现。Battery Design Studio 在正极节点上应用了 DFN 模型的 P2D 过程，在此过程中未考虑锂传输到与正极重叠的负极区域。要考虑边缘效应，则需要采用 P3D 或 P4D 模型，但这将大大增加计算量。图 1.2 展示了一个电化学电池离散化的情况。

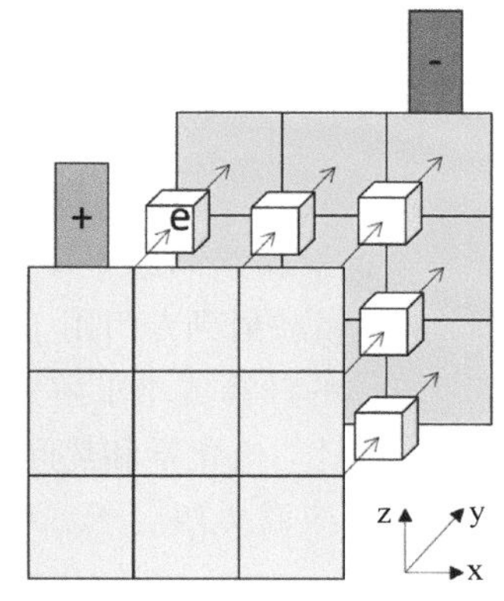

图 1.2 电化学电池离散化示意图。正（+）和负（-）极板中的电流分布可以通过泊松方程求解，而极板之间的电化学微元（e）可以采用经验或基于物理原理的模型进行描述

如图 1.2 所示，若电化学微元 e 采用 P2D 模型，则 y 方向为一维，第二个伪维度为颗粒半径。若电化学微元采用 P3D 模型，则 y/x 或 y/z 成为两个维度，第三个伪维度仍然是颗粒半径。最后，若电化学微元采用 P4D 模型，则 y、x 和 z 成为三个维度，第四个伪维度依旧是颗粒半径。从图 1.2 可知，存在九个电化学微元，每一个集流体面积段都有一个对应的微元。常见的近似方法是使用单一电化学微元来代表整块极板。当将一个电化学微元作为整块极板的代表时，通过泊松方程仍能求解极板中的电流和电压分布情况。然而，在不考虑极板中的电流和电压差异时计算温度分布可能会产生显著误差。

根据图 1.3，电流从负极极耳进入电池负极，并通过正极极耳流出。在接近极耳处，负极中的电流达到最大值，在底部达到最小值。欧姆热与电流的二次方成正比，因此在接近极耳处产生的欧姆热最高，在电池底部产生的欧姆热最低。如果不考虑集流体的电流分布，则无法准确进行生热量分布，这可能导致计算温度分布时出现显著误差。尽管存在这种风险，但由于通常不清楚集流体的详细设计或顾虑计算成本，软件用户通常不会考虑集流体的电流分布。

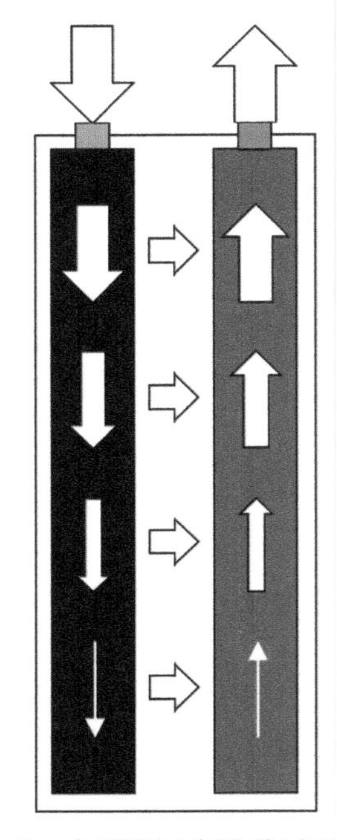

图 1.3　电流通过电池的过程。电流从负极极耳进入负极（黑色），向下流动时逐渐减小，因为部分电流转移到正极（红色）。总体而言，负极极耳附近承受着整个电路的总电流，在负极底部处的电流为零；同样的情况也适用于正极

在 CAE 软件工具集中，如 STAR-CCM+ 或 Fluent 等，通常会生成比图 1.2 所示的简单矩形网格更为复杂的网格。这些软件工具集使用基于形状的体积微元，例如多面体、四面体或六面体。如果每个区域（集流体、涂层、隔膜）都必须处理，这些网格通常比简单的方形网格需要更多的体积微元。对于采用同样的网格形式的电化学问题，除非采用如 NTGK 或 RCR 这样的简单模型来表征电化学过程，否则计算成本可能很高。Kim 等人[37]开发了多尺度多域（MSMD）方法以消除处理逐层结构所需的计算量；LS-DYNA 提供了 Tshell 微元[72]将五层结构合并到一个微元中。然而，当存在大量（≥ 1000）体积微元时，采用较为简单的模型如 NTGK 或 RCR 甚至是降阶 DFN 模型才能有效减少计算成本。

与其在电化学和热问题中使用相同的网格，不如将电化学问题产生的热量映射到专门用于处理热问题的网格上。这种方法可以以较低的计算成本求解完整的 DFN 模型。许多商用软件提供了分别针对电化学和热问题的不同网格选项。

四家主要供应商（西门子、ANSYS、Comsol 和 Gamma Technologies）提供的程序使用情况调研如下。

如下发表的论文涉及西门子的 Battery Design Studio 软件的使用：

- Howard 和 Spotnitz[67] 对不同金属磷酸盐正极材料的 18650 型电池的理论能量密度进行了评估。
- Yeduvaka 等人[73]研发了来自多个制造商的 Li/MnO_2 扣式电池模型。

- Hartridge 等人 [74] 提出了锂离子软包电池模型。
- Spotnitz 等人 [46] 研究了电解质组成对单体电池性能的影响。
- Sakti 等人 [75] 验证了基于单体电池解剖模拟 NMC/ 石墨 18650 型电池放电行为的功能。
- Bandla [76] 对 NMC811/ 石墨 -SiO_x 电池进行了模拟。

很多发表的论文描述了使用 ANSYS 软件进行锂离子电池的电热和机械特性建模的过程，例如：

- Panchal 等人 [77] 针对 18650 型锂离子电池开发了电热模型（MSMD），以研究其放电行为。
- Panchal 等人 [78] 开发了针对 20Ah $LiFePO_4$/ 石墨软包电池的电热模型（MSMD）。
- Vyroubal 等人 [79] 以不同倍率测试软包电池，使用热成像仪表征电池温度，并将结果与电热模型（MSMD）进行对比。
- Oh 和 Epureanu[80] 使用 ANSYS 的结构分析工具集预测方形电池由于热膨胀和嵌入诱导膨胀而产生的形状变化。
- Kleiner 等人 [81] 在近似实际电池包的边界条件下对单个 25Ah NMC/ 石墨方形电池进行了建模（带有 RCR 电路的 MSMD）。
- Li 等人 [82] 运用电热模型（带有 P2D DFN 的 MSMD）研究了 $LiFePO_4$/ 石墨烯混合正极和石墨负极的 10Ah 软包电池的电热特性。
- Li 等人 [83] 采用基于物理原理建立的电热模型（带有 P2D DFN 的 MSMD）对 14.6Ah 的方形锂离子电池进行了道路工况循环仿真。
- Li 等人 [84] 模拟了 18650 型电池的电流阻断和产气开阀机制。
- Pan 等人 [85] 利用 LS-DYNA 对 17Wh LCO/ 石墨的软包电池在 UN 38.3:2015 T.6 重物冲击和挤压测试条件下的变形进行了模拟。
- Deng 等人 [86] 使用 LS-DYNA 对软包和方形锂离子电池被半圆形和半球形压头冲击的过程进行了数值分析。
- Sheikh 等人 [87] 使用 LS-DYNA 模拟了 18650 型 $LiCoO_2$/ 石墨电池的压缩过程（棒、圆形冲头、3 点弯曲、平板）。
- Xi 等人 [88] 使用 LS-DYNA 研究了在径向和 3 点弯曲两种情况下，1~20m/s 的冲击速度对圆柱形 NMC/ 石墨电池的失效过程的影响。

Comsol 也被广泛用于锂离子电池的模拟，例如：

- Somasundaram 等人 [89] 采用 DFN 模型，同时考虑对流边界条件和相变材料换热条件，研究了 18650 型 $LiMn_2O_4$/ 石墨电池的电热行为。
- Xu 等人 [90] 对 38120 型圆柱形 $LiFePO_4$/ 石墨电池的二维电热 DFN 模型进行了实验验证。
- Samba 等人 [91] 通过实验验证的三维电热模型对比了极耳位置对 45Ah $LiFePO_4$/ 石墨软包电池性能的影响。
- Falconi[92] 和 Frohlich[93] 从电动汽车应用的视角，对 DFN 模型的参数空间进行了研究。
- Cai 和 White [94] 利用 Comsol 的 Newman 模型，探讨了不同冷却条件对电池放电过程中温度的影响。

- Hosseinzadeh 等人 [95] 通过 DFN 模型，优化 $LiFePO_4$/ 石墨电池的三明治结构，以提高比能量和功率。
- Dai 等人 [96] 对具有不同正极材料的锂负极的二维 U 形电池的放电行为进行了评估。
- Gao 等人 [97] 开发了带有老化机制的 DFN 模型，并使用 Comsol 验证了该模型。
- Bizeray 等人 [98] 采用正交配置法求解了 DFN 模型方程，并使用 Comsol 验证了计算结果。
- Farrag 等人 [99] 利用 Comsol 模型对锂离子电池的充电倍率进行了优化。
- Singh 等人 [100, 101] 采用 DFN 模型研究了磁场对性能的影响。
- Painter 等人 [102] 将单粒子模型扩展至包括能量平衡。
- Rajabloo 等人 [103] 利用 MATLAB 对 Comsol 的单粒子模型进行了参数估计。
- Lam 和 Darling [104] 在 Comsol 中提出了一种方法，可以实现 DFN 模型的恒流和恒压模式之间的切换。
- Tang 等人 [105] 利用三维电热模型对整个单体电池的固液电势变化进行了研究。
- Li 等人 [106] 采用 Newman 模型对 18650 型卷绕电池在二维尺度进行了电化学建模，探讨了极耳设计对电热行为的影响。
- Chiew 等人 [107] 开发了用于 26650 型 $LiFePO_4$/ 石墨电池的伪三维电热模型。该模型的结果与在不同环境温度范围和放电倍率下的温度变化吻合。
- Tan 等人 [108] 研究了初始温度对 32650 型 $LiFePO_4$/ 石墨电池充电性能的影响。
- Li 等人 [109] 开发了耦合的机械 - 电化学 - 热模型，以探究由于机械挤压引起的锂离子软包电池短路机制。

Autolion 软件已被广泛应用于多个单体电池层面的模拟研究。例如：

- Sripad 和 Viswanathan[110] 对电动汽车的不同锂离子电池化学成分进行了评估。
- Dareini[111] 展示了如何对 20Ah 软包电池的电池模型进行参数化。
- Tanim[112] 使用 Autolion 评估了单颗粒模型的准确性。
- Wang 等人 [113] 利用 Autolion 和 ANSYS Fluent 模拟了针刺过程。
- Yang 等人 [114] 描述了一种锂沉积模型，该模型能够拟合 NMC622/ 石墨电池在不同充电倍率下的容量衰减行为。

此外，Abaqus 在锂离子电池机械变形建模中得到了广泛应用 [41，115-118]。

尽管 OpenFOAM 并非商用产品，但已被用于对方形锂离子电池进行电热行为建模（参见 Darcovich 等人 [44]）。

为了提供类似于 Battery Design Studio（BDS）的工具使用示例，此处对由 Sakti 等人 [75] 发表的论文“A validation study of lithium-ion cell constant c-rate discharge with Battery Design Studio®”的细节进行了详细说明。首先，作者定义了电池的物理结构。作者购买了商用 NMC111/ 石墨，容量为 2.05Ah 的 18650 型电池，并拆解其中一个电池以获取几何细节。BDS 提供了一个结构化列表来定义电池的组成部分：

- 正极
  - 组成
    活性材料
    粘结剂
    添加剂
  - 极耳
  - 胶带
  - 集流体
- 负极
  - 组成
    活性材料
    粘结剂
    添加剂
  - 极耳
  - 胶带
  - 集流体
- 隔膜
- 电解质
- 壳体
- 内部部件（如塑料绝缘垫）

电极、隔膜和壳体的尺寸是通过拆解获得的。作者对配方进行了合理估计，并从文献中获取了活性材料的平衡电压曲线。BDS 允许以表格形式输入电压曲线，并自动拟合为单调三次样条曲线。

一旦组成部分被定义，电池将通过建立卷绕工艺模拟计算电池的活性区域面积，并生成详尽报告以阐明理论电池容量、重量、体积和能量密度。一些电池设计的微调，例如涂层负载的调整，可以确保电池的重量和容量与实际值相符。

一旦报告中的数值与实际值相符，我们可以选择一个仿真模型进行模拟。在本研究中，作者采用了 P2D DFN 模型，并对交换电流密度和固相扩散系数采用默认参数。

最终，作者在 C/5、C/2、1C 和 2C 的放电倍率下进行了模拟，并将所得到的电压 - 容量曲线与测量结果以及制造商报告的曲线进行了对比。BDS 的总放电能量与制造商数据之间的差异小于 5%。尽管这些结果令人满意，但需要注意的是，所有参数都必须进行准确测量（例如请参阅 Ecker 等人[119, 120]）。此外，BDS 的集流体选项的选择在解释极耳和集流体电压降时也需谨慎考虑。

1.4.4 模组和电池包设计

制造电池模组或电池包需要引入电路概念，包括电池串联和 / 或并联以及用于热交换的结构（参见 Santhanagopalan 等人[121]对电池包设计的介绍）。Deng 等人[122]综述了在滥用条件下锂离子电池包括电池包的建模。

正如前文所述，商用 CAE 软件因能够处理复杂几何形状的网格以及模拟流体流动和传热，在电池包设计问题分析方面具有显著优势。

这里以西门子、ANSYS、Comsol 和 Gamma Technologies 等主要软件供应商为例。

这里提供了一些使用西门子软件模拟电池包的示例。

- Kawai[123]利用 STAR-CCM+ 研究多功能隔板，以抑制热失控的传播。
- Basu 等人[124]采用 STAR-CCM+ 评估了一种新型液冷系统对 18650 型电池的影响。
- Deng 等人[125]运用 STAR-CCM+ 研究了由 10Ah 方形 $LiFePO_4$/ 石墨电池组成的电池之间配备有液冷板的模组。该研究考察了冷却剂流速、液冷板数量、流道分布和冷却方向对系统性能的影响。
- Deng 等人[126]使用 STAR-CCM+ 对具有新型叶片状通道结构的液冷板用于冷却 45Ah 方形电池的效果进行了模拟研究。Deng 等人[127]提出了一种优化设计，该设计应用于带有分岔微通道的液冷板，用于 8Ah 方形电池模组。
- Sheng 等人[128]使用 FloEFD 模拟方形电池的蛇形通道液冷板的液体流动情况。
- Lajunen 和 Kalttonen[129]使用 AMESim 模拟了不同道路工况循环下的电动城市公交车。
- Tran 等人[130, 131]利用 AMESim 评估了热管对混合动力和纯电动汽车模组的冷却效果。
- Wang 等人[132]利用 AMESim 开发了一个由 12 个 NMC 电池串联组成的空气冷却模组的电热模型。
- Wang 等人[133]利用 AMESim 开发了一种液冷 PHEV 电池包（1P84S）的电热模型，该电池包由采用 37Ah NMC 电池的 7 个模组构成。

这里提供了几个使用 Autolion 模拟电池性能的示例。

- Vora[134]利用 Autolion 评估老化对 HEV 动力系统的影响。
- Berglund[135]运用 GT-Suite 评估驾驶风格对 BEV 能耗的影响。
- Cheng 等人[136]使用 Autolion 研究在标准道路工况循环下温度对 HEV 电池老化的影响。
- Xing 等人[137]对比了包括 Autolion 在内的不同的老化模型在系统设计和控制算法开发中的应用效果。
- Carnovale[138]通过在 Autolion 中对老化模型进行参数化，研究了热管理策略的有效性。

以下有很多使用 ANSYS 软件对电池性能进行模拟的案例：

- Li 等人[139]利用 Fluent 软件对由 8 个 26650 型 $LiFePO_4$ 电池（2P4S）组成的方形封装模组在风洞中的热行为进行了数值模拟。
- Liu 等人[140]开发了一种电热模型（带有 NTGK 的 MSMD），用于描述启动、照明和点火（SLI）锂离子电池的特性。该电池由 4 个并联模组组成，每个模组包含 4 个串联的 20Ah NMC/ 石墨软包单体电池。
- Sun 等人[141]利用 Fluent 软件模拟了方形电池组成的空气冷却的模组中管道和通道的

气流。

- Xun 等人[142]对圆柱形和方形电池组的冷却通道尺寸的影响进行了评估。
- He 等人[143]模拟了由 8 个 26650 型 $LiFePO_4$/ 石墨电池组成的模组的空气流动过程。
- Panchal 等人[144]利用 Fluent 开发了适用于水冷 $LiFePO_4$ 电池的微通道水冷板模型。
- Wang 等人[145]采用 Fluent 对软包电池模组的 5 种不同冷却方案进行了评估（包括：①空气自然对流，②带肋片的自然对流，③带肋片的强制空气对流，④带缝隙肋片的强制对流以及⑤带肋片和相变材料的自然对流）。
- Tang 等人[146]使用 Fluent 软件对 6 个 50Ah $LiFePO_4$/ 石墨方形电池的冷却进行了模拟，并评估了不同的水冷板布局（底部、侧面、底部 + 侧面）的效果。
- Zhao 等[147，148]采用 Fluent 软件对由 71 个 18650 型 NMC/ 石墨锂离子电池组成的采用流道液冷换热的电池模组进行了数值模拟。与特斯拉相似，该设计使冷却通道沿着蛇形路径穿过电池阵列，并设置 U 形弯道，实现进口和出口同侧布置。Xie 等人[149]开展了类似的研究，并提出在微通道中添加挡板以改善冷却效果。
- Li 等人[150]使用 Fluent 软件对包含冷却板的由 14 个软包电池组成的电池包进行了数值模拟。
- Li 等人[151]采用 Fluent 研究了由 8 个电池组成的风冷模组，并利用这些模拟结果生成了替代模型，以进行优化研究，包括最小化电池包体积、温差和最低温度标准差。
- Zhou 等人[152]利用 Fluent 设计了一种 18650 型 NCM/ 石墨电池包的新型空气冷却系统，该系统中穿孔管被放置在由 18650 型电池方形堆叠的间隙中。
- Wang 等人[153]运用 Fluent 评估了 18650 型电池组成电池包的空气冷却效果，并研究了电池排列以及气流进出口位置的影响。
- Chen 等人[154]通过使用 Fluent 优化了 8Ah 软包电池之间的液冷板的流道。
- Chen 等人[155]利用 Fluent 软件评估了方形电池之间气体通道的多种管道设计。
- Yang 等人[156]采用 Fluent 软件评估了 26650 型 $LiFePO_4$/ 石墨电池组成的模组轴向的空气冷却效果。
- Na 等人[157]运用 Fluent 软件研究了圆柱形电池组成的模组的热行为，以实现空气在单体电池间反向流动。
- Wang 等人[158]通过使用 Fluent 优化由 90 个 18650 型 NCM/ 石墨电池组成的液冷模组，该模组由 6 行电池组成，每行 15 个电池，行间布置液冷板；探讨了进口速度、通道数量和接触角对冷却性能的影响。
- Jiaqiang 等人[159]使用 Fluent 模拟方形电池包的液冷通道流动过程。
- Song 等人[160]采用 Fluent 模拟嵌入相变材料和放置在液冷板上的 18650 型电池组成的模组的热行为。
- Liu 和 Zhang[161]使用 Fluent 模拟了方形电池堆叠形成的模组间可变间隙下的气体流动。
- Cao 等人[162]使用 Fluent 模拟了包含 5664 个 18650 型圆柱形锂离子电池组成的全尺寸

电池包中液冷通道的流动过程。

- Yang 等人[163]使用 Fluent 验证了将液态金属（如镓）作为锂离子电池冷却剂的优势。
- Chung 和 Kim[164]使用 Fluent 模拟单体电池之间带有金属肋片连接到底部液冷板上的方形电池模组的热行为。
- Lai 等人[165]利用 Fluent 评估了圆柱形 18650 型电池组成的模组中冷却剂通道同时作为轻质隔板的降温效果。
- Zhang 等人[166]运用 Fluent 对由软包电池组成的带有冷却通道的 6S4P 模组进行了电热仿真分析。
- Zhou 等人[167]采用 Fluent 模拟了 18650 型电池螺旋包裹在冷却管道上组成的模组的热行为。

以下是几个运用 Comsol 模拟电池模组的实例：

- Kizilel 等人[168]使用 Comsol 模拟了封装于相变材料（PCM）内的小型圆柱形电池的热行为。
- Li 等人[169]使用 Comsol 模拟了具有硅胶封闭铜网冷板的电池模组的风冷效果。
- Yang 等人[170]使用 Comsol 比较了圆柱形电池立方堆叠和交错布局的模组的电热行为。
- Mohammed 等人[171]利用 Comsol 研究了正常条件下和热失控条件下 20Ah 方形 $LiFePO_4$/ 石墨电池组成的模组的水冷板的不同设计。
- Al-Zareer 等人[172]采用 Comsol 评估了一种基于液态丙烷汽化的新型冷却剂在 18650 型 $LiMn_2O_4$/ 石墨电池组成的模组中的效果。
- Bugryniec 等人[173]对包含 9 个圆柱形 18650 型 $LiFePO_4$/ 石墨电池包的热失控扩展进行了建模研究。

尽管 OpenFOAM 并非商用软件产品，但它可用于进行封装设计。举例来说，Darcovich 等人[43]利用 OpenFOAM 对液冷板与电池表面齐平和与在电池底面的效果进行了对比。

为了说明 STAR-CCM+ 等工具的实用性，Basu 等人[124]在发表的论文“Coupled electrochemical thermal modelling of a noval Li-ion battery pack thermal management system”中对其进行了更加详细的描述。该电池包由 30 个 NCA/ 石墨材料制成的 18650 型电池（6S5P）组成，侧面设有水冷却流道和铝导热元件，以提供机械支撑并将热量传递至冷却流道；图 1.4a 显示了电池包的几何结构，而图 1.4b 显示了由 400000 个多面体微元组成的第一行并联的电池。作者使用 Battery Design Studio（BDS）生成了 18650 型单体电池模型，并采用 P2D DFN 模型考虑集流体离散化表征其电化学特性。STAR-CCM+ 通过从 BDS 输入的数据构建 18650 型电池几何结构，而用户提供的 CAD 文件用于生成冷却通道和导热元件模型。随后 STAR-CCM+ 在带有电化学微元的网格（见图 1.2）与用于流体和传热计算的多面体网格（见图 1.4b）之间生成坐标。作者进行了实验验证，证明该模型能够准确预测出电池的温度。然后，作者利用该模型预测了冷却剂流量、单体电池与导热元件之间的接触电阻和放电倍率对温度的影响。这些仿真结果为证明该类型锂离子电池包热管理系统的可行性提供了充分信心。

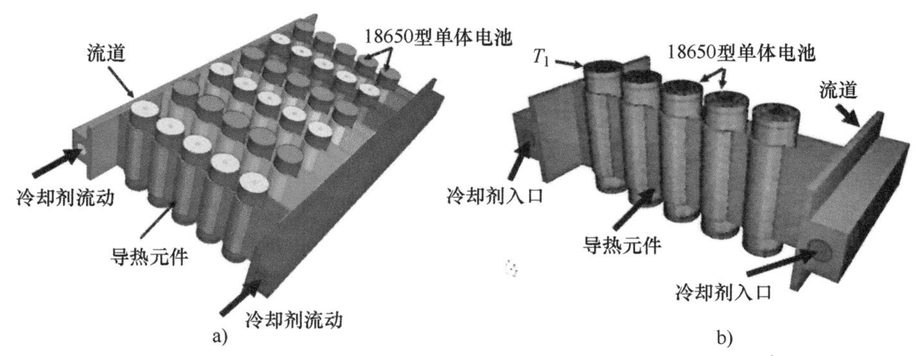

图 1.4　a）电池包和冷却系统的几何形状；b）在 STAR-CCM+ 中生成的网格（经许可摘自参考文献 [124]，Copyright 2016，Elsevier）

1.4.5　电池管理系统设计

电池管理系统（BMS）负责控制和监测电池的充电、操作安全、电池均衡，并确定其荷电状态（SOC）和健康状态（SOH）等[174]。BMS 所采用的软件通常是为特定类型的电池定制的。正如前文所述，MATLAB/Simulink 在 BMS 开发市场中占据主导地位，因为该工具专门为用于代码开发而设计。关于 BMS 的文献主要介绍了获得特定指标的方法而非商用软件工具示例。例如，请参阅 Hannan 等人[175]和 Ali 等人[176]对 SOC 估计方法进行的综述。然而，也有一些使用商用软件进行 BMS 开发的案例。

这里仅提供一些使用西门子软件的示例，因为在使用其他软件产品时没有显著差异：

- Liu 等人[177]提出了一种 AMESim/Simulink 联合仿真方法，用于实时预测锂离子电池的 SOC。
- Chen 等人[178]研究了一种 AMESim/Simulink 联合仿真技术，可实时预测锂离子电池的 SOC 和 SOH。
- Locorotondo 等人[179]利用 AMESim 评估了一种基于老化 $LiFePO_4$ 电池模型的 SOH 算法。
- Veeraraghavan 等人[180]采用 AMESim 模拟动力系统，开发了估计容量的 BMS。
- Lee 等人[181]应用 AMESim 开发了一种基于可靠性和市场属性（如利润或社会福利）优化的电动汽车设计方法。

1.4.6　系统设计

为了模拟电池与车辆的相互作用，我们采用了 MATLAB/Simulink、AMESim、GT-Suite 等系统仿真工具。这种方法通常使用零维或一维模型，尽管三维模型可以用于特定组件的详细仿真。

Mahmud 和 Town[182]对电动汽车需求建模的计算机工具进行了综述，涵盖了约 44 个不同的软件工具集。Ali 等人[183]对 HEV 能源管理软件工具进行了综述。Ringkjøb 等人[184]对约 75 个能源系统建模工具进行了综述。

Wang 等人[185]对车辆集成热管理的仿真方法进行了综述，该方法考虑到整车热量和质量传递分布（例如包括空调系统）。

MATLAB/Simulink 主导着这一市场，因为它为其他软件产品提供基础，请参见下文。下文提供一些来自西门子软件的使用示例；Gamma Technologies 软件也以类似方式使用。

1.4.6.1 MATLAB/Simulink

- Advisor® 软件（https://sourceforge.net/projects/adv-vehicle-sim/）是一款基于 MATLAB/Simulink 的仿真程序，用于快速分析轻型和重型车辆常规动力（汽油 / 柴油）、混合动力、纯电动和燃料电池汽车的性能和燃料经济性。数百篇论文采用该开源程序模拟车辆。
- Autonomie（https://www.autonomie.net/expertise/Autonomie.html）是一款被广泛应用于车辆能耗和性能分析的基于 MATLAB 的系统仿真工具。它可在车辆开发整个过程中进行能耗和性能分析（包括 MIL、HIL 和 SIL 等方面）。
- Park 等人[186] 开发了一个电动汽车动力系统的模型，并进行道路工况循环模拟，以分析各个部件的影响。
- Liu 等人[187] 利用 MATLAB/Simulink 对具有动态开 / 关负载的工程和采矿车辆混合电动储能系统（电池和 DC/DC 变换器）进行了生命周期成本最小化分析。
- McWhirter 等人[188] 提出了一个基于 MATLAB 模型的优化方法，旨在最小化 Bradley 战斗车辆串联混合系统的能源消耗。

1.4.6.2 西门子

以下是一些利用西门子软件进行系统仿真的实例。

- Broglia 等人[189] 使用 AMESim 对电动汽车进行建模，以确定乘员舱温度对里程的影响。
- Badin 等人[190] 利用 AMESim 评估驾驶条件、辅助驾驶装置使用和驾驶员侵略性驾驶对纯电动汽车能耗的影响。
- Irimia 等人[191] 基于经过验证的电池模型，采用 AMESim 对 Renault ZOE 车型进行仿真研究。
- Vatanparvar 等人[192] 运用 AMESim 模拟分析纯电动汽车的能耗，以寻找最低能耗的行驶路线。
- Faruque 和 Vatanparvar[193] 通过 AMESim 构建了电动汽车模型，评估加热、通风和空调（HVAC）系统对能耗的影响。
- Zhang 等人[194] 联合应用 AMESim/Simulink 实现回馈制动系统液压元件的建模与仿真。
- Daowei 等人[195] 创建了基于 AMESim 的模型，研究 SOC 上下限值对并联 HEV 燃料经济性的影响。
- Husar 等人[196] 对比了电动汽车的函数和结构两种仿真方法。两种方法均得到了计算结果，但函数方法在计算效率上更高。
- Berzi 等人[197] 开发了 AMESim/Simulink 联合仿真方法来评估各种回馈制动策略。
- Li 等人[198] 开发了一种在 AMESim 中进行车辆级仿真的方法，可用于 BMS、硬件在环和软件在环的仿真。通过高镍 Si/C18650 型锂离子电池实验数据获得电路模型参数，并利用该模型构建了一个 20P12S 模组以及 16 个模组串联组成的电池包，该电池包用于包含 BMS 的车辆模型中。

为了展示系统仿真的实用性，我们仔细考察了 Li 等人[198]的工作。图 1.5 展示了 Li 等人[198]所生成的车辆系统模型。该模型模拟了工况循环 [全球统一轻型汽车测试循环（WLTC）] 驱动下的车辆，从而使得车辆模型能够计算出电池所需负载，同时电池模型可以计算出产生的热量。当 48 个单体电池模型中的任意一个达到 35℃时，通过开启空气冷却研究其冷却整个电池包的效果。这种电池包模型在计算上非常高效，可以在硬件在环和软件在环测试中实时运行。

最近，LS-DYNA 已经被应用于带有电池的整车碰撞仿真[199]。

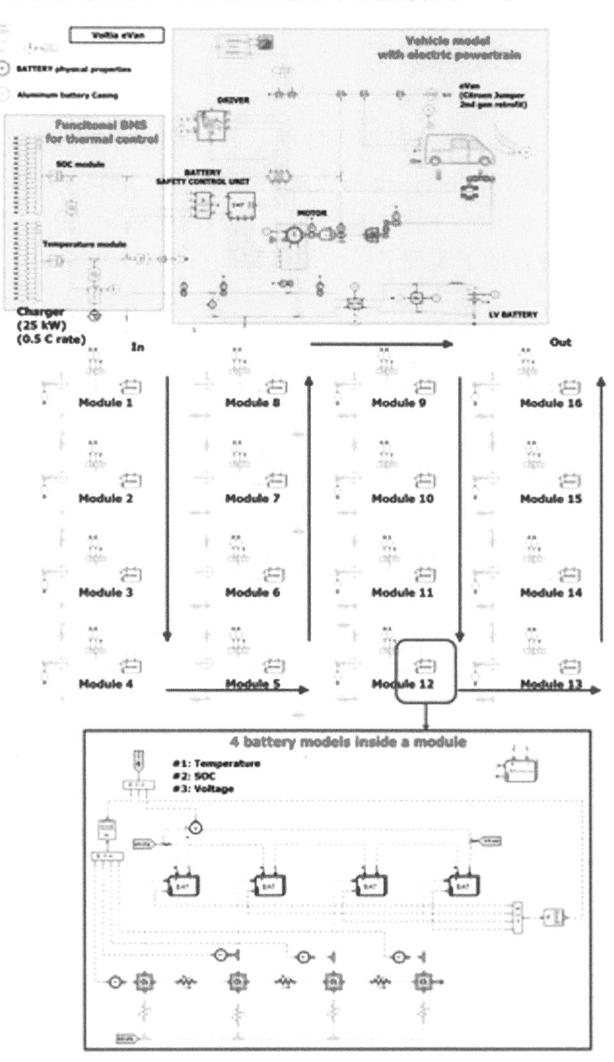

图 1.5　西门子 AMESim 软件中电动汽车虚拟测试台的电池包模型

（经许可摘自参考文献 [198]，Copyright 2020，MDPI）

1.5 结论

首先，对于每个主要的应用领域，我们将分别进行说明。

1.5.1 材料设计

使用商用软件对活性材料和电解质设计的应用受到限制。然而，预测电解质特性（如扩散系数、电导率、迁移数、活度系数和密度）的功能似乎是可行的。在学术界中，原子级模拟主要关注预测实际颗粒的固相扩散系数、平衡曲线和界面稳定性等方面。虽然活性材料颗粒设计的工程模拟方法是可能存在的[200]，但软件供应商尚未积极推广。

1.5.2 电极设计

几款商用软件包提供了微观结构模型，然而这些模型似乎并未被广泛采用。由于微观结构模型计算强度高且结果难以解析，因此需要进行更基础的工作，例如 ARTISTIC 项目（详见 https://www.u-picardie.fr/erc-artistic/）来生成模型，并预测电极涂层配方和加工对其几何形状的影响。通过这样的研究，将有助于实现电极涂层优化的目标。

1.5.3 单体电池设计

锂离子电池的设计已经十分成熟，商用软件程序现已广泛应用于单体电池设计和电热行为的模拟。将机械变形的模拟融入电热模拟中对于预测滥用耐受度至关重要，目前正在积极开发中[84, 85]；这种功能将使得模拟更具价值。

1.5.4 模组 / 电池包设计

电池热管理系统设计是商用软件应用成熟的一项技术。通过软件模拟，可以高度还原实际性能。商用软件可直接考虑锂离子电池热膨胀，甚至是由于锂化导致的软包电池膨胀等影响。在电池设计中，增加机械变形模拟功能以预测滥用耐受度将使得该软件更为重要。

1.5.5 电池管理和系统设计

电池系统设计软件的应用已经得到充分验证，然而纯电动汽车市场的快速增长激发了软件供应商如 AMESim 和 GT-Suite 对该领域的更多关注。

由于纯电动汽车市场的成功，电池模拟商用软件已经找到了一个重要的市场。这些商用软件不仅逐渐扩大应用范围，还不断增加功能以解决滥用等问题。目前，软件供应商与电池行业之间形成了正反馈循环：软件改进推动着电池行业发展，而电池行业的发展支持软件进一步完善。因此，我们可以预见商用软件将在电池模拟中发挥更为重要的作用。

参考文献

1. Doyle M, Fuller TF, Newman J (1993) J Electrochem Soc 140:1526–1533
2. Fuller TF, Doyle M, Newman J (1994) J Electrochem Soc 141:962–990
3. Fuller TF, Doyle M, Newman J (1994) J Electrochem Soc 141:1–10
4. Doyle M, Fuentes Y (2003) J Electrochem Soc 150:A706–A713
5. Yuan L-X, Wang Z-H, Zhang W-X, Hu X-L, Chen J-T, Huang Y-H, Goodenough JB (2011) Energy Environ Sci 4:269–284
6. Reimers JN (2006) J Power Sources 158:663–672
7. Lee K-J, Smith K, Pesaran A, Kim G-H (2013) J Power Sources 241:20–32
8. Spotnitz R, Hartridge S, Damblanc G, Yeduvaka G, Schad D, Gudimetla V, Votteler J, Poole G, Lueth C, Walchshofer C, Oxenham E (2013) ECS Trans 50:209–218
9. Xing Y, Ma WWM, Tsui KL, Pech M (2011) Energies 4:1840–1857
10. Plett GL (2016) Battery management systems, vol II. Artech House, Norwood
11. Kim J, Oh J, Lee H (2019) Appl Therm Eng 149:192–212
12. Damiano A, Porru M, Salimbeni A, Serpi A, Castiglia V, Tommaso AOD, Miceli R, Schettino G (2018) In: 2018 AEIT international annual conference, pp 1–6
13. Bergveld HJ, Kruijt WS, Notten PHL (2002) Battery management systems design by modelling. Kluwer Academic Publishers
14. https://www.plm.automation.siemens.com/global/en/products/simcenter/STAR-CCM.html
15. https://www.ansys.com/products/fluids/ansys-fluent
16. Saldana G, San Martin JI, Zamora I, Asensio FJ, Onederra O (2019) Energies 12
17. Raël S, Urbain M, Renaudineau H (2014) In: 2014 IEEE 23rd international symposium on industrial electronics (ISIE), pp 1760–1765
18. Newman J, Tiedemann W (1975) AICHE J 21:25–41
19. Newman JS, Tobias CW (1962) J Electrochem Soc 109:1183
20. Fuller TF, Doyle M, Newman J (1994) J Electrochem Soc 141:982–990
21. Albertus P, Christensen J, Newman J (2009) J Electrochem Soc 156:A606–A618
22. Christensen J, Newman J (2006) J Solid State Electrochem 10:293–319
23. Rao L, Newman J (1997) J Electrochem Soc 144:2697–2704
24. Thomas KE, Newman J (2003) J Power Sources 119:844–849
25. Botte GG, Subramanian VR, White RE (2000) Electrochim Acta 45:2594–2609
26. Santhanagopalan S, Guo Q, Ramadass P, White RE (2006) J Power Sources 156:620–628
27. Verbrugge MW (1995) AICHE J 41:1550–1562
28. Verbrugge MW, Koch BJ (1999) J Electrochem Soc 146:833–839
29. Verbrugge MW, Baker DR, Koch BJ (2002) J Power Sources 110:295–309
30. Verbrugge M, Schlesinger M (2010) Adaptive characterization and modeling of electrochemical energy storage devices for hybrid electric vehicle applications. In: pp 417–524
31. Johnson VH, Pesaran AA, Sack T (2000) In: Proceedings of the 17th Annual Electric Vehicle Symposium, Montrieal, Canada. EVAA, Washington, D.C. OCLC Number: 48393549
32. Pesaran AA (2002) J Power Sources 110:377–382
33. Zolot M, Pesaran AA, Mihalic M (2002) Thermal evaluation of Toyota Prius battery pack. In: Future car congress. SAE International. https://doi.org/10.4271/2002-01-1962. ISSN:0148-7191
34. Stuart T, Fang F, Wang X, Ashtiani C, Pesaran A (2002) SAE Trans 111:777–785
35. Kim G-H, Pesaran A (2007) World Electric Veh J 1:126–133
36. Kim G-H, Pesaran A, Spotnitz R (2007) J Power Sources 170:476–489
37. Kim G-H, Smith K, Lee K-J, Santhanagopalan S, Pesaran A (2011) J Electrochem Soc 158:A955
38. Hutzenlaub T, Thiele S, Paust N, Spotnitz R, Zengerle R, Walchshofer C (2014) Electrochim Acta 115:131–139
39. Marcicki J, Zhu M, Bartlett A, Yang XG, Chen Y, Miller T, L'Eplattenier P, Caldichoury I (2017) J Electrochem Soc 164:A6440–A6448

40. Hanke F, Modrow N, Akkermans RLC, Korotkin I, Mocanu FC, Neufeld VA, Veit M (2019) J Electrochem Soc 167:013522
41. Zhu J, Li W, Wierzbicki T, Xia Y, Harding J (2019) Int J Plast 121:293–311
42. Ping P, Wang Q, Chung Y, Wen J (2017) Appl Energy 205:1327–1344
43. Darcovich K, MacNeil DD, Recoskie S, Cadic Q, Ilinca F (2019) Appl Therm Eng 155:185–195
44. Darcovich K, MacNeil DD, Recoskie S, Kenney B (2018) Appl Therm Eng 133:566–575
45. Logan ER, Dahn JR (2020) Trends Chem 2:354–366
46. Spotnitz R, Gering KL, Hartridge S, Damblanc G (2014) ECS Trans 58:25–36
47. Franco AA, Rucci A, Brandell D, Frayret C, Gaberscek M, Jankowski P, Johansson P (2019) Chem Rev 119:4569–4627
48. Urban A, Seo D-H, Ceder G (2016) npj Comput Mater 2:16002
49. Wang A, Kadam S, Li H, Shi S, Qi Y (2018) npj Comput Mater 4:15
50. Valoen LO, Reimers JN (2005) J Electrochem Soc 152:A882–A891
51. Gering KL (2006) Electrochim Acta 51:3125–3138
52. Gering KL (2017) Electrochim Acta 225:175–189
53. Ramasubramanian A, Yurkiv V, Nie A, Najafi A, Khounsary A, Shahbazian–Yassar R, Mashayek F (2019) Int J Solids Struct 159:163–170
54. Tokur M, Aydin A, Cetinkaya T, Akbulut H (2017) J Electrochem Soc 164:A2238–A2250
55. Clancy T, Rohan JF (2015) J Phys Conf Ser 660:012075
56. Painter R, Sharpe L, Hargrove SK (2017) In: Comsol conference, Boston, MA
57. Spotnitz R, Kaludercic B, Muzaferija S, Peric M, Damblanc G, Hartridge S, Int SAE (2012) J Alt Power 1:160–168
58. Wiedemann AH, Goldin GM, Barnett SA, Zhu H, Kee RJ (2013) Electrochim Acta 88:580–588
59. Zhang D, Bertei A, Tariq F, Brandon N, Cai Q (2019) Prog Energy 1:012003
60. Cooper SJ, Eastwood DS, Gelb J, Damblanc G, Brett DJL, Bradley RS, Withers PJ, Lee PD, Marquis AJ, Brandon NP, Shearing PR (2014) J Power Sources 247:1033–1039
61. Goldin GM, Colclasure AM, Wiedemann AH, Kee RJ (2012) Electrochim Acta 64:118–129
62. ChiuHuang C-K, Huang H-YS (2015) J Solid State Electrochem 19:2245–2253
63. Fan XY, Zhuang QC, Wei GZ, Ke FS, Huang L, Dong QF, Sun SG (2009) Acta Chim Sin 67:1547–1552
64. Wang M (2017) In Mechanical engineering. Michigan State University
65. Harb JN, LaFollette RM (1999) J Electrochem Soc 146:809–818
66. Reimers JN (2013) J Electrochem Soc 161:A118–A127
67. Howard WF, Spotnitz RM (2007) J Power Sources 165:887–891
68. Kwon KH, Shin CB, Kang TH, Kim CS (2006) J Power Sources 163:151–157
69. Madani SS, Swierczynski M, Kær SK (2017) ECS Trans 81:261–270
70. Liaw BY, Nagasubramanian G, Jungst RG, Doughty DH (2004) Solid State Ionics 175:835–839
71. Verbrugge M, Koch B (2006) J Electrochem Soc 153:A187–A201
72. Deng J, Bae C, Miller T, L'Eplattenier P, Bateau-Meyer S (2018) J Electrochem Soc 165:A3067–A3076
73. Yeduvaka G, Spotnitz R, Gering K (2019) ECS Trans 19:1–10
74. Hartridge S, Damblanc G, Spotnitz R, Imaichi K (2011) In: JSAE annual congress. Society of Automotive Engineers of Japan, Yokohama, Japan,
75. Sakti A, Michalek JJ, Chun S-E, Whitacre JF (2013) Int J Energy Res 37:1562–1568
76. Bandla VN (2020) In: Advanced automotive battery conference, virtual
77. Panchal S, Mathew M, Fraser R, Fowler M (2018) Appl Therm Eng 135:123–132
78. Panchal S, Dincer I, Agelin-Chaab M, Fraser R, Fowler M (2017) Int J Heat Mass Transf 109:1239–1251
79. Vyroubal P, Kazda T, Maxa J (2016) ECS Trans 74:3–8
80. Oh K-Y, Epureanu BI (2016) Appl Energy 178:633–646
81. Kleiner J, Komsiyska L, Eiger G, Endisch C (2019) Energies 13:62
82. Li Y, Qi F, Guo H, Guo Z, Li M, Wu W (2019) Case Stud Thermal Eng 13:100387

83. Li G, Li S (2015) ECS Trans 64:1–14
84. Li W, Crompton KR, Hacker C, Ostanek JK (2020) J Energy Storage 32:101890
85. Pan Z, Li W, Xia Y (2020) J Energy Storage 27:101016
86. Deng J, Smith I, Bae C, Rairigh P, Miller T, Surampudi B, L'Eplattenier P, Caldichoury I (2020) J Electrochem Soc 167:090550
87. Sheikh M, Elmarakbi A, Rehman S (2020) J Energy Storage 32:101833
88. Xi S, Zhao Q, Chang L, Huang X, Cai Z (2020) Eng Fail Anal 116:104747
89. Somasundaram K, Birgersson E, Mujumdar AS (2012) J Power Sources 203:84–96
90. Xu M, Zhang Z, Wang X, Jia L, Yang L (2014) J Power Sources 256:233–243
91. Samba A, Omar N, Gualous H, Capron O, Van den Bossche P, Van Mierlo J (2014) Electrochim Acta 147:319–329
92. Falconi A (2017) In: Université Grenoble Alpes, pp 215. https://hal.archives-ouvertes.fr/tel-01676976
93. Frohlich K (2013) In: Technical University of Graz, pp 75. https://diglib.tugraz.at/download.php?id=576a748ace225&location=browse
94. Cai L, White RE (2011) J Power Sources 196:5985–5989
95. Hosseinzadeh E, Marco J, Jennings P (2017) Energies 10
96. Dai M, Huo C, Zhang Q, Khan K, Zhang X, Shen C (2018) Adv Theory Simul 1:1800023
97. Gao Y, Zhang X, Yang J, Guo B, Zhou X (2019) Int J Electrochem Sci 14:3180–3203
98. Bizeray AM, Zhao S, Duncan SR, Howey DA (2015) J Power Sources 296:400–412
99. Farrag ME, Haggag A, Parambu RB, Zhou C (2017) In: 2017 Nineteenth international middle east power systems conference (MEPCON), pp 677–682
100. Singh N, Khare N, Chaturvedi PK (2015) In: COMSOL conference, Pune
101. Singh P, Khare N, Chaturvedi PK (2018) Int J Eng Sci Technol 21:35–42
102. Painter R, Berryhill B, Sharpe L, Hargrove SK (2014) In: COMSOL conference, Boston, MA
103. Rajabloo B, Desilets M, Choquette Y (2015), In: Comsol 2015, Boston, MA
104. Lam LL, Darling RB (2011) In: Comsol 2011, Boston, MA
105. Tang S, Liu Y, Li L, Jia M, Jiang L, Liu F, Ai Y, Yao C, Gu H (2020) Ionics
106. Li C, Zhang H, Zhang R, Lin Y, Fang H (2021) Appl Therm Eng 182:116144
107. Chiew J, Chin CS, Toh WD, Gao Z, Jia J, Zhang CZ (2019) Appl Therm Eng 147:450–463
108. Tan M, Gan Y, Liang J, He L, Li Y, Song S, Shi Y (2020) Appl Therm Eng 177:115500
109. Li H, Liu B, Zhou D, Zhang C (2020) J Electrochem Soc 167:120501
110. Sripad S, Viswanathan V (2017) J Electrochem Soc 164:E3635–E3646
111. Dareini A (2016) In: Blekinge Institute of Technology, Karlskrona, Sweden, pp 119
112. Tanim TR (2015) In: Mechanical engineering. The Pennsylvania State University, pp 137
113. Wang Q, Shaffer CE, Sinha PK (2015) Front Energy Res 3:35
114. Yang X-G, Leng Y, Zhang G, Ge S, Wang C-Y (2017) J Power Sources 360:28–40
115. Yin H, Ma S, Li H, Wen G, Santhanagopalan S, Zhang C (2021) eTransportation 7:100098
116. Li W, Zhu J (2020) J Electrochem Soc 167:120504
117. Zhu J, Luo H, Li W, Gao T, Xia Y, Wierzbicki T (2019) Int J Impact Eng 131:78–84
118. Lian J, Wierzbicki T, Zhu J, Li W (2019) Eng Fract Mech 217:106520
119. Schmalstieg J, Rahe C, Ecker M, Sauer DU (2018) J Electrochem Soc 165:A3799–A3810
120. Ecker M, Käbitz S, Laresgoiti I, Sauer DU (2015) J Electrochem Soc 162:A1849–A1857
121. Santhanagopalan S, Smith K, Neubauer J, Kim G-H, Keyser M, Pesaran AA, Artech H (2015) Design and analysis of large lithium-ion battery systems. Artech House, Boston/London
122. Deng J, Bae C, Marcicki J, Masias A, Miller T (2018) Nat Energy 3:261–266
123. Kawai T (2020) In: Advanced automotive battery conference Europe, Wiesbaden, Germany
124. Basu S, Hariharan KS, Kolake SM, Song T, Sohn DK, Yeo T (2016) Appl Energy 181:1–13
125. Deng T, Zhang G, Ran Y, Liu P (2019) Appl Therm Eng 160:114088
126. Deng T, Ran Y, Zhang G, Yin Y (2019) Appl Therm Eng 150:1186–1196
127. Deng T, Ran Y, Zhang G, Chen X, Tong Y (2019) Int J Heat Mass Transf 139:963–973
128. Sheng L, Su L, Zhang H, Li K, Fang Y, Ye W, Fang Y (2019) Int J Heat Mass Transf 141:658–668
129. Lajunen A, Kalttonen A (2015) In: 2015 IEEE transportation electrification conference and expo (ITEC), pp 1–6

130. Tran T-H, Harmand S, Sahut B (2014) J Power Sources 265:262–272
131. Tran T-H, Harmand S, Desmet B, Filangi S (2014) Appl Therm Eng 63:551–558
132. Wang J, Pan C, Xu H, Xu X (2017) In: 5th international conference on mechanical, automotive and materials engineering (CMAME), pp 223–228
133. Wang J, Xu H, Xu X, Pan C (2017) IOP Conf Ser: Mater Sci Eng 231:012025
134. Vora AP (2016) In: Purdue University, pp 197. https://docs.lib.purdue.edu/open_access_dissertations/875
135. Berglund E (2020) In: Mechanical engineering. Chalmers University of Technology, pp 36, https://odr.chalmers.se/bitstream/20.500.12380/300718/1/2020-02%20Emma%20Berglund.pdf
136. Cheng M, Feng L, Chen B (2015) In: SAE International, Paper No. 2015-01-1198
137. Xing J, Vora AP, Hoshing V, Saha T, Shaver GM, Wasynczuk O, Varigonda S (2017) In Proceedings of the 2017 American Control Conference (ACC), pp 74–79
138. Carnovale A (2016) In: Mechanical and mechatronics engineering. University of Waterloo, pp 110. https://core.ac.uk/download/pdf/144149891.pdf
139. Li X, He F, Ma L (2013) J Power Sources 238:395–402
140. Liu Y, Liao YG, Lai M-C (2019) Vehicles 1:127–137
141. Sun H, Wang X, Tossan B, Dixon R (2012) J Power Sources 206:349–356
142. Xun J, Liu R, Jiao K (2013) J Power Sources 233:47–61
143. He F, Li X, Ma L (2014) Int J Heat Mass Transf 72:622–629
144. Panchal S, Khasow R, Dincer I, Agelin-Chaab M, Fraser R, Fowler M (2017) Numer Heat Transf Part A: Appl 71:626–637
145. Wang S, Ji S, Zhu Y (2021) Appl Therm Eng 182:116040
146. Tang A, Li J, Lou L, Shan C, Yuan X (2019) Appl Therm Eng 159:113760
147. Zhao C, Cao W, Dong T, Jiang F (2018) Int J Heat Mass Transf 120:751–762
148. Zhao C, Sousa ACM, Jiang F (2019) Int J Heat Mass Transf 129:660–670
149. Xie L, Huang Y, Lai H (2020) Appl Therm Eng 178:115599
150. Li Y, Zhou Z, Wu W-T (2019) Appl Therm Eng 147:829–840
151. Li W, Xiao M, Peng X, Garg A, Gao L (2019) Appl Therm Eng 147:90–100
152. Zhou H, Zhou F, Xu L, Kong J, Qingxin Yang (2019) Int J Heat Mass Transf 131:984–998
153. Wang T, Tseng KJ, Zhao J, Wei Z (2014) Appl Energy 134:229–238
154. Chen S, Peng X, Bao N, Garg A (2019) Appl Therm Eng 156:324–339
155. Chen K, Wu W, Yuan F, Chen L, Wang S (2019) Energy 167:781–790
156. Yang T, Yang N, Zhang X, Li G (2016) Int J Therm Sci 108:132–144
157. Na X, Kang H, Wang T, Wang Y (2018) Appl Therm Eng 143:257–262
158. Wang Y, Zhang G, Yang X (2019) Appl Therm Eng 162:114200
159. Jiaqiang E, Han D, Qiu A, Zhu H, Deng Y, Chen J, Zhao X, Zuo W, Wang H, Chen J, Peng Q (2018) Appl Therm Eng 132:508–520
160. Song L, Zhang H, Yang C (2019) Int J Heat Mass Transf 133:827–841
161. Liu Y, Zhang J (2019) Appl Energy 252:113426
162. Cao W, Zhao C, Wang Y, Dong T, Jiang F (2019) Int J Heat Mass Transf 138:1178–1187
163. Yang X-H, Tan S-C, Liu J (2016) Energy Convers Manag 117:577–585
164. Chung Y, Kim MS (2019) Energy Convers Manag 196:105–116
165. Lai Y, Wu W, Chen K, Wang S, Xin C (2019) Int J Heat Mass Transf 144:118581
166. Zhang H, Li C, Zhang R, Lin Y, Fang H (2020) Appl Therm Eng 173:115216
167. Zhou H, Zhou F, Zhang Q, Wang Q, Song Z (2019) Appl Therm Eng 162:114257
168. Kizilel R, Sabbah R, Selman JR, Al-Hallaj S (2009) J Power Sources 194:1105–1112
169. Li X, He F, Zhang G, Huang Q, Zhou D (2019) Appl Therm Eng 146:866–880
170. Yang N, Zhang X, Li G, Hua D (2015) Appl Therm Eng 80:55–65
171. Mohammed AH, Esmaeeli R, Aliniagerdroudbari H, Alhadri M, Hashemi SR, Nadkarni G, Farhad S (2019) Appl Therm Eng 160:114106
172. Al-Zareer M, Dincer I, Rosen MA (2019) Energy Convers Manag 187:191–204
173. Bugryniec PJ, Davidson JN, Brown SF (2020) Energy Rep 6:189–197
174. Barsukov Y, Qian J (2013) Battery power management for portable devices. Artech House, Norwood

175. Hannan MA, Lipu MSH, Hussain A, Mohamed A (2017) Renew Sust Energ Rev 78:834–854
176. Ali MU, Zafar A, Nengroo SH, Hussain S, Junaid Alvi M, Kim H-J (2019) Energies 13:446
177. Liu X, Ma Y, Ying Z (2013) In: Proceedings of the 32nd Chinese control conference, pp 7680–7685
178. Chen Y, Ma Y, Chen H (2018) J Renew Sustain Energy 10:034103
179. Locorotondo E, Pugi L, Berzi L, Pierini M, Pretto A (2018) In: 2018 IEEE international conference on environment and electrical engineering and 2018 IEEE industrial and commercial power systems Europe (EEEIC/I&CPS Europe), pp 1–6
180. Veeraraghavan A, Adithya V, Bhave A, Akella S (2017) In: 2017 IEEE transportation electrification conference (ITEC-India), pp 1–4
181. Lee U, Kang N, Lee I (2019) Struct Multidiscip Optim 60:949–963
182. Mahmud K, Town GE (2016) Appl Energy 172:337–359
183. Ali ZK, Badjate SL, Kshirsagar RV (2015) Int J Adv Trends Comput Sci Eng 5:1–5
184. Ringkjøb H-K, Haugan PM, Solbrekke IM (2018) Renew Sust Energ Rev 96:440–459
185. Wang Y, Gao Q, Zhang T, Wang G, Jiang Z, Li Y (2017) Energies 10:1636
186. Park G, Lee S, Jin S, Kwak S (2014) Expert Syst Appl 41:2595–2607
187. Liu J, Dong H, Jin T, Lu L, Manouchehrinia B, Dong Z (2018) Energies 11:2699
188. McWhirter TE, Wagner TJ, Stubbs JE, Rizzo DM, Williams JB (2020) Int J Electric Hybrid Veh 12:1
189. Broglia L, Autefage B, Ponchant M (2012) World Electric Veh J 5:1082–1089
190. Badin F, Le Berr F, Briki H, Dabadie J-C, Petit M, Magand S, Condemine E (2013) World Electric Veh J 6:112–123
191. Irimia C, Grovu M, Sirbu G, Birtas A, Husar C, Ponchant M (2019) In: 2019 electric vehicles international conference (EV), pp 1–6
192. Vatanparvar K, Wan J, Faruque MAA (2015) In: 2015 IEEE/ACM international symposium on low power electronics and design (ISLPED), pp 353–358
193. Faruque MAA, Vatanparvar K (2016) In: 2016 21st Asia and South Pacific design automation conference (ASP-DAC), pp 423–428
194. Zhang J, Yuan Y, Lv C, Li Y (2015) In: 2015 IEEE international conference on mechatronics and automation (ICMA), pp 1307–1312
195. Daowei Z, Hongrui C, Shishun Z, Gang Y (2014) In: 2014 IEEE conference and expo transportation electrification Asia-Pacific (ITEC Asia-Pacific), pp 1–4
196. Husar C, Grovu M, Irimia C, Desreveaux A, Bouscayrol A, Ponchant M, Magnin P (2019) In: 2019 IEEE vehicle power and propulsion conference (VPPC), pp 1–6
197. Berzi L, Favilli T, Pierini M, Pugi L, Weiß GB, Tobia N, Ponchant M (2019) In: 2019 IEEE 5th international forum on research and technology for society and industry (RTSI), pp 308–313
198. Li A, Ponchant M, Sturm J, Jossen A (2020) World Electric Veh J 11:75
199. Caldichoury I, Leplattenier P (2021) In: AIAA scitech 2021 forum. American Institute of Aeronautics and Astronautics. https://doi.org/10.2514/6.2021-1278
200. Wu B, Lu W (2016) J Electrochem Soc 163:A3131–A3139

第 2 章　大尺寸锂离子电池电流分布的原位测量

Guangsheng Zhang，Christian E. Shaffer，Xiao Guang Yang，Christopher D. Rahn，Chao-Yang Wang

摘要　大尺寸锂离子电池中的电流分布不均会导致活性材料利用率不足、可用能量密度降低、发热不均、析锂加剧和衰减加速。大尺寸锂离子电池电流分布的原位测量不仅揭示了其局部特性，还为验证电化学 - 热耦合模型提供了空间分布的数据。这些洞察和模型有助于锂离子电池的充放电速度、能量密度、安全性和耐久性改进开发。本章总结了大尺寸锂离子电池中电极区域的电流分布进行原位测量的技术进展，讨论了使用分段式电池直接测量，使用嵌入式电极间接测量和无损诊断方法如核磁共振成像等技术。然后总结了在测量过程中的关键发现，例如在不同操作条件和不同电池设计的电流分布情况，并探讨了电流的非均匀分布对局部荷电状态（SOC）和可用能量密度产生的影响。最后，提出此领域的未来研究需求。

2.1　引言

自 20 世纪 90 年代初商业化以来，锂离子电池凭借其高能量密度、低自放电和长循环寿命等优势迅速主导并推动了便携式电子行业的发展 [1, 2]。在过去十年中，它在电动汽车领域得到广泛应用，并为可持续能源的未来发展提供了可能性 [3]。与便携式电子产品相比，电动汽车对于锂离子电池的应用在体积、能量密度、功率密度、安全性、耐久性和成本方面提出了更高要求。尽管已经取得了显著进展，但仍然存在重大挑战 [4, 5]。特别是，在不影响功率性能、耐久性和安全性的前提下如何释放锂离子电池材料的潜力，并将其容量扩大至每个单体电池数百 Ah 仍然是一个关键技术挑战。近年来，随着对快速充电 [6-9]、低温运行 [10] 以及高能量密度和可靠安全性 [11-13] 需求的不断提高，这一挑战变得更加严峻。

如图 2.1 所示，在大尺寸锂离子电池中，尤其是集流体较长和极耳有限的圆柱形和方形电池 [14, 15]，沿着电极路径的金属箔集流体上的电流在不同位置并不均匀。由于局部反应电流、SOC 和温度之间的复杂相互作用，这些参数在空间上呈现出非均匀分布是不可避免的，特别是在高倍率放电过程中。这种非均匀分布将导致大尺寸锂离子电池中活性材料利用率下降，从而显著降低能量密度，并低于扣式锂离子电池测试得到的基准 [15]。此外，非均匀的电流分布还可能加剧快速充电时产生的局部锂沉积以及高速运行时引起的局部过热问题，进而降低大尺寸锂离子电池的耐久性和安全性。因此，了解这些关键参数在各种设计和运行条件下的空间分布情况对于开发更快速充放电、更高能量密度、更安全耐用的锂离子电池至关重要。

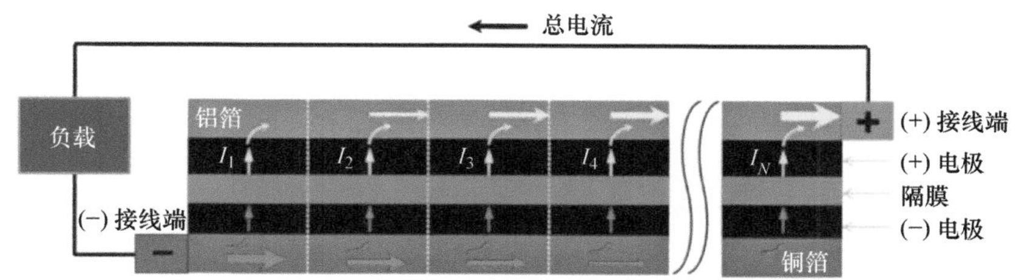

图 2.1　放电时，具有对称接线端的锂离子电池的电流示意图（示意图未按比例呈现）

建模已被广泛应用于锂离子电池的研究和开发中，以深入解析电化学 - 热耦合现象，预测电池性能和老化，优化电池设计和运行，并加速新概念和策略的开发 [15-26]。然而，为确保可靠性，这些模型需要通过实验数据进行验证。考虑到大尺寸锂离子电池中关键内部参数如局部电流密度、SOC 和温度在空间和时间上的非均匀分布，多维模型不仅需要对整体性能数据进行验证，还需对其分布特征进行验证。

因此，测量大尺寸锂离子电池的局部电流密度、SOC 和温度对于揭示参数分布特性，并为多维模型验证提供空间分布数据具有重要意义。考虑到这些参数的分布是瞬态的，因此需要进行原位测量。

在美国能源部 CAEBAT 计划的支持下，EC Power 和宾夕法尼亚州立大学（PSU）的一个研究小组采用分段式电池方法原位测量了沿电极长度的电流分布 [27-28]，并根据所测得的电流分布，获得了 SOC 分布。该团队还进行了锂离子电池温度分布的原位测量 [29-30]。这些测量解析了许多关于锂离子电池的特性，并提供了空间分布数据以验证模型 [15]。此后，已有其他工作报道使用嵌入式电极对锂离子电池的电流分布进行测量 [31-33] 或利用无损磁共振成像（MRI）对商用锂离子电池的电流分布进行测量 [34]。然而，在这一重要课题上仍需要进一步努力，特别是针对新兴材料或设计在极端条件下（如极速充放电 [9]、低温运行 [10] 和安全滥用 [35]）的电流分布特性仍缺乏深入理解。

需要注意的是，锂离子电池中电流分布的非均匀性存在于多个层次，包括模组级（由并联电池组成）[36, 37]、单体电池级（沿着电极长度方向）[27, 28, 33, 34, 38] 和电极级（电极厚度方向）[39-41]。本章专注于大尺寸锂离子电池沿着电极长度的电池级电流分布情况的原位测量，这一点对大尺寸电池具有特殊意义。在 2.2 节中，我们回顾了 EC Power-PSU 团队使用分段式电池进行直接测量的工作。2.3 节介绍了使用嵌入式电极进行间接测量的相关研究成果 [31-33]。2.4 节概述了利用磁共振成像技术进行无损诊断的方法 [34]。最后，在 2.5 节中，我们简要总结了目前取得的进展，并提出进一步努力以满足新兴需求下对于汽车动力锂离子电池所面临问题的解决方案。

2.2 利用分段式锂离子电池直接测量电流分布的方法

如图 2.1 所示，若将锂离子电池中的一个或两个电极进行分段（例如沿虚线分开），每个段内的局部电流将被迫分开流动，从而实现了直接测量电流分布。EC Power-PSU 团队采用了这一方法。本节对该团队工作进行总结，包括已发表的成果 [27, 28] 以及之前未发表的研究成果（见 2.2.2.6 节、2.2.2.7 节和 2.2.2.8 节）。

2.2.1 使用分段式锂离子电池的实验方法

2.2.1.1 具备分段正极结构的实验电池

图 2.2 以示意性方式展示了 EC Power-PSU 团队研究中所使用的实验电池 [27, 28]。该实验电池由一个完整的负极（在铜箔两侧涂有活性材料）、两层隔膜和 10 个正极分段（在铝箔两侧涂有活性材料）组成。负极仅一个极耳，用作电池的负极端子。每个正极电极分段都带有两个极耳，研究中每个分段只使用一个极耳 [27] 或每个分段都使用了两个极耳 [28]。完整的负极电极和隔膜采用蛇形折叠（Z 折叠）方式排列，每次折叠夹着一个正极分段。

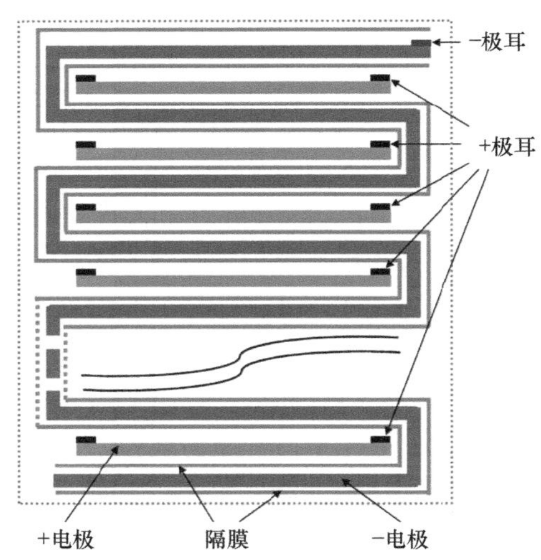

图 2.2 带有分段正极的锂离子电池示意图（非原比例）

（经许可摘自参考文献 [27]，Copyright 2013，The Electrochemical Society）

在实验电池中，正负电极活性材料分别为磷酸铁锂（LFP）和石墨。隔膜采用 Celgard®2320 PP/PE/PP 膜（厚度为 20μm）。电解质采用 EC:EMC:PC（45:50:5 v%）的 1.2mol/L 浓度 $LiPF_6$ 溶液。正极涂层每侧的厚度为 64μm，负极涂层的厚度为 43μm。铝箔集流体的厚度为 15μm，铜箔的厚度为 10μm。每个正极分段长 150mm，宽 56.5mm（涂层区域）。负极长度约为 1.8m。将电极 - 隔膜夹层封装，并注液后，软包电池封口，一个负极端子和 20 个正极端子暴露在外部环境中。该电池标称容量为 2.4Ah。

2.2.1.2　实验系统

图 2.3 展示了研究中的实验系统的示意图 [27]。需要注意的是，为了更清晰地呈现，实验锂离子电池在示意图中未折叠并进行了简化处理。10 个正极分段通过低阻母线并联，并且每个正极分段都通过一个分流电阻器 [PLV7AL，2×（1±0.5%）mΩ，美国 Precision Resistor 公司] 进行局部电流检测。使用低阻计（3560，日本 Hioki 公司）确保每个通道上分流和连接线的电阻相同（4.0mΩ±0.1mΩ），而母线的电阻可以忽略不计（<0.1mΩ）。通过将正极分段并联，并使每个局部通道从正极端子母线到铝极耳之间的电阻均匀分布，可以抑制铝箔对于电流分布的影响，从而关注铜箔集流体产生的影响。值得注意的是，根据开路电压以及室温下 C/5 放电 10s 时所测量到的锂离子电池内阻的方法，在本研究中估算出每个正极分段和对应负极之间直流内阻超过 800mΩ [42]。因此，与各段直流内阻相比，引入由分流器造成的 4.0mΩ±0.1mΩ 附加内阻可以忽略不计。同时还需指出，由于电阻较大，当前商用锂离子电池很少对长达 1.8m 的负极只设计一个极耳。因此与类似尺寸的商用锂离子电池相比，在该实验中的锂离子电池中观察到的非均匀性更明显。但集流体电阻引起的非均匀电流分布的机理是相同的。本研究的装置能够分离和放大集流体的影响，以揭示锂离子电池中电流分布的内在规律。即使对于商用锂离子电池，集流体的电阻也会影响大电流充放电时的电流分布。另一项研究 [28] 中的实验装置具有不同的极耳配置，将在图 2.17 中描述。

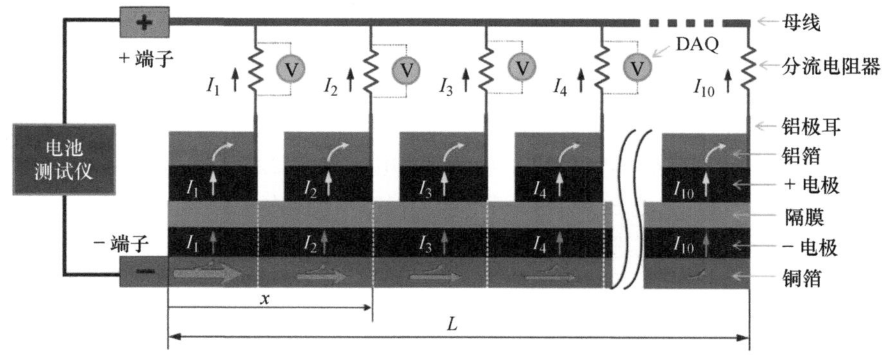

图 2.3　电流分布测量的实验系统示意图（为了清晰起见，实验锂离子电池在示意图中未折叠并进行了简化；箭头表示放电时的电流流动）（经许可摘自参考文献 [27]，Copyright 2013，The Electrochemical Society）

2.2.2　分段式锂离子电池的研究结果

2.2.2.1　电池的整体性能

图 2.4 显示了在不同倍率下电池放电的电压变化 [27]。同时，还呈现了电池在不同放电阶段的开路电压（OCV）曲线，OCV 数据通过以 C/10 放电期间静置 1h 测得。随着放电倍率增大，

电池的放电容量和输出电压均有所降低，这主要归因于在大电流下更高的欧姆和电化学极化。而 OCV 变化则主要由石墨负极材料中 Li/Li^+ 开路电势（OCP）变化引起 [43]，因为 LFP 正极材料在较宽 SOC 范围下具有平坦的 OCP 曲线特性 [44]。

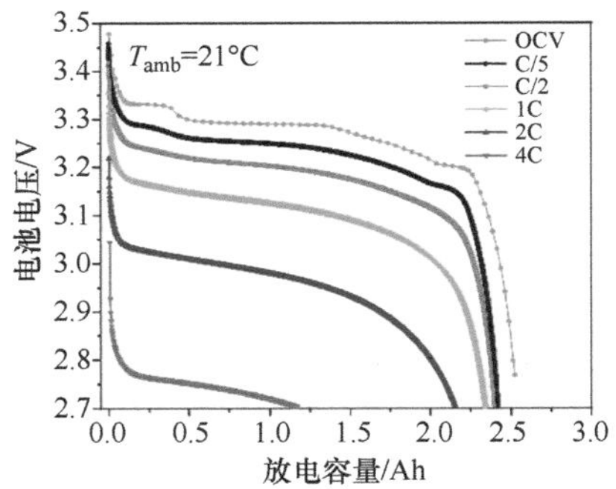

图 2.4　室温（21℃）下，锂离子电池在不同放电倍率下的电压曲线（经许可摘自参考文献 [27]，Copyright 2013，The Electrochemical Society）

2.2.2.2　室温下 1C 放电的电流分布

图 2.5a 显示了在室温（21℃）下进行 1C 放电期间测得的时空电流分布。值得注意的是，为了方便不同情况下的比较，局部电流通过平均电流归一化进行了无量纲处理。同时通过使用总体 SOC 来指示放电进度，将放电时间进行无量纲化。每个分段的位置则通过与实验锂离子电池负极之间的相对距离进行无量纲化。图 2.5b 显示了各分段局部电流随时间变化的情况，同时还显示了平均电流（归一化后等于单位 1）和电池电压。图 2.5c 根据从图 2.5b 中提取出来的局部电流数据，显示了不同电池 SOC 水平下局部电流的空间分布情况。从放电开始时，电流就呈现出非均匀分布，随着放电进行，这种分布发生显著变化。最初，离负极更近的分段比离

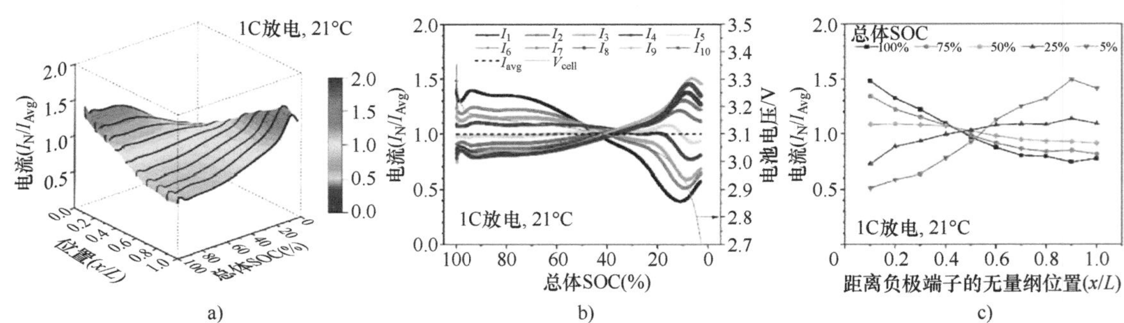

图 2.5　在 21℃下进行 1C 放电时的电流分布。a）局部电流随位置和总体 SOC 的变化关系；b）局部电流和电池电压与总体 SOC 之间的关系；c）不同 SOC 条件下的空间电流分布（经许可摘自参考文献 [27]，Copyright 2013，The Electrochemical Society）

负极更远的分段产生更大的局部电流，即 $I_1 > I_2 > I_3 > \cdots > I_{10}$。随着放电的持续，具有较大初始值的分段局部电流通常会减少，而具有较小初始值的分段局部电流则会增加，这导致在接近放电结束时出现完全不同的电流分布模式（$I_1 < I_2 < I_3 \cdots$）。需要注意到，I_9 几乎总是略高于 I_{10}，这是由于第 9 段比其他分段的容量稍高 [27]。

放电开始时明显的非均匀电流分布归因于负极集流体的阻抗（约 55mΩ）[27]。如图 2.3 所示，电流从铜箔的负极端子流向另一端，在局部区域进入负极时逐渐减小。随着电流注入，由于铜箔的阻抗作用，沿着铜箔产生了明显的电势降低。与此同时，母线连接处的阻抗可以忽略不计，使得正极侧（分流电阻器与母线连接处）基本保持相等的电位。因此，离负极越远的分段具有较低的局部过电压，所以根据电化学动力学原理（例如 Butler-Volmer 方程）驱动更小的电流 [45]。因此，离负极越远的分段产生较小的电流，并在该区域维持高 SOC 水平。

随着放电的进行，离负极端子更远的区域保持较高的 SOC，因此具有更高的 OCV。而由于早期电流生成较少，后续则产生了更大的局部电流。在放电后期阶段，局部电流的变化可归因于沿铜箔的电压降和局部 SOC（或 OCV）非均匀性之间的相互影响。这两种效应相互抵消，并趋向于平衡电流分布。因此，初始值较大分段的局部电流将减少，而初始值较小分段的局部电流将增加。当局部 SOC(或 OCV）影响超过沿铜箔的欧姆电压降影响时，在接近放电结束时，电流分布出现了与放电开始时完全不同的模式反转情况。如图 2.11a 所示，在放电过程中可以通过局部电流数据估计出局部 SOC，并且结果与该解释吻合得很好。

2.2.2.3　放电倍率对电流分布的影响

放电倍率对电流分布产生显著影响 [27]。图 2.6 和图 2.7 显示了 C/5 和 4C 放电时的电流分布结果，并与 1C 放电时进行了比较。可以明显观察到，在较低的放电倍率下，局部电流传播减小，表明电流分布更加均匀。从图 2.8 中更清晰地看出这一趋势，该图将不同倍率下 I_1 和 I_{10} 之间的差异进行了对比。沿负极集流体方向，分段 1 和分段 10 相距最远，因此 I_1 和 I_{10} 之间的差异最大。因此，它们之间的差值（即最大 ΔI）可用于衡量实验电池中电流分布的非均匀性。

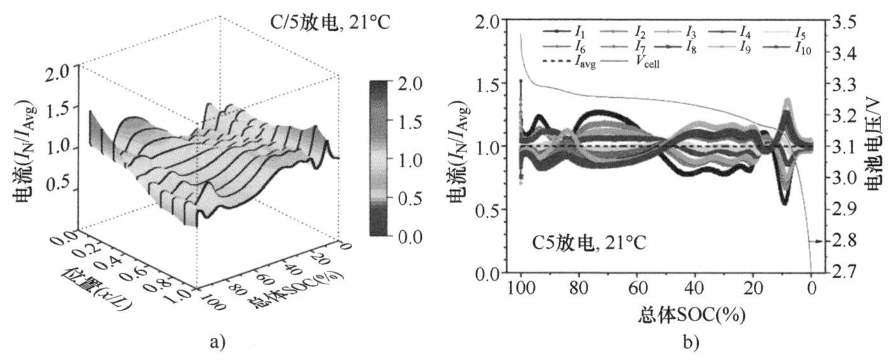

图 2.6　在 21℃下进行 C/5 放电时的电流分布。a）局部电流随位置和总体 SOC 的变化情况；b）局部电流和电池电压随总体 SOC 的变化情况（经许可摘自参考文献 [27]，Copyright 2013, The Electrochemical Society）

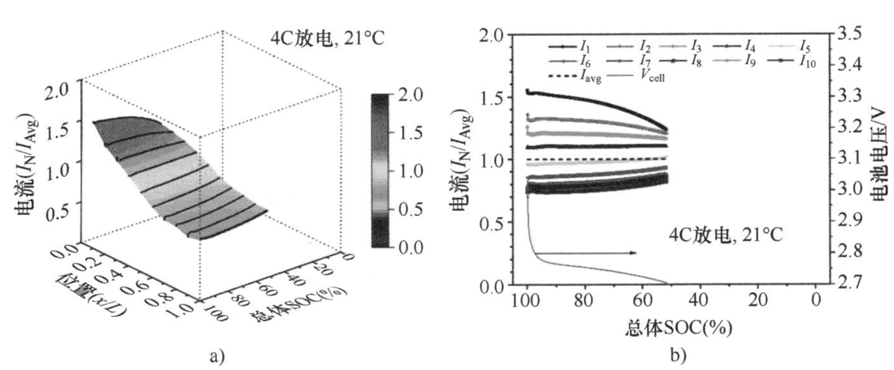

图 2.7 在 21℃下进行 4C 放电时的电流分布。a）局部电流随位置和总体 SOC 的变化情况；b）局部电流和电池电压随总体 SOC 的变化情况（经许可摘自参考文献 [27]，Copyright 2013，The Electrochemical Society）

放电倍率对电流分布的影响也归因于沿铜箔的电压降和局部 SOC（或 OCV）非均匀性的相反作用[27]。在低倍率放电（C/5）时，沿铜箔的电压降很小，以至于局部电流分布由局部 SOC（或 OCV）非均匀性控制。事实上，从图 2.6 和图 2.8 中可以明显看出，OCV 与 SOC 曲线中多次出现平台以及频繁的斜率变化，形成了波浪状的模式。在高倍率放电（4C）时，沿铜箔的电压降比 C/5 放电时高约 20 倍，将主导局部电流分布。欧姆电压降的主导作用产生了平滑变化的模式，这一点从图 2.8 中的 1C、2C 和 4C 放电的情况可以清楚地看到。假设在接近平衡状态下运行的电池具有波浪形的电流分布，而远离平衡状态运行的电池将表现出单调变化。

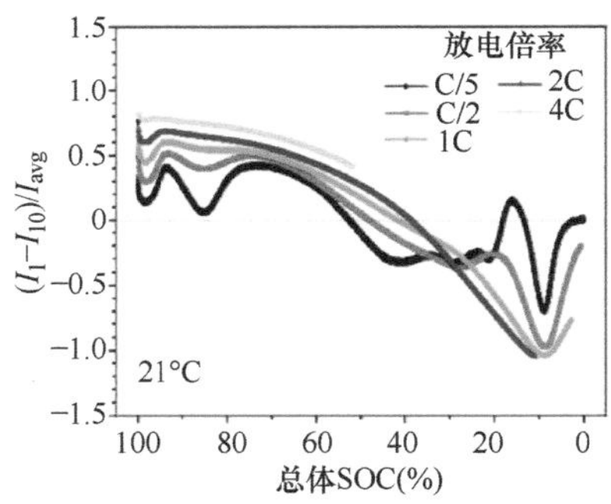

图 2.8 在 21℃下，不同倍率放电时，局部电流的最大差值（经许可摘自参考文献 [27]，Copyright 2013，The Electrochemical Society）

2.2.2.4 环境温度的影响

研究发现环境温度对电流分布产生显著影响[27]。图 2.9 和图 2.10 显示了在 0℃和 45℃下 1C 放电时的电流分布情况。与图 2.5 中 21℃的结果相比，电池在较低环境温度下明显整体性能降低，但电流分布更均匀。这一有趣现象主要归因于温度对锂离子电池内部电阻，包括欧姆电阻、电荷转移电阻、SEI 电阻和质量传输电阻的影响。此前的研究显示，在较低温度下，电荷转移电阻、SEI 电阻 [46, 47] 和电解质电阻 [48] 均急剧增加，而铝箔和铜箔的欧姆电阻变化不大（实际上略有下降 [49]）。基于使用 10s 放电的开路电压和工作电压估计，在 0℃下电池的内阻比 21℃下大致高 60%。如图 2.3 所示，在较低温度条件下电池夹层电阻会使得沿着铜箔 / 铝箔方向的欧姆电压降对电流分布的影响减小。因此，在较低温度条件下，将呈现更均匀的电流分布。很明显，在同样的电流下，较高的内阻会导致更高的过电压，使得实验电池的整体性能降低。45℃下的电池内阻大致比 21℃低 25%，因此在 45℃下，电池的整体性能更好，电流分布均匀性更差，这与之前的解释相符。

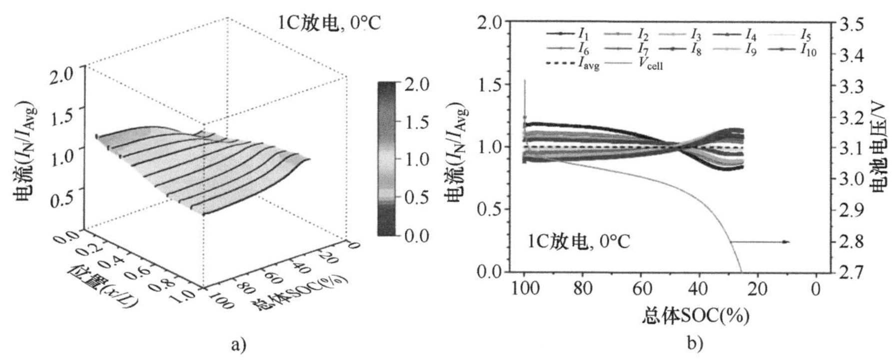

图 2.9　在 0℃下进行 1C 放电时的电流分布。a）局部电流随位置和总体 SOC 的变化情况；b）局部电流和电池电压随总体 SOC 的变化情况（经许可摘自参考文献 [27]，Copyright 2013, The Electrochemical Society）

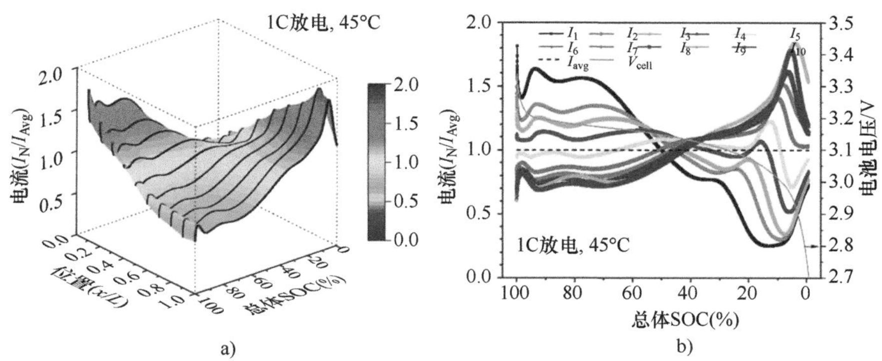

图 2.10　在 45℃下进行 1C 放电时的电流分布。a）局部电流随位置和总体 SOC 的变化情况；b）局部电流和电池电压随总体 SOC 的变化情况（经许可摘自参考文献 [27]，Copyright 2013, The Electrochemical Society）

2.2.2.5 基于电流分布数据进行局部 SOC 分布计算

基于局部电流的信息，通过放电开始时局部电流对时间积分，可以获得每个分段的放电容量。局部 SOC 通过以 C/5 放电时的局部分段容量作为 SOC=100% 的基准计算得到[27]。图 2.11a 显示了在不同总体 SOC 下 1C 放电时的局部 SOC 分布情况。如预期所示，在放电过程中，由于接近负极处较大的局部电流，SOC 分布首先变得越来越不均匀；然后随着电流分布逆转，在接近放电结束时 SOC 分布变得相对均匀。

有趣的是，在 1C 放电截止时，SOC 分布仍然存在一定程度上的非均匀性。这种现象在更高放电倍率时更为明显，如图 2.11b 所示。例如 4C 放电时，分段 1 的局部 SOC 约为 30%，而分段 10 则超过 60%。这种在截止电压时的高度非均匀的 SOC 导致未充分利用装载在电池中的活性材料，并降低了其能量密度。实际上，分段 10 具有非常高的 SOC，表明某些活性材料没有被充分利用，这造成了对电池材料的严重浪费。

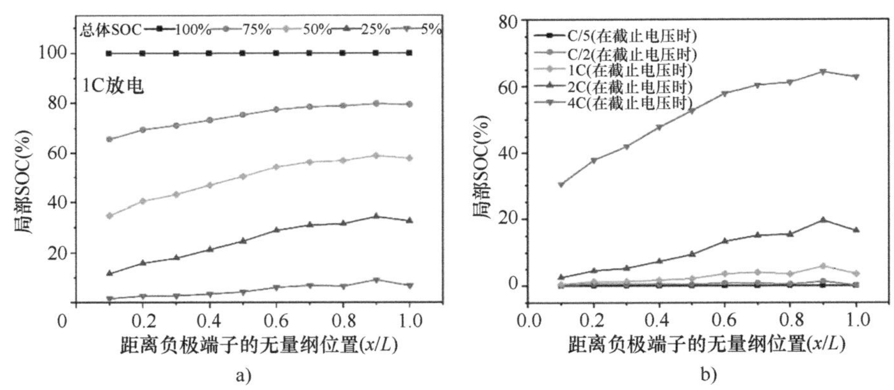

图 2.11 a）在 21℃下进行 1C 放电时，不同总体 SOC 条件下的局部 SOC 分布；b）在 21℃下以不同倍率进行放电时，在截止电压时的局部 SOC 分布（经许可摘自参考文献 [27]，Copyright 2013，The Electrochemical Society）

2.2.2.6 放电后的内部平衡电流及其对局部 SOC 分布的影响

锂离子电池的 OCV 取决于其 SOC。如图 2.12 所示，实验的锂离子电池展现了这种依赖关系。显然，除了 LFP- 石墨电池具有几个典型平台外，OCV 通常随着 SOC 的降低而下降。截止状态的非均匀局部 SOC 分布在图 2.11 中呈现，并表明存在局部 OCV 非均匀的情况。正如图 2.12 所揭示的那样，这种局部 OCV 差异将导致内部平衡电流流动。例如，在 4C 放电结束时，分段 1 的局部 SOC 约为 30%，而分段 10 的局部 SOC 高于 60%。由此可见，分段 1 相对于分段 10 会呈现近 40mV 的局部 OCV 差异。这种 OCV 差异将驱动分段 1 和分段 10 之间产生内部电流流动，直至它们达到相同的 OCV。在平衡过程中，分段 1 进行充电而分段 10 进行放电。根据不同分段之间存在的 OCV 差异情况，其他分段也会产生类似现象。

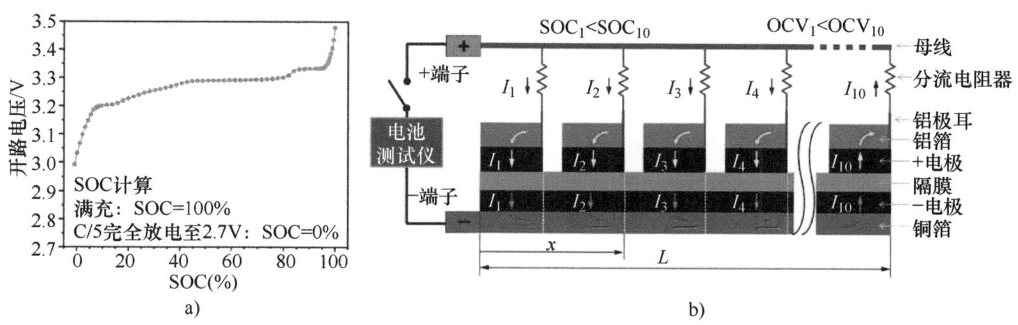

图 2.12　a）实验电池在不同 SOC 下的 OCV；b）锂离子电池放电后内部平衡电流示意图

在实验中确实观察到了内部平衡电流。图 2.13a、b 分别显示了 1C 放电和 4C 放电后的内部平衡电流情况。为了反映内部平衡电流的大小，使用了局部放电倍率作为参考。需要注意的是，在平衡期间，总体电流为零，而局部电流则可能呈现正值或负值。正值的局部电流表示相应分段正在进行放电，而负值则意味着该分段正在充电。可以观察到，在这两种情况下，靠近负极端子的分段 1~4 处于充电状态，而远离负极端子的分段 6~10 处于放电状态，这与图 2.11 所示 SOC 的非均匀分布相一致。有趣的是，在高倍率放电后，达到内部平衡所需时间较长。在 1C 放电后不到 1200s 内所有局部内部平衡电流都小于 1mA（C/240）。然而，在 4C 放电后经过 3600s 静置后，分段 1 仍然具有大于 1mA 的内部平衡电流。此外引人注目的是，OCV 恢复与内部平衡电流的下降相关，这表明内部平衡电流在静置过程的 OCV 恢复中起着重要作用。

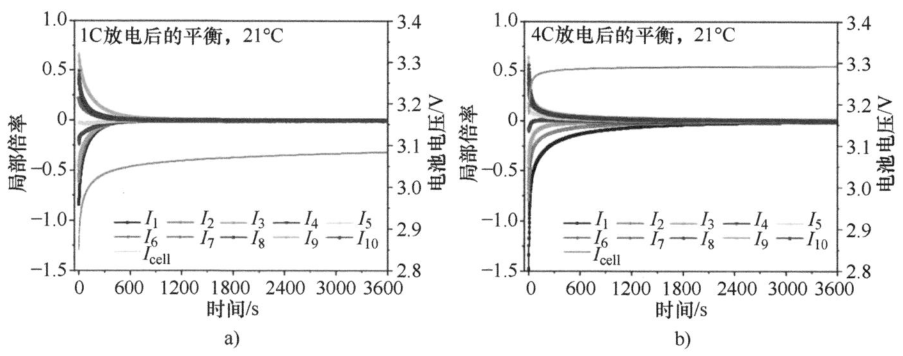

图 2.13　局部内部平衡电流和电池电压。a）1C 放电后；b）4C 放电后

正如预期，内部平衡电流减弱了局部 SOC 分布的非均匀性。图 2.14 显示了截止电压（实线）和平衡后（虚线，所有局部电流小于 1mA 后）的电池局部 SOC。值得注意的是，在图 2.14 中，1C 绿色曲线对应于图 2.13a 中高亮显示的静置，4C 品红色曲线对应于图 2.13b 中显示的静置。在 1C 放电时，经过平衡后，我们观察到电池 SOC 几乎是均匀的。然而，需要注意到，如图 2.13a 所示，在静置 3600s 后，电池电压仍处于以 5μV/s 的速度恢复到约 3.1V 的状态。1C 放电后局部 SOC 的相对快速平衡（与 4C 放电相比）无疑可以部分归因于电池在 1C 放

电结束时没有明显失衡。然而，当电池接近平衡状态时，电压仍在恢复的现象是一个有趣的现象。这最有可能归因于 OCV-SOC 曲线在约 3.1V 处的显著斜率（见图 2.12），即 SOC 的小变化伴随着 OCV 的大变化。将这一现象与 4C 放电后的静置比较。如图 2.13b 和图 2.14 中的品红色曲线所示，在 4C 放电结束并静置 3600s 后，即使 dV/dt 小至 0.5μV/s，该电池仍处于明显失衡状态。4C 放电后的这种现象最有可能归因于 OCV-SOC 曲线的形状，该曲线在约 20% 和 40% SOC 之间具有显著的斜率，但在约 40% 和 80% SOC 之间更为平缓。因此，如果局部 SOC 分布在 OCV 平坦范围内，则在具有 LFP 电极的锂离子电池中可以保持明显的 SOC 不平衡。事实上，平坦的 OCV-SOC 曲线以前曾用于在具有 LFP 正极的锂离子电池中锁定非均匀的 SOC 分布，以便进行原位测量 [50]。由锂负极和 LFP 正极组成的电池被充电至 50% SOC，然后将 LFP 电极从电池中取出，通过同步 X 射线衍射进行扫描，从而在 LFP 电极中保留并观察到电荷分布的显著非均匀性。图 2.13b 中分段 5~10（局部 SOC 大于约 50%）的相对较低的平衡电流，以及较近（x/L）区域在静置期间的 SOC 恢复比较远（x/L）区域更显著，均与这一论点一致。

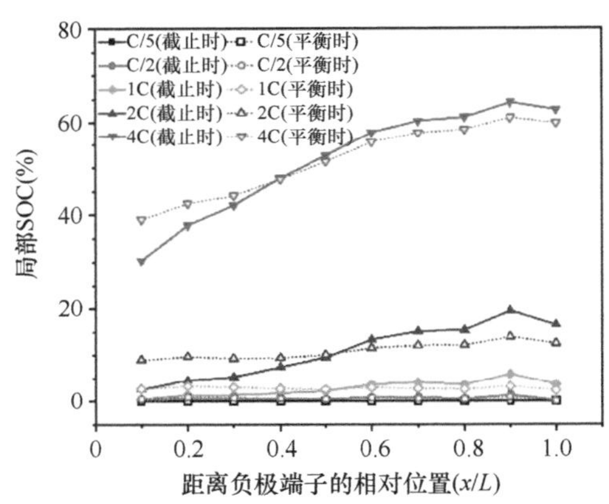

图 2.14 平衡前后的实验锂离子电池局部 SOC 分布

这些结果表明，将接近静置电压作为衡量电池内部平衡的指标可能不够可靠。更具体地说，可能需要依据 OCV-SOC 曲线在电压静置区域的斜率调整 dV/dt 容差来评估电池平衡。此外，最近的电池外部激励也可能在判断真正平衡状态时发挥作用。因此对于这一现象进行深入研究是必要的。

2.2.2.7 充电过程的电流分布

图 2.15 显示了在 1.5A 恒流（对应 0.625C）充电，然后 3.6V 恒压充电，直到电流下降至 0.02C 期间的电流分布。由于恒压阶段充电电流的变化，使用局部放电倍率来描述局部电流。与放电过程类似，在充电过程中，局部电流分布呈现非均匀性，尤其是在恒流充电开始和结束电压随 SOC 剧烈变化时。这种电流的非均匀分布可能会在追求快充过程中显著加剧析锂问题，因此对其进一步研究尤为重要。有趣的是通过比较图 2.5 和图 2.15 可以发现，在恒流充放电过

程中空间上的局部电流分布趋势相似。无论是在充电或者放电初始阶段都能观察到靠近负极区域出现更高局部倍率的情况。由于材料在更高倍率下衰减更快，可以预期这种非均匀电流分布将加速锂离子电池的衰减。

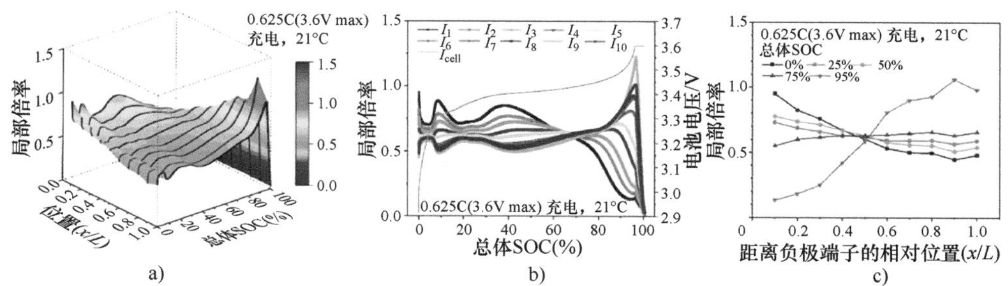

图 2.15　在 21℃充电时的电流分布。a）局部电流随位置和总体 SOC 的变化；b）局部电流和电池电压随总体 SOC 的变化；c）不同总体 SOC 下的电流分布

2.2.2.8　部分充放电时的电流分布

在电动汽车应用中，锂离子电池并不总是完全充电或完全放电。为了研究部分充电和放电对电流分布的影响，实验电池在 40% SOC 和 60% SOC 之间以 1C 恒定电流循环三次。在循环之前，锂离子电池首先完全充电，然后以 C/5 放电至 60% SOC，接着以 1C 放电至 40% SOC，然后静置 2h。图 2.16 显示了这种部分充电和放电期间的电流分布和电池电压。需要注意的是，局部倍率为负值表明分段是充电的。可以看出，在部分放电和充电期间，电流分布行为是高度对称的。离负极更近的分段总是比远离负极的分段具有更高的局部电流。例如，分段 1 的局部倍率范围为 1.3~1.6，而分段 10 的局部倍率范围仅为 0.7~0.85。即使内部平衡电流也不足以恢复这种非均匀性。这种非均匀的电流分布和材料利用的非均匀性不仅会造成远离极耳位置的材料浪费，而且还会导致靠近极耳位置的材料加速衰减。因此，需要进一步研究非均匀电流分布如何影响衰减，以检验这一假设。

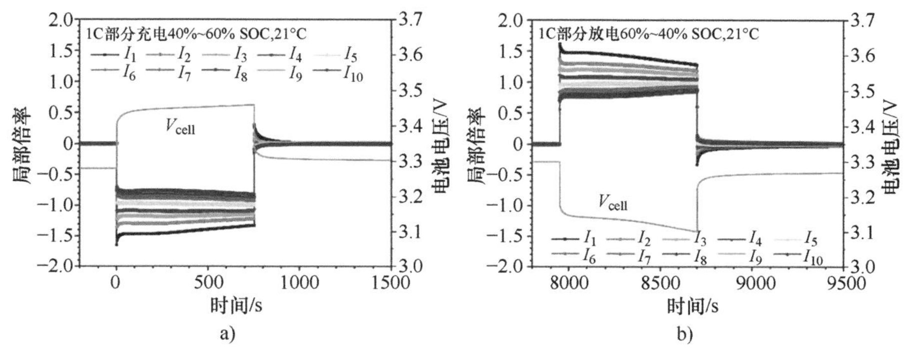

图 2.16　部分充放电循环时的电流分布。a）从 40% SOC 到 60% SOC 的 1C 充电；b）从 60% SOC 到 40% SOC 的 1C 放电

2.2.2.9 极耳配置对电流分布和可用能量密度的影响

极耳数量和配置对锂离子电池的性能产生显著影响[14-15, 51]。然而，在现有文献中，尚未通过实验证明电池能量密度与电流分布之间的定量关系。EC Power-PSU 团队假设极耳配置对锂离子电池能量密度的影响可以归因于其对电流分布的作用，并通过实验验证了该假设。

图 2.17 示意了 5 种极耳配置，它们都具有相同的负极极耳，但不同的正极极耳配置：10 个并联的正极极耳，5 个并联的正极极耳，2 个并联的正极极耳，1 个位于负极极耳对侧的正极极耳，以及位于负极极耳同侧的正极极耳。当多个正极分段串联时，正极极耳和电阻分流器的额外电阻使得该分段电池的正极集流体的总电阻远远高于非分段电池。因此，该分段电池中的电流分布将比非分段电池中的电流分布更加不均匀。然而，应该注意的是，本工作通过分布数据验证的数值模型可以用于研究各种情况，包括正负电极均为非分段的情况。

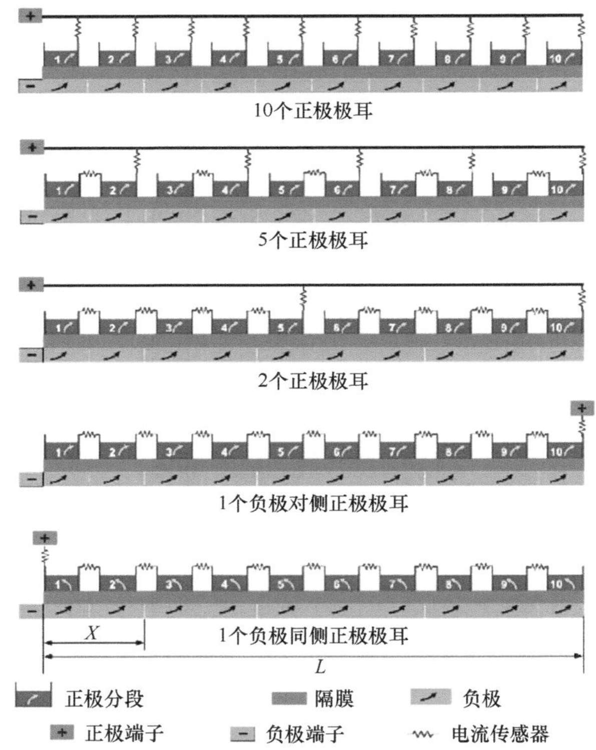

图 2.17 具有不同正极极耳数量和位置的电池配置示意图（经许可摘自参考文献 [28]，Copyright 2013，The Electrochemical Society）

图 2.18 显示了不同极耳配置下实验电池的整体性能。为了便于比较，我们以 10 个正极极耳配置下的放电容量计算所有情况下的总体放电深度（DOD）。因此，10 个正极极耳情况下的总体 DOD 设定为 100%。正如预期所示，极耳数量和位置对实验锂离子电池的整体性能产生显

著影响。随着极耳数量减少，电池电压和放电容量通常会降低，尽管 5 个和 10 个极耳之间差异微小。在相同的极耳数量下，与只有 1 个同侧正极极耳的情形相比，电池在只有 1 个对侧正极极耳时，初始电压更高，但随后的工作电压更低。

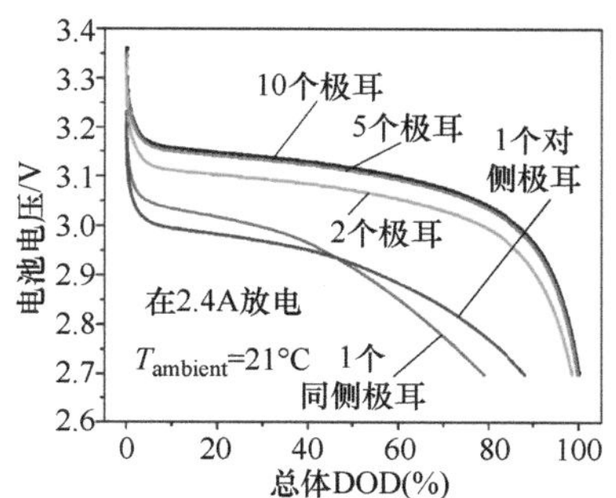

图 2.18　不同正极极耳配置的实验锂离子电池的整体性能（经许可摘自参考文献 [28]，Copyright 2013，The Electrochemical Society）

很容易理解，极耳数量较少的电池通常性能较低，这主要是由于更高的电池内阻所导致。然而，在 1 个对侧极耳和 1 个同侧极耳电池之间的差异并不明显。相反，通过两种情况下的电流分布结果可以清晰地解释这一差异。

图 2.19 呈现了 1 个对侧正极极耳情况下的电流分布。可以观察到，在放电开始时，分段 10 显示出最高的初始局部电流，并在接近放电结束时降至最低。这种放电初始时的非均匀电流分布可以归因于集流体，尤其是正极集流体电阻的影响。由于分段 1~9 的局部电流必须通过下游分段进行传输，因此下游分段的正极侧电阻通常会导致上游局部电流减小和下游局部电流增加。在本实验中，正极集流体的电阻包括了分段铝箔电阻、分段极耳电阻和传感器电阻等多个组成部分的总体电阻，使得正极侧的电阻高于负极侧。因此，在整个过程中，正极侧电阻对于局部电流分布起主导作用，并且导致分段 10 产生最高的初始局部电流。然而，在初始电流分布中仍然能够观察到负极集流体电阻一定的补偿效应，使得分段 1 和分段 2 产生的局部电流高于分段 3。较高的初始局部电流将导致活性材料快速损耗。因此，在分段 10 中具有最大初始局部电流的区域将迅速损耗并变为最低值，并且随着放电过程逐渐向上游扩展。

图 2.20 显示了 1 个同侧正极极耳情况下的电流分布。通过与图 2.19 进行比较，可以观察到，在这种情况下，电流分布几乎与 1 个对侧正极极耳的情况完全相反，并且更加不均匀。两种情况下的电流分布差异可归因于正极集流体和负极集流体电阻之间的相互作用。如前所述，在对侧极耳的情况下，正极侧和负极侧的电阻相互抵消。然而，在同侧极耳情况下，这种作用是协同的，并且都有利于上游分段产生更高的局部电流。因此，在放电初期时，分段 1 显示出异常高的局部电流，而分段 10 则显示出异常低的局部电流。随着放电过程的进行，分段 1 存储的能量迅速消耗，其局部电流迅速降为最低。

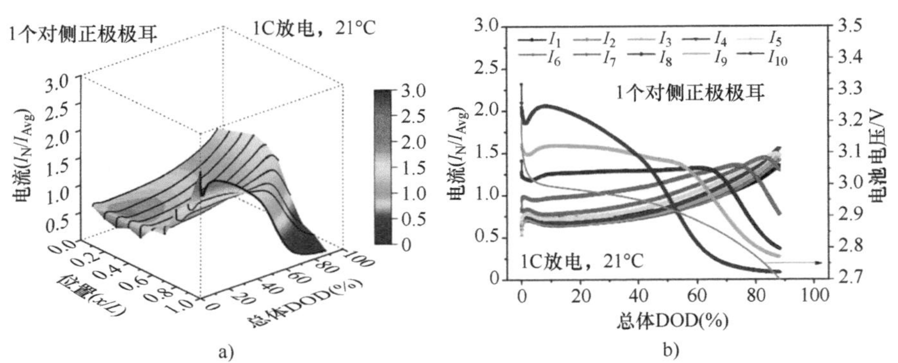

图 2.19　1 个对侧正极极耳的电池放电时的电流分布。a）局部电流随位置和总体 DOD 的变化；b）局部电流和电池电压随总体 DOD 的变化（经许可摘自参考文献 [28]，Copyright 2013，The Electrochemical Society）

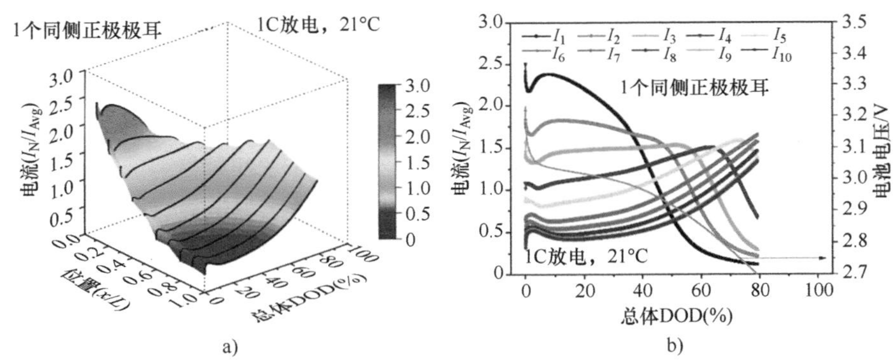

图 2.20　1 个同侧正极极耳的电池放电时的电流分布。a）局部电流随位置和总体 DOD 的变化；b）局部电流和电池电压随总体 DOD 的变化（经许可摘自参考文献 [28]，Copyright 2013，The Electrochemical Society）

通过同侧正极极耳和对侧正极极耳情况下电流分布的详细结果，可以清晰解释图 2.17 中电池整体性能的差异。在同侧正极极耳情况下，大部分总电流产生于上游分段；而在对侧正极极耳情况下则相反。因此，在同侧正极极耳情况下，局部电流通过正极、负极以及集流体的平均传输距离更短，从而导致平均电阻更低。当电池释放出相同的总电流时，在同侧正极极耳情况下，产生的电压降更低，进而提高利用率。然而随着放电过程进行，由于初始高局部电流的上游分段存储能量很快被消耗殆尽，并向下游分段移动以保持总体恒定，导致总体平均传输距离变长、平均电阻和电压降增加。在对侧正极极耳情况下，电流分布、总电流的平均传输距离和平均电阻变化则基本相反。因此，随着放电过程进行，两种情况之间的电池电压差变得更小。最终，同侧正极极耳的电池电压先等于，然后低于对侧正极极耳的电池电压。

在同侧正极极耳的情况下，电流分布呈现明显的不均匀，这表明存在两个潜在问题。首先，下游分段的储能材料利用率明显不足，导致能量密度降低，并造成了不必要的浪费。其次，在靠近极耳处产生的局部电流（倍率）高于平均值，在放电过程中更快地耗尽甚至过度消耗活性材料。之前的研究已经指出，在放电倍率和 DOD 较高时锂离子电池会加速衰减 [52-53]，因此靠近极耳处的电极材料可能会更快地发生衰减，最终导致整个电池比具有均匀电流分布的电池更容易发生衰减。因此，通过设计优化来改善锂离子电池的电流分布对于提升能量密度和耐久性非常重要，而这两个方面正是其应用于电动汽车领域所面临的主要挑战。通过在老化测试中进行原位测量以建立电流分布的非均匀性与衰减的关系可以更深入解析大尺寸锂离子电池的衰减机制。沿着这些方向开展进一步的研究工作是非常值得的。

图 2.21 进一步阐明了在同侧正极极耳情况下活性材料的非均匀利用，比较了不同情况下放电截止时的 DOD 分布。可以观察到，在 10 个和 5 个正极极耳情况下，DOD 分布相似且相当均匀，仅有轻微的下游分段利用不足。与此相比，在其他情况下随着极耳配置不同，某些分段活性材料利用较少，尤其是在 1 个同侧和对侧正极极耳的情况下。值得注意的是，在 1 个同侧正极极耳的情况下，上游分段的局部 DOD 与 10 个和 5 个正极极耳的情况非常相似，而下游分段则显著降低。这清晰地呈现了电流分布对锂离子电池能量利用的影响。

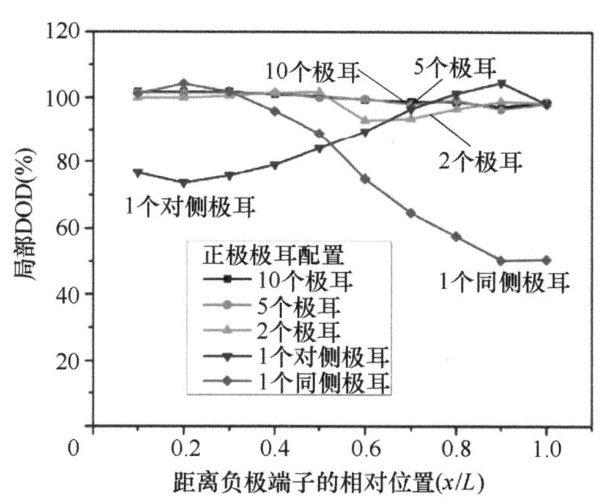

图 2.21　不同极耳配置下放电截止时局部 DOD 分布的对比

（经许可摘自参考文献 [28]，Copyright 2013，The Electrochemical Society）

在 5 个和 10 个正极极耳情况下，整体性能、电流分布和 DOD 分布的相似度极高，这表明过多的正极极耳几乎没有实质帮助。事实上，过多的正极极耳只会增加电池制造的复杂性和成本，这与我们期望的结果背道而驰。

2.2.2.10　能量密度与电流分布的非均匀性之间的相关性

根据图 2.21 中的电流分布和 DOD 分布结果可知，电流分布的非均匀性会导致电池的活性材料利用不足和能量密度降低。为了更清晰地建立电流分布非均匀性与能量密度之间的关系，在图 2.22 中，我们绘制了放电能量作为电流分布非均匀系数的函数的曲线 [15]。放电能量以 10

个正极极耳配置下 C/5 放电时所得到的能量作为基准，并设定该值代表实验电池可达到的最大可用能量。从图中可以观察到，归一化后的能量随着电流分布非均匀系数增加而呈近似线性下降的趋势。这一发现明确指出了电流分布非均匀性对电池能量密度的显著影响，并强调了在设计车载储能系统的高能量锂离子动力电池时改进电流分布非均匀性的重要性。

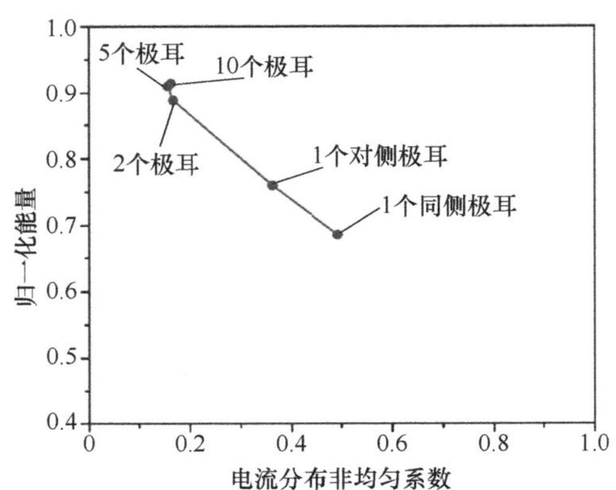

图 2.22　归一化放电能量与电流分布非均匀系数的关系

（经许可摘自参考文献 [28]，Copyright 2013，The Electrochemical Society）

随后，Zhao 等人[15]利用可用能量密度和电流分布非均匀性的结果验证了数值模型。如图 2.23 所示，40Ah 锂离子电池的模型结果与 2.4Ah LFP/ 石墨电池的实验数据叠加在一起。图中的能量密度为 1C 放电能量，以扣式电池能量密度即使用的电池材料所能达到的最大能量密度为基准的归一化能量。尽管尺寸和正极材料存在差异，但电池能量密度和电流密度非均匀性趋势和大小的模型预测与实验结果明显一致。后续需要采用 NMC 体系和确切的电池尺寸进行更多定量比较研究。

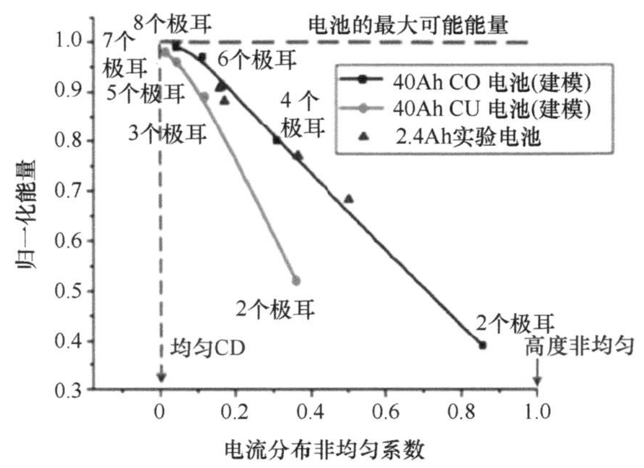

图 2.23　Zhao 等人[15]对 40Ah 电池的建模结果与 2.4Ah 分段锂离子电池的实验数据的比较

（经许可摘自参考文献 [15]，Copyright 2014，Elsevier B.V）

2.3　通过局部电势测量间接推断电流分布

如图 2.1 所示，当电流通过铜箔和铝箔集流体时，由于欧姆电阻，在集流体的长度方向上会出现电势变化。通过测量箔片的局部电势分布，可以利用数值模型估计该位置处的局部电流。慕尼黑工业大学（TUM）及其合作者[31-33]采用了这种方法，在首先使用改装的商用圆柱形电池[31-32]之后，还应用了一种专门开发的单层软包电池[33]。本节将对该团队的研究进行综述。

2.3.1　改装商用圆柱形电池的实验方法

图 2.24 和图 2.25 显示了 Osswald 等人[31]改装前后的圆柱形电池的示意图和图片。改装前，负极上有 4 个并联的极耳（A1~A4），正极也上有 4 个并联的极耳（C1~C4）。外部电流通过所有极耳施加到电池上，因此只能测量一个电压。改装后，每个电极上的 4 个极耳被分开；外部电流仅通过一对极耳（A1 和 C1）施加，形成一个同侧极耳配置，与其他极耳配置相比，它将产生更多的非均匀电流分布[15, 28]。该改装允许在电极的 4 个不同位置进行电压测量，用于验证模型和局部电流密度的模拟[32]。

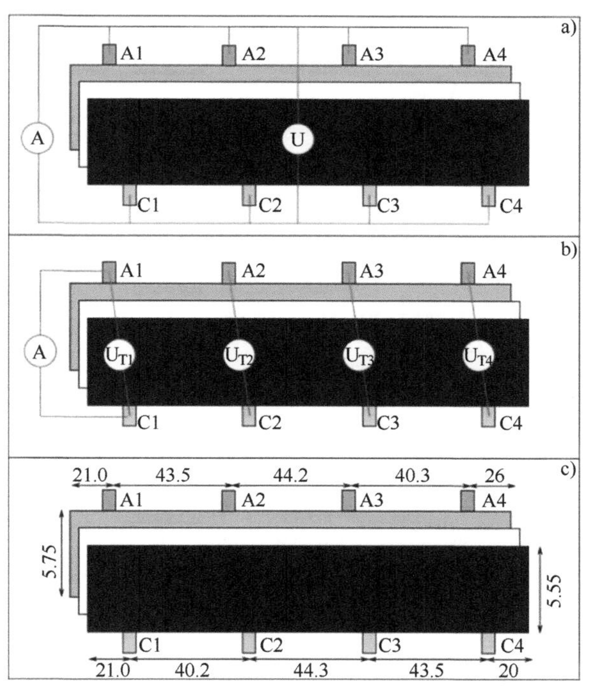

图 2.24　Osswald 等人[31]的实验电池示意图及工作模式。a）改装前每个电极上的所有 4 对极耳（负极 A1~A4，正极 C1~C4）并联并施加外部电流；b）改装后的极耳分离，允许在 4 个不同的位置测量电压，只有最外层的一对极耳（A1 和 C1）施加电流；c）极耳的位置（经许可摘自参考文献 [31]，Copyright 2015，The Electrochemical Society）

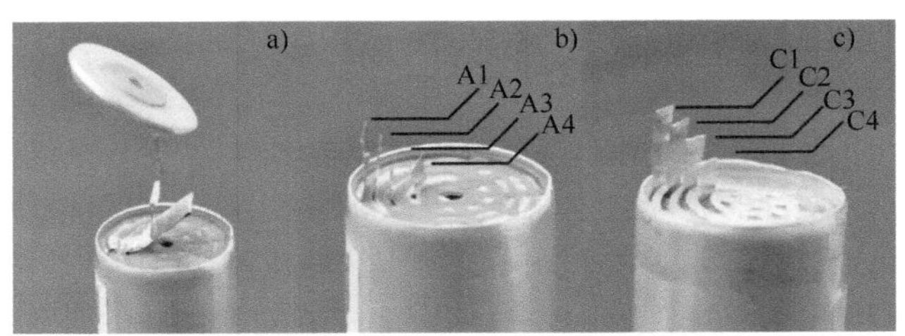

图 2.25　Osswald 等人 [31] 的实验电池图片。a）极耳连接的打开的负极；b）极耳分离的打开的负极；c）极耳分离的打开的正极（经许可摘自参考文献 [31]，Copyright 2015，The Electrochemical Society）

用于改装的圆柱形电池采用商用的 26650 型电池，其标称容量为 2.5Ah，平均放电电压为 3.3V。正极总长度为 1.69m，负极总长度为 1.75m，并且每个电极都配置了 4 个几乎等距离的极耳。铝制集流体厚度为 20μm，而铜制集流体的厚度则为 13μm。磷酸铁锂被选作正极活性材料，而石墨则被用于负极。此外还有更多实验细节已在参考文献 [31] 中报道。

2.3.2　改装商用圆柱形电池的实验结果

图 2.26 显示了在室温下进行 0.5C、1C 和 2C 放电实验时，改装后的电池 4 对极耳的测量和

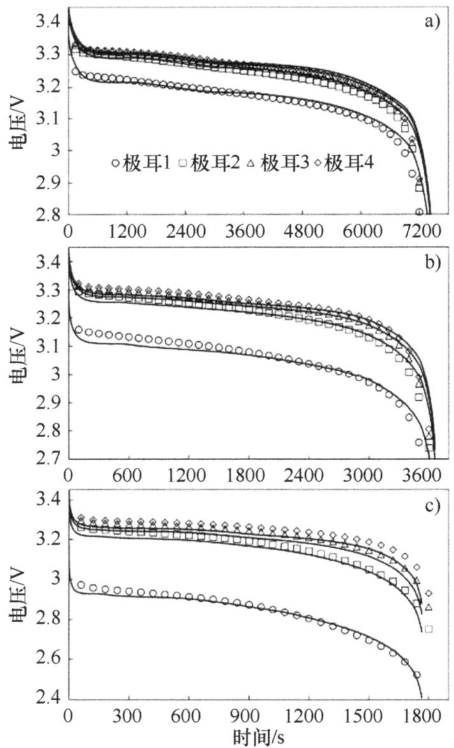

图 2.26　在室温下，a）0.5C、b）1C 和 c）2C 放电时，4 对极耳的测量和模拟电压（经许可摘自参考文献 [32]，Copyright 2015，The Electrochemical Society）

模拟电压。可以观察到，在极耳 1 上测量的局部电压明显低于其他位置，并且随着充放电倍率的增加，差异也逐渐扩大。这一结果清晰地表明了集流体电阻对局部电压分布的影响，从而也会影响电流分布。值得注意的是，在 2C 放电结束时，当极耳 1 上达到截止电压 2.4V 时，其他极耳仍然保持在高于 2.8V 以上的水平，这说明距离端子更远区域的容量利用不足[32]。此结论与 EC Power-PSU 团队关于同侧配置方面的研究结果相符[15, 28]。

图 2.27 展示了与图 2.25 中电压相对应的 4 个极耳对的电极中电流密度的模拟结果。可以看出，电流分布趋势与 EC Power-PSU 团队在同侧极耳配置下测量得到的趋势一致且相似。放电开始时，最接近端子区域局部电流密度最高，但随着局部 SOC 消耗而迅速降低。然后，在远离端子区域，局部电流密度逐渐增加，并由于局部 SOC 消耗而降低。这种明显趋势是由相同机制控制的，即主要来自石墨负极的局部开路电压随 SOC 非线性下降。

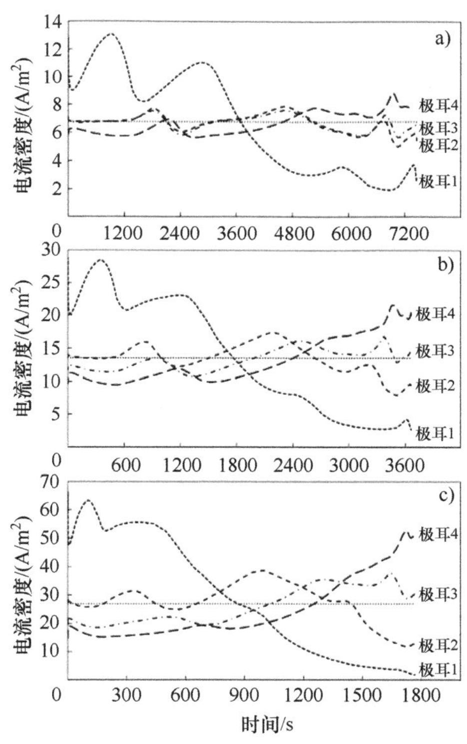

图 2.27 在室温下，a）0.5C、b）1C 和 c）2C 放电时，4 对极耳的电流密度模拟值

（经许可摘自参考文献 [32]，Copyright 2015，The Electrochemical Society）

2.3.3 单层软包锂离子电池的实验方法

如图 2.28 所示，Erhard 等人[33] 开发了一种单层软包电池，其每边均配置有 10 对极耳，用于测量电势分布。在电池的左右两侧还设置了参考极耳对，并与电池测试仪相连。该电池集流体尺寸为长 500mm 和宽 100mm。铝制集流体厚度为 20μm，铜制集流体厚度为 18μm。与 EC Power-PSU 团队提出的分段软包电池以及 TUM 团队使用的圆柱形电池相比，在本研究工作中所设计的电池集流体长度更短，但仍与电极为堆叠型而非卷绕型的大尺寸软包电池相当。值得注意的是，在本研究工作中采用了比通常使用更厚的铜箔，这可能会影响电流分布特性。实验样品具有单层结构是其独特之处，这可以极大地减少类似大型圆柱形电池中存在的非均匀温度分布和发热对于整体电流分布造成的影响[32]。

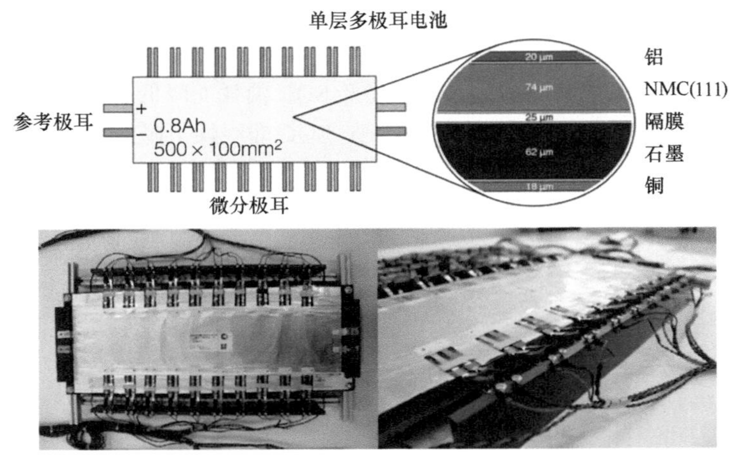

图 2.28　用于电势分布测量的单层软包锂离子电池示意图和图片，由 Erhard 等人[33] 绘制（根据知识共享署名 4.0 许可协议（CC BY），摘自参考文献 [33]，Copyright 2017，由 ECS 发布）

该电池由 $LiNi_{0.33}Mn_{0.33}Co_{0.33}O_2$（NMC）正极和石墨负极组成，标称容量为 0.8Ah。NMC 在电动汽车应用中越来越广泛，其开路电势特性与 LFP 正极有所不同，这将对电流分布特征产生影响。

图 2.29 显示了该团队的实验设置示意图[33]。在他们的研究中，电池测试器仅将电流施加于两个参考极耳对之一，从而创建了一个与其在圆柱形电池上的研究工作相似的同侧极耳配置。

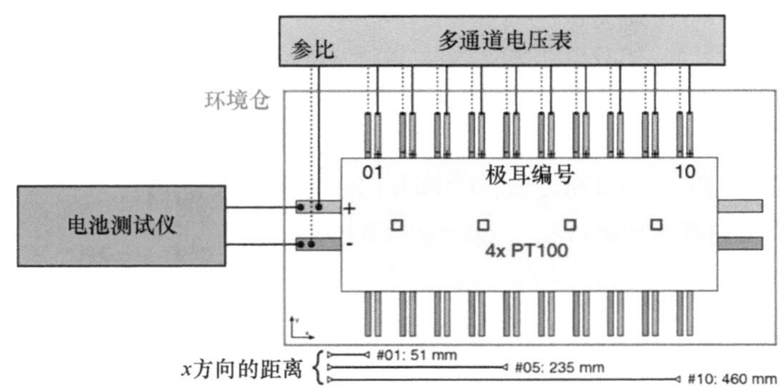

图 2.29　由 Erhard 等人[33] 绘制的电势分布测量实验装置示意图（根据知识共享署名 4.0 许可协议（CC BY），摘自参考文献 [33]，Copyright 2017，由 ECS 发布）

这种极耳配置会导致比其他配置更多的非均匀电流分布，因此不建议在实际应用中采用 [15, 28]。研究中使用了环境仓控制环境温度。

2.3.4 单层软包锂离子电池的实验结果

图 2.30 显示了 Erhard 等人 [33] 在 25℃下进行 0.5C、1C 和 2C 放电实验及仿真结果。观察到的波浪状电流分布特征与 EC Power-PSU 团队 [27] 所报道的结果相似，这表明尽管电极材料不同，锂离子电池电流分布的控制机制是相似的。局部测量点 01 比测量点 10 更接近端子（参考极耳），因此具有较低的电阻，导致测量点 01 的局部电流在放电初始阶段高于测量点 10。随着放电过程进行，局部 SOC 的变化和因此带来的局部 OCV 变化会导致电流分布接近放电结束时发生逆转现象。当进行 2C 放电时，局部电流曲线比 0.5C 放电时呈现更小幅度的波动，这也与 EC Power-PSU 团队 [27] 关于放电倍率对电流分布影响的研究结果一致。

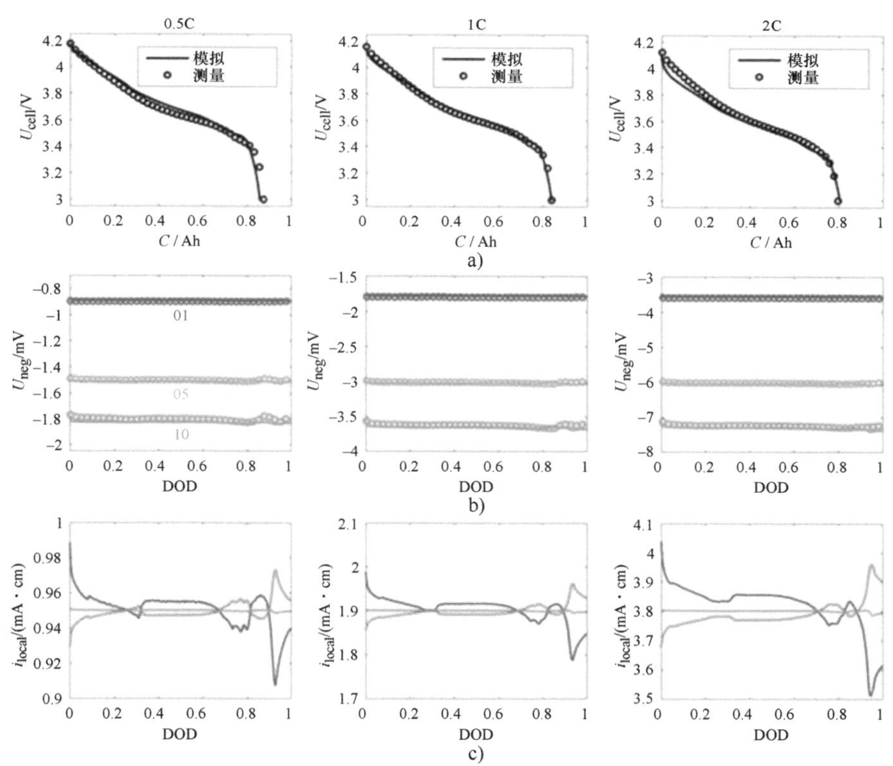

图 2.30 Erhard 等人 [33] 在 25℃下进行 0.5C、1C 和 2C 放电的测量和模拟结果。a）实验（符号）和模拟（实线）的电池电压；b）在局部测量点 01、05 和 10 的测量和模拟电势；c）在相应局部测量点的电流密度模拟值（根据知识共享署名 4.0 许可协议（CC BY），摘自参考文献 [33]，Copyright 2017，由 ECS 发布）

图 2.31 显示了 Erhard 等人 [33] 在 5℃、25℃和 40℃下进行的 1C 放电实验及其模拟结果。随着温度的升高，电流分布变得更加不均匀且波动较大，这可能是由于反应动力学和电池内阻在不同温度下发生变化所致。

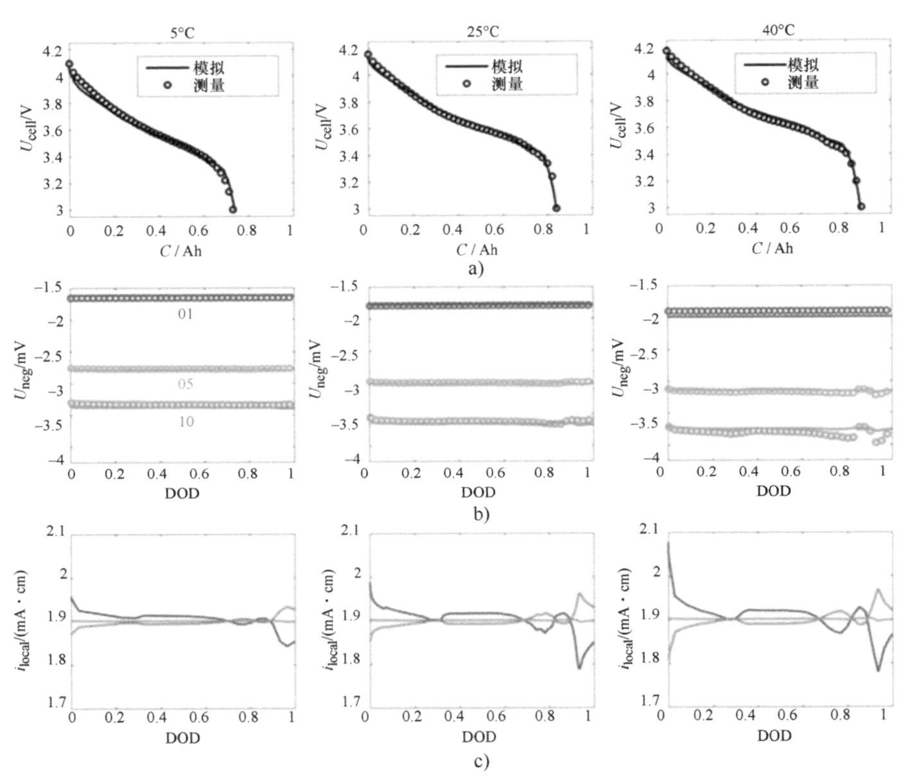

图 2.31　Erhard 等人 [33] 在 5℃、25℃和 40℃下进行 1C 放电的测量和模拟结果。a）测量（符号）和模拟（实线）电池电压；b）在局部测量点 01、05 和 10 的测量和模拟电势；c）在相应局部测量点的电流密度模拟值（根据知识共享署名 4.0 许可协议（CC BY），摘自参考文献 [33]，Copyright 2017，由 ECS 发布）

Erhard 等人 [33] 模拟了放电过程中的局部 SOC 分布，图 2.32 显示在 25℃下 0.5C、1C 和 2C 放电时极耳 01 和极耳 10 之间的 SOC 模拟数值差异。正如预期，由于局部电流差异，初始 SOC 差异增加，但最终随着电流分布趋势逆转在接近放电结束时 SOC 差异减少。在较高放电倍率和温度下，SOC 差异更显著，这与电流分布特征相对应。值得注意的是，在 2C 放电结束时，SOC 差异远小于 EC Power-PSU 团队 [27] 报道的结果，这可以归因于 NMC 正极和 LFP 正极的开路电势对 SOC 的依赖性不同。这种差异在较高放电倍率下更为显著，并需要进一步研究。

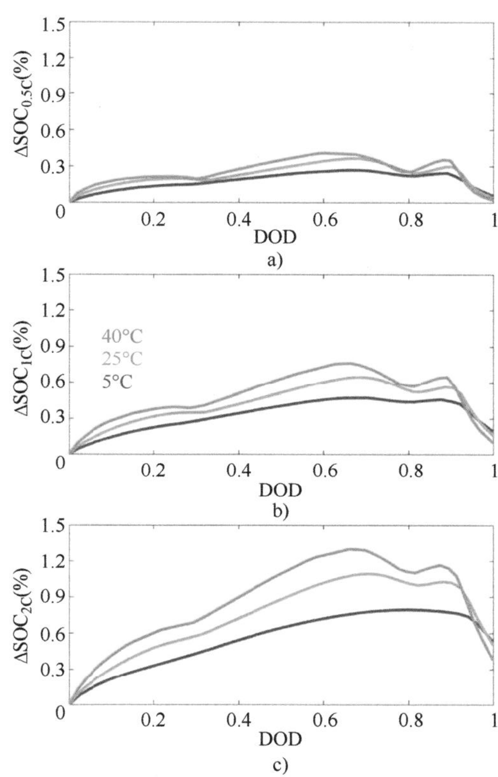

图 2.32　在 25℃下，0.5C、1C 和 2C 放电时，极耳 01 和极耳 10 之间的 SOC 差异的模拟[33]（根据知识共享署名 4.0 许可协议（CC BY），摘自参考文献 [33]，Copyright 2017，由 ECS 发布）

2.4　磁共振成像对电流分布的无损诊断

当电流在锂离子电池中流动时会产生磁场。通过磁共振成像技术绘制所产生的磁场，可以无损地检测锂离子电池内部的电流流动。纽约大学团队展示了这一概念[34]，在早期工作中，该团队及其合作者已经成功使用磁共振成像技术无损地确定锂离子电池的 SOC[54]。

2.4.1　磁共振成像测量方法

图 2.33a 显示了 Mohammadi 等人[34] 实验布置的示意图。一个软包锂离子电池被放置在商用设计的水隔间支架中，使锂离子电池处于其夹层中。隔间内填充了 15mmol/L $CuSO_4$ 水溶液

作为检测介质。沿 z 方向（从带极耳的电池端到相反端）施加了一个强大的外部静态磁场 B_0。然后通过比较电流流动和静止时磁场图来检测沿 y 方向产生的电流所引起的磁场（如图 2.33b 中 J_y 所示）。此外，如图 2.33c 所示，作者还计算了充电期间正极集流体中的电流分布，但这些计算似乎是基于简化的模型而非基于实际测量得到的磁场数据。

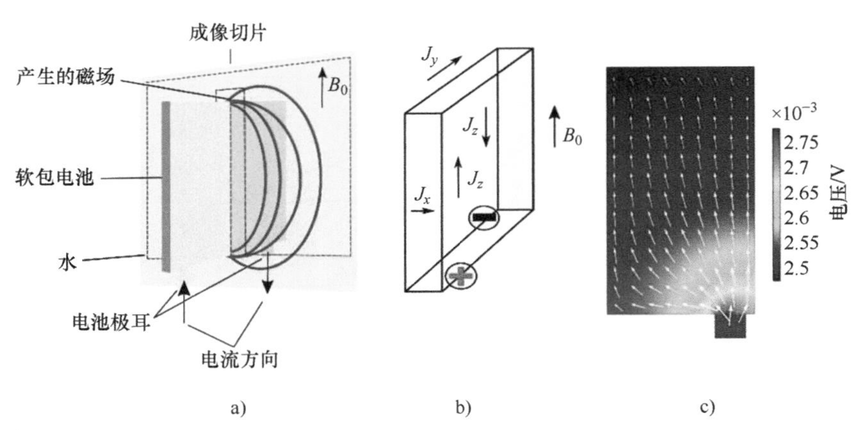

图 2.33 Mohammadi 等人 [34] 的实验布置示意图。a）电池位置和成像切片方向，虚线矩形表示检测到的体积；b）电流流向和电池方位；c）计算得到的充电期间正极集流体上的电流和电压分布（经许可摘自参考文献 [34]，Copyright 2019，Elsevier Inc.）

2.4.2 磁共振成像的实验结果

Mohammadi 等人 [34] 说明了基于容量为 250mAh 的锂离子软包电池磁共振成像技术。每个电池由 5 个双面正极和 6 个双面负极组成，其活性材料分别为 $Li_{1.02}Ni_{0.50}Mn_{0.29}Co_{0.19}O_2$ 和石墨。所使用的电解质是 EC:DMC 3:7（%wt）中浓度为 1.2mol/L $LiPF_6$ 的溶液。图 2.34 显示了在图 2.33a 中虚线矩形所示切片上放电和充电时的磁场图和直方图。其中负电流表示放电，正电流表示充电。这些磁场图通过减去静止期的参考图和恒定背景场得到。其中红色代表正向变化，蓝色代表负向变化。放 / 充电时采用 125mA（相当于 0.5C）的恒定电流，并观察到内部电流对磁场产生影响。结果表明，磁场变化与电流方向及 DOD 有关，可用于检测电流的存在乃至电流分布情况；然而，并未报道从测量磁场中量化出电流分布的情况。此外，该研究还探讨了产生磁场与施加电流的相关性，结果显示与线性关系存在明显偏差。同时，基于磁共振定量评估电流分布有待进一步研究。

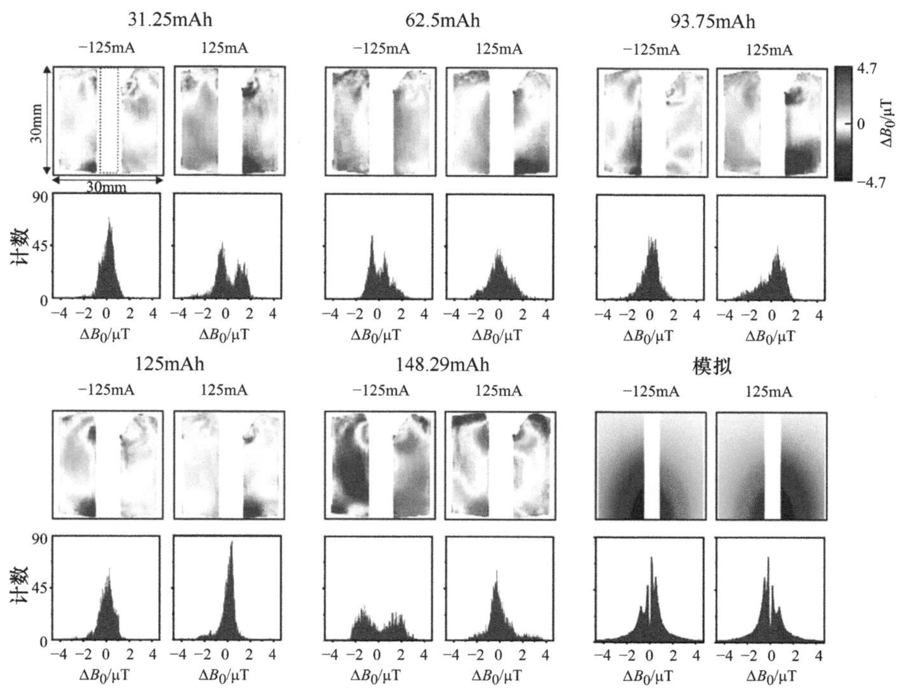

图 2.34　在不同 DOD 下，放电（负电流）和充电（正电流）时的磁场图像和直方图。这些测量中的电池的极耳位于每张图的底部。左上图显示了成像尺寸和电池的位置（虚线矩形）（经许可摘自参考文献 [34]，Copyright 2019，Elsevier Inc.）

2.5　总结与后续研究

正如前文所述，大尺寸锂离子电池中的非均匀分布对功率性能、可用能量密度、耐久性和安全性产生显著负面影响，这些因素在电动汽车应用中至关重要。新技术包括分段电池、嵌入式电极电池和无损成像已被证明是有效的电流分布在线诊断工具。此外，通过对电流密度进行无法从整体性能表征中获取的实时分布分析，我们可以深入解析锂离子电池。特别是，在实验中发现了局部电流的非均匀和波浪状分布情况，并揭示了其对活性材料利用不足、内部平衡以及 SOC 再分布和电池电压恢复等方面的影响。同时也明确了极耳配置对于电流分布和可用能量密度的重要作用。实验得到的实时分布数据还为验证多维电化学 - 热耦合模型提供了重要支持，该模型在锂离子电池开发领域得到越来越广泛的应用。

随着电动汽车在全球范围内的广泛应用，对具有更高材料利用率的锂离子电池需求日益增长。因此，诊断大尺寸锂离子电池中的电流分布以开发充电更快、能量密度更高、更安全耐用的锂离子电池需要进一步研究。本章从电动汽车电池角度提出了几个值得深入研究的主题。

第一个建议的主题是极端条件下电流分布的测量，例如极速充电、极端温度（低至 −40℃，高至 80℃）和安全滥用条件（针刺、挤压或内部短路）。析锂是锂离子电池快速充电面临的关键挑战[55]，而非均匀的电流分布会进一步加剧这个问题。在极低温度和快速加热过程中，锂离子电池内部电阻会发生显著变化，从而导致显著的电流分布变化。在安全滥用条件下，电流分布将变得非常不均匀且动态变化[25，56]。通过原位测量这些极端但重要的条件下的电流分布有助于更好地解析和开发性能更优、更安全的锂离子电池。

第二个建议的主题是锂离子电池在长期或加速老化过程中的电流分布测量。最近 Cavalheiro 等人[37]的研究表明，由并联锂离子电池组成的小模组在老化过程中显示出显著变化的电流分布，并导致老化加速。类似机制预计也存在于大尺寸电池中，因此有必要进一步研究。同时，冷却条件、电池约束和预紧对于电流密度分布和失效的影响也需要深入研究。

第三个建议的主题是使用新兴材料的锂离子电池中电流分布的测量，例如低钴正极、硅基负极或固态电解质。这些材料所构成的电池可能具有不同的电流分布特征，如 LFP 正极[27]和 NMC 正极[33]的研究对比所示。特别地，相对于传统电极材料，硅负极[57]和低钴 NMC 正极[58]会更快地衰减，因此值得探究衰减与电流分布之间的相互作用关系。

最后但并非最不重要的主题是开发用于诊断大尺寸电动汽车锂离子电池电流分布的新方法。尽管目前报道的方法揭示了许多有趣现象，但每种方法都存在其缺点。分段电池方法可以直接测量电流分布，但需要对锂离子电池进行重大改装。使用嵌入式电极进行间接测量则只需要对电池进行较少改装，但从电势分布计算出电流分布则需进行热电化学建模。通过磁共振进行无损诊断不需要对实验电池做任何改装，然而从磁场图中定量化电流分布和其在极端条件下的应用具有难度。此外，目前所报道提到的电流分布主要为一维情况。为了全面了解容量超过 100Ah 的大规格电动汽车锂离子电池的特性，有必要将测量扩展到二维或三维。同时，将电流分布诊断与其他原位诊断方法如原位温度分布测量[29，56，59-61]、原位中子成像[62]和 X 射线方法[63-64]等相结合也非常有价值。

参考文献

1. Whittingham MS (2012) History, evolution, and future status of energy storage. Proc IEEE 100(Special Centennial Issue):1518–1534
2. Winter M, Barnett B, Xu K (2018) Before Li ion batteries. Chem Rev 118(23):11433–11456
3. Bloomberg New Energy Finance (2020) Electric vehicle outlook 2020. https://about.bnef.com/electric-vehicle-outlook/
4. DOE Office of Science (2017) Report of basic research needs workshop on next generation electric energy storage. https://science.energy.gov/~/media/bes/pdf/reports/2017/BRN_NGEES_rpt.pdf
5. DOE (2020) 2020 Annual merit review report. https://www.energy.gov/eere/vehicles/downloads/2020-annual-merit-review-report
6. Ahmed S, Bloom I, Jansen AN, Tanim T, Dufek EJ, Pesaran A, Burnham A, Carlson RB, Dias F, Hardy K, Keyser M, Kreuzer C, Markel A, Meintz A, Michelbacher C, Mohanpurkar M, Nelson PA, Robertson DC, Scoffield D, Shirk M, Stephens T, Vijayagopal R, Zhang J (2017) Enabling fast charging – a battery technology gap assessment. J Power Sources 367(Supplement C):250–262

7. Wang C-Y, Xu T, Ge S, Zhang G, Yang X-G, Ji Y (2016) A fast rechargeable lithium-ion battery at subfreezing temperatures. J Electrochem Soc 163(9):A1944–A1950
8. Yang X-G, Zhang G, Ge S, Wang C-Y (2018) Fast charging of lithium-ion batteries at all temperatures. Proc Natl Acad Sci 115(28):7266–7271
9. Yang X-G, Liu T, Gao Y, Ge S, Leng Y, Wang D, Wang C-Y (2019) Asymmetric temperature modulation for extreme fast charging of lithium-ion batteries. Joule 3(12):3002–3019
10. Wang C-Y, Zhang G, Ge S, Xu T, Ji Y, Yang X-G, Leng Y (2016) Lithium-ion battery structure that self-heats at low temperatures. Nature 529(7587):515–518
11. Feng X, Ouyang M, Liu X, Lu L, Xia Y, He X Thermal runaway mechanism of lithium ion battery for electric vehicles: a review. Energy Storage Mater 2018, 10:246–267
12. Ruiz V, Pfrang A, Kriston A, Omar N, Van den Bossche P, Boon-Brett L (2018) A review of international abuse testing standards and regulations for lithium ion batteries in electric and hybrid electric vehicles. Renew Sust Energ Rev 81:1427–1452
13. Sun P, Bisschop R, Niu H, Huang X (2020) A review of battery fires in electric vehicles. Fire Technol 56(4):1361–1410
14. Lee K-J, Smith K, Pesaran A, Kim G-H (2013) Three dimensional thermal-, electrical-, and electrochemical-coupled model for cylindrical wound large format lithium-ion batteries. J Power Sources 241:20–32
15. Zhao W, Luo G, Wang C-Y (2014) Effect of tab design on large-format Li-ion cell performance. J Power Sources 257:70–79
16. Doyle M, Fuller TF, Newman J (1993) Modeling of galvanostatic charge and discharge of the lithium/polymer/insertion cell. J Electrochem Soc 140(6):1526–1533
17. Smith K, Wang C-Y (2006) Power and thermal characterization of a lithium-ion battery pack for hybrid-electric vehicles. J Power Sources 160:662–673
18. Smith K, Wang C-Y (2006) Solid-state diffusion limitations on pulse operation of a lithium ion cell for hybrid electric vehicles. J Power Sources 161:628–639
19. Ramadesigan V, Methekar RN, Latinwo F, Braatz RD, Subramanian VR (2010) Optimal porosity distribution for minimized ohmic drop across a porous electrode. J Electrochem Soc 157(12):A1328–A1334
20. Santhanagopalan S, Guo Q, Ramadass P, White RE (2006) Review of models for predicting the cycling performance of lithium ion batteries. J Power Sources 156(2):620–628
21. Ramadesigan V, Northrop PWC, De S, Santhanagopalan S, Braatz RD, Subramanian VR (2012) Modeling and simulation of lithium-ion batteries from a systems engineering perspective. J Electrochem Soc 159(3):R31–R45
22. Fang W, Kwon OJ, Wang C-Y (2010) Electrochemical-thermal modeling of automotive Li-ion batteries and experimental validation using a three-electrode cell. Int J Energy Res 34:107–115
23. Luo G, Wang CY (2012) A multidimensional, electrochemical-thermal coupled lithium-ion battery model, Chapter 7. In: Yuan X, Liu H, Zhang J (eds) Lithium-ion batteries. CRC Press, Boca Raton
24. Zhao W, Luo G, Wang C-Y (2015) Modeling internal shorting process in large-format Li-ion cells. J Electrochem Soc 162(7):A1352–A1364
25. Zhao W, Luo G, Wang C-Y (2015) Modeling nail penetration process in large-format Li-ion cells. J Electrochem Soc 162(1):A207–A217
26. Yang XG, Zhang G, Wang CY (2016) Computational design and refinement of self-heating lithium ion batteries. J Power Sources 328:203–211
27. Zhang G, Shaffer CE, Wang C-Y, Rahn CD (2013) In-situ measurement of current distribution in a Li-ion cell. J Electrochem Soc 160(4):A610–A615
28. Zhang G, Shaffer CE, Wang CY, Rahn CD (2013) Effects of non-uniform current distribution on energy density of Li-ion cells. J Electrochem Soc 160(11):A2299–A2305
29. Zhang G, Cao L, Ge S, Wang C-Y, Shaffer CE, Rahn CD (2014) *In situ* measurement of radial temperature distributions in cylindrical Li-ion cells. J Electrochem Soc 161(10):A1499–A1507
30. Zhang G, Cao L, Ge S, Wang C-Y, Shaffer CE, Rahn CD (2015) Reaction temperature sensing (RTS)-based control for Li-ion battery safety. Sci Rep 5:18237

31. Osswald PJ, Erhard SV, Wilhelm J, Hoster HE, Jossen A (2015) Simulation and measurement of local potentials of modified commercial cylindrical cells: I: cell preparation and measurements. J Electrochem Soc 162(10):A2099–A2105
32. Erhard SV, Osswald PJ, Wilhelm J, Rheinfeld A, Kosch S, Jossen A (2015) Simulation and measurement of local potentials of modified commercial cylindrical cells: II: multi-dimensional modeling and validation. J Electrochem Soc 162(14):A2707–A2719
33. Erhard SV, Osswald PJ, Keil P, Höffer E, Haug M, Noel A, Wilhelm J, Rieger B, Schmidt K, Kosch S, Kindermann FM, Spingler F, Kloust H, Thoennessen T, Rheinfeld A, Jossen A (2017) Simulation and measurement of the current density distribution in lithium-ion batteries by a multi-tab cell approach. J Electrochem Soc 164(1):A6324–A6333
34. Mohammadi M, Silletta EV, Ilott AJ, Jerschow A (2019) Diagnosing current distributions in batteries with magnetic resonance imaging. J Magn Reson 309:106601
35. Lai X, Jin C, Yi W, Han X, Feng X, Zheng Y, Ouyang M (2021) Mechanism, modeling, detection, and prevention of the internal short circuit in lithium-ion batteries: Recent advances and perspectives. Energy Storage Mater 35:470–499
36. Schindler M, Durdel A, Sturm J, Jocher P, Jossen A (2020) On the impact of internal cross-linking and connection properties on the current distribution in lithium-ion battery modules. J Electrochem Soc 167(12):120542
37. Cavalheiro, G. M.; Iriyama, T.; Nelson, G. J.; Huang, S.; Zhang, G. (2020) Effects of nonuniform temperature distribution on degradation of lithium-ion batteries. J Electrochem Energy Convers Storage 17(2):021101
38. Hu Y, Iwata GZ, Mohammadi M, Silletta EV, Wickenbrock A, Blanchard JW, Budker D, Jerschow A (2020) Sensitive magnetometry reveals inhomogeneities in charge storage and weak transient internal currents in Li-ion cells. Proc Natl Acad Sci 117(20):10667–10672
39. Ng S-H, La Mantia F, Novak P (2009) A multiple working electrode for electrochemical cells: a tool for current density distribution studies. Angew Chem Int Ed 48:528–532
40. Kindermann FM, Osswald PJ, Klink S, Ehlert G, Schuster J, Noel A, Erhard SV, Schuhmann W, Jossen A (2017) Measurements of lithium-ion concentration equilibration processes inside graphite electrodes. J Power Sources 342:638–643
41. Finegan DP, Quinn A, Wragg DS, Colclasure AM, Lu X, Tan C, Heenan TMM, Jervis R, Brett DJL, Das S, Gao T, Cogswell DA, Bazant MZ, Di Michiel M, Checchia S, Shearing PR, Smith K (2020) Spatial dynamics of lithiation and lithium plating during high-rate operation of graphite electrodes. Energy Environ Sci 13(8):2570–2584
42. Teufl T, Pritzl D, Solchenbach S, Gasteiger HA, Mendez MA (2019) Editors' choice—state of charge dependent resistance build-up in Li- and Mn-rich layered oxides during lithium extraction and insertion. J Electrochem Soc 166(6):A1275–A1284
43. Ohzuku T, Iwakoshi Y, Sawai K (1993) Formation of lithium-graphite intercalation compounds in nonaqueous electrolytes and their application as a negative electrode for a lithium ion (shuttlecock) cell. J Electrochem Soc 140(9):2490–2498
44. Yamada A, Koizumi H, Nishimura SI, Sonoyama N, Kanno R, Yonemura M, Nakamura T, Kobayashi Y (2006) Room-temperature miscibility gap in LixFePO4. Nat Mater 5(5):357–360
45. Bard AJ, Faulkner LR (2001) Electrochemical methods: fundamentals and applications, 2nd edn. Wiley, New York
46. Zhang Y, Wang C-Y (2009) Cycle-life characterization of automotive lithium-ion batteries with LiNiO2 cathode. J Electrochem Soc 156:A527–A535
47. Liao, L.; Zuo, P.; Ma, Y.; Chen, X.; An, Y.; Gao, Y.; Yin, G., Effects of temperature on charge/discharge behaviors of LiFePO4 cathode for Li-ion batteries. Electrochim Acta 2012, 60:269–273
48. Valoen LO, Reimers JN (2005) Transport properties of $LiPF_6$-based Li-ion battery electrolytes. J Electrochem Soc 152(5):A882–A891
49. Laughton MA, Warne DF (2003) Electrical engineer's reference book, 16th edn. Elsevier, Oxford

50. Liu J, Kunz M, Chen K, Tamura N, Richardson TJ (2010) Visualization of charge distribution in a lithium battery electrode. J Phys Chem Lett 1:2120–2123
51. Chen Y-S, Chang K-H, Hu C-C, Cheng T-T (2010) Performance comparisons and resistance modeling for multi-segment electrode designs of power-oriented lithium-ion batteries. Electrochim Acta 55:6433–6439
52. Vetter J, Novák P, Wagner MR, Veit C, Möller KC, Besenhard JO, Winter M, Wohlfahrt-Mehrens M, Vogler C, Hammouche A (2005) Ageing mechanisms in lithium-ion batteries. J Power Sources 147(1–2):269–281
53. Omar N, Monem MA, Firouz Y, Salminen J, Smekens J, Hegazy O, Gaulous H, Mulder G, Van den Bossche P, Coosemans T, Van Mierlo J (2014) Lithium iron phosphate based battery – assessment of the aging parameters and development of cycle life model. Appl Energy 113:1575–1585
54. Ilott AJ, Mohammadi M, Schauerman CM, Ganter MJ, Jerschow A (2018) Rechargeable lithium-ion cell state of charge and defect detection by in-situ inside-out magnetic resonance imaging. Nat Commun 9(1):1776
55. Yang X-G, Ge S, Liu T, Leng Y, Wang C-Y (2018) A look into the voltage plateau signal for detection and quantification of lithium plating in lithium-ion cells. J Power Sources 395:251–261
56. Huang S, Du X, Richter M, Ford J, Cavalheiro GM, Du Z, White RT, Zhang G (2020) Understanding Li-ion cell internal short circuit and thermal runaway through small, slow and *in situ* sensing nail penetration. J Electrochem Soc 167(9):090526
57. Galvez-Aranda DE, Verma A, Hankins K, Seminario JM, Mukherjee PP, Balbuena PB (2019) Chemical and mechanical degradation and mitigation strategies for Si anodes. J Power Sources 419:208–218
58. Jung R, Morasch R, Karayaylali P, Phillips K, Maglia F, Stinner C, Shao-Horn Y, Gasteiger HA (2018) Effect of ambient storage on the degradation of Ni-rich positive electrode materials (NMC811) for Li-ion batteries. J Electrochem Soc 165(2):A132–A141
59. Li Z, Zhang J, Wu B, Huang J, Nie Z, Sun Y, An F, Wu N (2013) Examining temporal and spatial variations of internal temperature in large-format laminated battery with embedded thermocouples. J Power Sources 241(0):536–553
60. Huang S, Wu X, Cavalheiro GM, Du X, Liu B, Du Z, Zhang G (2019) *In situ* measurement of lithium-ion cell internal temperatures during extreme fast charging. J Electrochem Soc 166(14):A3254–A3259
61. Huang S, Du Z, Zhou Q, Snyder K, Liu S, Zhang G (2021) *In situ* measurement of temperature distributions in a Li-ion cell during internal short circuit and thermal runaway. J Electrochem Soc 168(9):090510
62. Zhou H, An K, Allu S, Pannala S, Li J, Bilheux HZ, Martha SK, Nanda J (2016) Probing multiscale transport and inhomogeneity in a lithium-ion pouch cell using *in situ* neutron methods. ACS Energy Lett 1(5):981–986
63. Finegan DP, Scheel M, Robinson JB, Tjaden B, Di Michiel M, Hinds G, Brett DJL, Shearing PR (2016) Investigating lithium-ion battery materials during overcharge-induced thermal runaway: an operando and multi-scale X-ray CT study. Phys Chem Chem Phys 18(45):30912–30919
64. Yokoshima T, Mukoyama D, Maeda F, Osaka T, Takazawa K, Egusa S (2019) Operando analysis of thermal runaway in lithium ion battery during nail-penetration test using an X-ray inspection system. J Electrochem Soc 166(6):A1243–A1250

第 3 章 电化学能源系统的介观尺度建模与分析

Venkatesh Kabra，Navneet Goswami，Bairav S. Vishnugopi，Partha P. Mukherjee

摘要 从环境角度来看，电化学能源系统具有至关重要的地位，并为可持续能源的未来发展提供了途径。这些系统的广泛应用包括电动飞机、车辆和电网规模储能等领域。在这些设备中，电化学物理过程源于反应耦合的界面和传输相互作用。先进的计算建模策略考虑了从原子到系统级别实时和空间尺度上的这些相互作用。在此背景下，介观建模在解决介于材料特性与设备运行尺度之间的问题时发挥着关键作用。这种建模策略依赖于通过守恒定律解决基本反应-传输相互作用问题。本章主要聚焦嵌入电极（如锂离子电池）、转换电极（如锂硫电池）以及流动电极（如聚合物电解质燃料电池）情况下所采取的介观建模方法，并详述与该类系统性能和耐久性相关联的关键示例。

3.1 引言

目前，由于化石燃料驱动的能源生产导致全球变暖规模不断扩大且趋势不可逆转，因此改善可持续能源领域的全球格局依赖于系统化的能源生产和存储设施的发展，以减少对环境的碳排放。具有前景的可再生能源包括电化学能源系统如燃料电池以及间歇性可再生能源如风能、太阳能等备受关注；而电池则可以为间歇性能源提供存储解决方案。这些先进的电化学系统可以通过应用于诸如电动飞机、汽车和电网存储等多个领域来进一步推动各种目标的可持续性。

适当的能量密度、成本、安全性和电网兼容性等关键属性是使电池和燃料电池等电化学系统能够大规模商业化所必需的。锂离子电池等储能技术具备上述特征的最佳组合，因此正在被用于移动设备或工具的电动化。此外，锂硫电池通常可以提高行驶里程，因此在电动汽车市场领域也有成功应用的希望。同时，由于适当的电网规模和快速燃料补充等方面的原因，氢燃料电池被设想用于重型运输。因此，为了实现清洁和低碳的能源设施，有必要进一步推动完全过渡到基于储能和氢能技术相结合的能源领域。

在各种可用技术如电池和燃料电池中，基本原理都涉及界面尺度的电化学相互作用。然而，在每种情况下，这些相互作用都具有独有的特征，包括能量密度、功率密度和安全窗口等方面。值得注意的是，为推进这些可靠且环境友好的技术，前沿研究者已经投入了巨大努力。

总体来说，该领域通过实验和计算方法协同进行研究，并最近借助数据驱动技术促进了材料发现和交叉组合研究。

电化学存储和转换装置本质上是多尺度、多相和多物理的；其中伴随的物理现象发生在电极和电解质界面。介观建模用于捕捉从微米到毫米长度尺度上的关键现象，因此介观物理包括纳米材料相互作用到电化学装置连续运行范围内的空间和时间尺度。介观尺度位于基于第一原理的原子建模与宏观建模之间，以权衡物理与数据之间的差异。通过精确的介观建模可以弥补层次结构，并更好地解析非均匀多孔反应的复杂行为。

在本章中，我们介绍了电化学存储和转换装置的介观建模。首先，我们详细阐明了涉及的物理现象以及电化学系统所遵循的广义传输方程。接下来，重点介绍了锂离子电池、聚合物电解质燃料电池和锂硫电池等典型电化学系统的介观尺度建模，并突出一些具有代表性的亮点。

3.2 电化学物理

3.2.1 锂离子电池的热 - 电化学耦合

经过多年的研究和发展，锂离子电池（LIB）凭借其优异的能量密度和长久的使用寿命，在便携式电子设备和电动汽车领域取得了巨大成功[1-6]。在过去几年中，锂离子电池的研究一直专注于提高能量密度并降低成本，以使得电动汽车具备与传统汽油车竞争的实力。而下一代电池则致力于实现更高质量能量密度、体积能量密度、循环性能以及安全性。当前的研究也已超越了锂离子化学领域，包括转换型电极化学和固态电池等新兴技术。在本章中，我们着重探讨了介观尺度物理特性、随机性、热 - 电化学 - 衰减以及能源存储与转换设备的安全性等潜在问题。

电池由正极、隔膜和负极三个结构组件以及工作电解质组成。图 3.1a 展示了锂离子电池采用软包电池型式的工作原理图。图 3.1b 则放大显示了多孔复合电极和隔膜的细节。这三种材料具有相似特性，但在不同应用情况下存在一些差异。

1）正极 / 负极：电极的功能在于存储锂离子，并促进电化学反应的活性表面生成。生成的 Li^+ 离子随后通过电极内曲折多孔通道移动至另一电极。同时，所产生的电子经由固态导体传输至集流体。图 3.1b 展示了电极的微观结构。仔细观察可发现，两个电极颗粒形态截然不同。负极颗粒的尺寸通常在 5 ~ 15μm 范围，而正极颗粒尺寸则为 2 ~ 10μm 之间。这些颗粒的形状和尺寸对于电池性能具有重要影响，并可以根据特定应用进行定制。

2）隔膜由多孔聚烯烃薄膜、尼龙或玻璃纸构成，具有纤维结构，并且其孔径范围为 30 ~ 100nm（见图 3.1b）。隔膜表现出极低的电子电导率，从而有效防止电极之间的任何电子流动。它促使 Li^+ 离子通过孔隙，在充放电运行期间在电极之间进行穿梭。

电池中的电极并非仅限于单一材料。如图 3.1b 所示，通过在电池电极中引入不同的材料，可以有效地提高其功能性[9-12]。根据电极的作用需求，我们发现它们需要具备高表面积以实现多孔电极反应。由于正极本身导电性较差，因此添加了导电添加剂以降低固相导向集流体过程中产生的电子阻抗。此外，在两个电极中都加入了粘结剂以形成均匀薄膜，并将颗粒牢固结合在一起。图 3.1b 以图示呈现了这些存在于电极内部的多相结构。

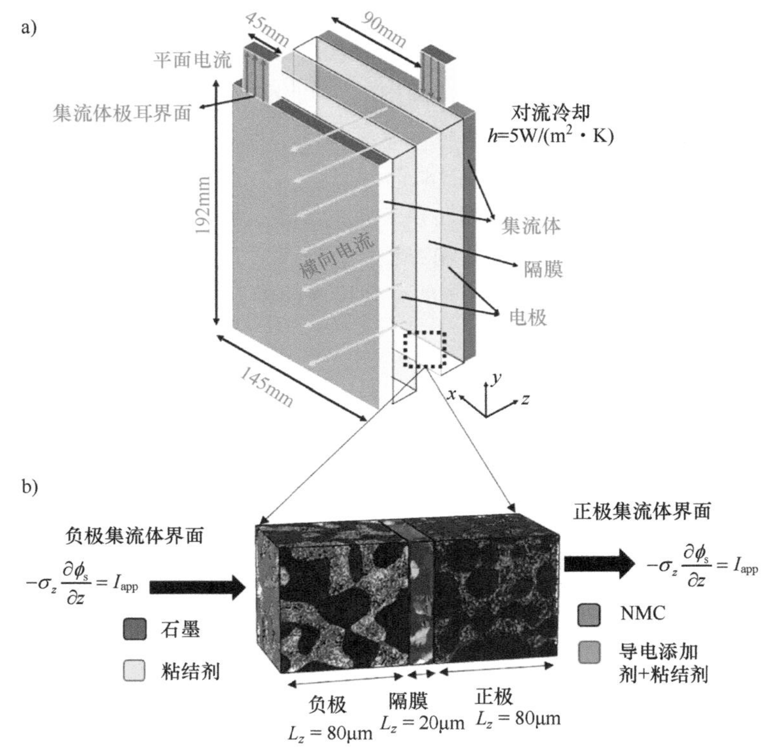

图 3.1 a）锂离子电池的软包电池型式（经许可摘自参考文献 [7]。Copyright 2021，Elsevier），b）NMC333-LiC$_6$ 石墨锂离子全电池三明治模型示意图（经许可摘自参考文献 [8]。Copyright 2020，American Chemical Society）

锂离子电池在充放电等运行过程中主要包括以下 4 个主要步骤：

1）扩散：锂在电极活性材料颗粒内部的扩散过程。

2）动力学：发生于电极和电解质界面之间的脱嵌反应。

3）锂离子传输：锂离子通过隔膜和电极孔隙传输的过程。

4）电子传导：固相中的电子传递。

考虑到活性材料颗粒呈球形，这在很大程度上是正确的，并有助于降低模型的计算复杂度。这些活性颗粒充当了存储锂用于反应的载体。我们采用 Fick 定律 [13] 对颗粒内锂扩散进行建模，即

$$\frac{\partial C_s}{\partial t} = \frac{1}{r^2}\frac{\partial}{\partial r}\left(D_s r^2 \frac{\partial C_s}{\partial r}\right) \tag{3.1}$$

$$BC:@r=0:\frac{\partial C_s}{\partial r}=0,\quad @r=R_s:\frac{\partial C_s}{\partial r}=\frac{-i}{D_s F} \tag{3.2}$$

我们求解了活性颗粒内的径向浓度场。这里下标“s”表示固相，“C_s”为活性材料颗粒内的锂浓度，“D_s”为活性颗粒内的锂扩散系数。在 $r=0$ 处，边界条件是由颗粒核心处反应电流密度对称所确定。而在 $r=R$ 处，边界条件则取决于活性颗粒表面电化学氧化还原反应导致的锂流入 / 流出通量平衡。

我们的关注点主要在活性颗粒表面发生的嵌入反应或电化学氧化还原反应，即

$$Li_{1-x}C_6+xLi^++xe^- \underset{放电}{\overset{充电}{\rightleftharpoons}} Li_xC_6 \tag{3.3}$$

嵌入反应速率的描述采用 Butler-Volmer 方程，其表达式如下：

$$i=k\sqrt{C_sC_e(C_s^{\max}-C_s)}\left\{e^{F\eta}/2RT-e^{-F\eta}/2RT\right\} \tag{3.4}$$

式中，$C_s^{\max}$ 为活性颗粒中可存储的最大 Li 浓度（mol/m^3），C_e 为电解质相内的 Li^+ 浓度。符号“k”则为嵌入反应的速率常数。过电位 $\eta=\phi_s-\phi_e-U$ 用于描述嵌入 / 脱嵌反应的驱动力，其中 ϕ_s 为固相电位，ϕ_e 为电解质相电位，$U(C_s)$ 为电极材料的开路电势。而符号“i”则为在电极上的面反应电流密度，正值表示生成 Li^+ 离子，负值则表示消耗 Li。

电解质相中的物料守恒被应用于求解电极内部电解质（C_e）浓度的变化[13]。该过程采用 Nernst-Planck 方程描述：

$$\varepsilon\frac{\partial C_e}{\partial t}=\nabla\cdot\left(D_e\frac{\varepsilon}{\tau}\nabla C_e\right)+\frac{(1-t_+)a_sj}{F} \tag{3.5}$$

式中，t_+ 为迁移数，用于描述锂离子传输电流的部分，通常为一个恒定值。此外，a_s 为单位体积的电极界面面积。

电解质相的电荷守恒由下式描述[13]：

$$\nabla\cdot\left(K_e\frac{\varepsilon}{\tau}\nabla\phi_e\right)+\nabla\cdot\left(K_d\frac{\varepsilon}{\tau}\nabla\ln C_e\right)+a_sj=0 \tag{3.6}$$

锂离子流动产生电极孔隙中的离子电流。该方程描述了在没有电解质平流电流的情况下，离子通量在迁移和扩散电流方面的本构关系。扩散部分取决于锂离子浓度梯度，而迁移则取决于电解质中的电势梯度。“K_e”为离子电导率，“K_d”为扩散电导率。

固相中的电荷守恒符合欧姆定律，由下式描述：

$$\nabla\cdot\left(\sigma_s^{\text{eff}}\nabla\phi_s\right)-a_sj=0 \tag{3.7}$$

式中，σ_s^{eff}为所有固相的有效电导率。

这些过程都由偏微分方程表示，并且彼此紧密耦合。为了获得唯一且定义明确的解，这些

方程需要在域界面上满足适当的边界条件和连续性条件。边界条件以施加的电流密度来表示，并以倍率 C 来衡量。理论上，倍率 C 是电池运行时间的倒数，即 C/2 意味着电池将在 2h 内完成充电 / 放电。倍率 C 与电池的电极容量息息相关，而该容量表示多孔电极中可存储能量的大小，并由下式描述：

$$Q = \frac{FC_{\mathrm{s}}^{\max}\varepsilon_{\mathrm{s}}L}{3600} \tag{3.8}$$

则等效电流密度可以表示为

$$I_{\mathrm{app}} = \text{倍率C} \cdot Q \tag{3.9}$$

集流体界面的边界条件为

$$-D_{\mathrm{e}}\frac{\varepsilon}{\tau}\nabla C_{\mathrm{e}} = 0 \tag{3.10}$$

$$\frac{\partial \phi_{\mathrm{e}}}{\partial x} = 0 \tag{3.11}$$

$$-\sigma_{\mathrm{s}}^{\mathrm{eff}}\frac{\partial \phi_{\mathrm{s}}}{\partial x} = I_{\mathrm{app}} \tag{3.12}$$

在电池中，多孔电极位于隔膜和集流体之间。因此，电极充当反应器，将来自集流体的纯电子电流转化为隔膜的纯离子电流。在任何位置上的电极上，当总电流（包括离子和电子）保持不变时，反应电流的空间分布可能会发生变化。在电极 - 隔膜界面处，电流完全由离子组成，因此需要由以下各式确保通量连续性：

$$\left(-D_{\mathrm{e}}\frac{\varepsilon}{\tau}\nabla C_{\mathrm{e}}\right)_{x=L_{\mathrm{e}}-\delta} = \left(-D_{\mathrm{e}}\frac{\varepsilon}{\tau}\nabla C_{\mathrm{e}}\right)_{x=L_{\mathrm{e}}+\delta} \tag{3.13}$$

$$\left(\kappa\frac{\varepsilon}{\tau}\nabla\phi_{\mathrm{e}} + \kappa_{\mathrm{D}}\frac{\varepsilon}{\tau}\nabla\ln C_{\mathrm{e}}\right)_{x=L_{\mathrm{e}}-\delta} = \left(\kappa\frac{\varepsilon}{\tau}\nabla\phi_{\mathrm{e}} + \kappa_{\mathrm{D}}\frac{\varepsilon}{\tau}\nabla\ln C_{\mathrm{e}}\right)_{x=L_{\mathrm{e}}+\delta} \tag{3.14}$$

$$\left(\frac{\partial \phi_{\mathrm{s}}}{\partial x}\right)_{L_{\mathrm{e}}-\delta} = \left(\frac{\partial \phi_{\mathrm{s}}}{\partial x}\right)_{L_{\mathrm{e}}+\delta} = 0 \tag{3.15}$$

总体而言，嵌入电极的电化学动力学由一组耦合偏微分方程式（3.1）、式（3.5）、式（3.6）和式（3.7）所控制，反应动力学则由式（3.4）决定，并且边界条件受到式（3.10）、式（3.11）和式（3.12）的约束。复合电极由具有不同长度尺度的多相组成。电极的多尺度和多相特性的影响通过有效尺寸参数进行描述，如活性面积 a、孔隙率 ε、曲折因子 τ 以及有效电导率 σ^{eff} 等。这些参数值可以通过对电极进行表征获得，并在接下来的 3.3.1.1 节中进行讨论。

在多孔电极内，电流通过不同的传输模式携带着多类电荷载体传输，即电子形成的电子电流、Li^+ 离子形成的离子电流，以及这些载体通过电化学反应的相互转换。每个载体在其运动中都会遇到阻力，并相应导致不可逆性和焦耳热。

根据电池内部发生的各种物理现象，其生热被归纳为不同的模式：

欧姆热：

$$\dot{q}_{\text{ohmic}} = (\kappa^{\text{eff}} \nabla \phi_{\text{e}} \cdot \nabla \phi_{\text{e}} + \kappa_{\text{D}}^{\text{eff}} \nabla \ln C \cdot \nabla \phi_{\text{e}}) + \sigma^{\text{eff}} \nabla \phi_{\text{s}} \cdot \nabla \phi_{\text{s}} \tag{3.16}$$

反应热：

$$\dot{q}_{\text{kinetic}} = a_{\text{s}} j(\phi_{\text{s}} - \phi_{\text{e}} - U) \tag{3.17}$$

欧姆热 [式（3.16）] 是由于主体相中传输阻力所导致的，即电解质和固相产生的热量的总和，而反应热 [式（3.17）] 与界面反应相关。这两种现象本质上都是不可逆的，并共同引起总焦耳热。第三种现象则在本质上是由电化学反应的熵效应引发的可逆生热模式。

熵变热：

$$\dot{q}_{\text{entropic}} = -a_{\text{s}} jT \frac{\text{d}U}{\text{d}T} \tag{3.18}$$

熵变热 [式（3.18）] 在其他热量的生成几乎可以忽略不计时以极低的速率产生。电极生热与孔隙尺度相互作用和材料特性之间存在强烈相关的函数；因此，在调节整体热响应方面，微观结构属性和运行条件起着重要作用 [14]。

3.2.2　锂硫电池电极的物理化学相互作用

锂硫（Li-S）化学因其高理论容量（1675mAh/g）、低材料成本和地球上丰富的硫为储能应用提供了巨大的希望 [40-44]。与传统锂离子电池相比，锂硫电池采用基于电解质反应的模式，避免了固态嵌入反应的缓慢动力学。在电化学运行过程中，锂硫电池经历一系列基于反应途径中沉淀 / 溶解相互作用的微观结构变化 [45, 46]。根据电极组成和沉淀形态变化，孔径特征如电化学活性区域和离子渗流途径数量不同。孔隙网络的这种变化可以改变物料传输演化、孔相阻塞和表面钝化等机制。锂硫电池通常包括以下一系列化学和电化学反应路径。在此，前后方向分别代表放电 / 充电过程。

化学：
$$\text{S}_{8(\text{s})} \rightleftharpoons \text{S}_{8(\text{l})} \tag{3.19}$$

电化学：
$$\frac{1}{2}\text{S}_{8(\text{l})} + \text{e}^- \rightleftharpoons \frac{1}{2}\text{S}_8^{2-} \tag{3.20}$$

电化学：
$$\frac{1}{2}\text{S}_8^{2-} + \text{e}^- \rightleftharpoons \text{S}_4^{2-} \tag{3.21}$$

电化学：
$$\frac{4}{3}\text{Li}^+ + \frac{1}{6}\text{S}_4^{2-} + \text{e}^- \rightleftharpoons \frac{2}{3}\text{Li}_2\text{S}_{(\text{s})} \tag{3.22}$$

其中，式（3.19）描述了固体硫在电解液中的化学溶解过程，该过程取决于其在电解液中的溶解度。溶解硫分别经历还原为高链多硫化物和高链多硫化物进一步转变为中链多硫化物的顺序反应，分别由式（3.20）和式（3.21）表示。式（3.22）则表示中链多硫化物被还原形成 Li_2S 沉淀。根据所述反应途径，可以通过以下数学表达式来描述 4 个独立组分（即溶解硫、Li^+、长链多硫化物和中链多硫化物）之间的平衡关系。

$$\frac{\partial(\varepsilon C_i)}{\partial t} = -\nabla \cdot N_i + \dot{R}_i \tag{3.23}$$

式中，ε 为局部孔隙率，N_i 为组分通量，C_i 为组分浓度，$\dot{R}_i$为该组分的局部反应速率，所有参数均在电池运行时动态演变。

离子电流和电子电流的守恒方程分别以式（3.24）和式（3.25）进行描述：

$$\nabla \cdot (k\nabla \phi_e + k_{Li^+}\nabla \ln C_{Li^+} + k_{S_8^{2-}}\nabla \ln C_{S_8^{2-}} + k_{S_4^{2-}}\nabla \ln C_{S_4^{2-}} + k_{S_8(l)}\nabla \ln C_{S_8(l)}) + \dot{J} = 0 \tag{3.24}$$

$$\nabla \cdot (\sigma^{eff}\nabla \phi_s) - \dot{J} = 0 \tag{3.25}$$

式中，ϕ_e 和 ϕ_s 分别为电解质和固相的电势，而$\dot{J}$为体积反应电流密度，它等于式（3.26）、式（3.27）和式（3.28）中电化学反应的反应电流密度之和。固相（$Li_2S_{(s)}$ 和 $S_{8(s)}$）以及电解质孔隙空间的守恒由以下表达式描述：

$$\frac{\partial(\varepsilon_{S_8})}{\partial t} = -\tilde{V}_{S_8}\dot{R}_{S_8\uparrow} \tag{3.26}$$

$$\frac{\partial(\varepsilon_{Li_2S})}{\partial t} = \tilde{V}_{Li_2S}\dot{R}_{S_4^{2-}\to Li_2S} \tag{3.27}$$

$$\frac{\partial(\varepsilon_{S_8} + \varepsilon_{Li_2S} + \varepsilon)}{\partial t} = 0 \tag{3.28}$$

式中，ε_{S_8} 和 ε_{Li_2S} 为固相硫和 Li_2S 沉淀的体积分数，依赖于其摩尔体积（$\tilde{V}_{S_8}$，$\tilde{V}_{Li_2S}$）和消耗 / 生产速率（$\dot{R}_{S_8\uparrow}$，$\dot{R}_{S_4^{2-}\to Li_2S}$）。根据式（3.29）所示，在整个电池运行过程中，固相硫、沉淀生成量以及电解质孔隙率的体积分数之和保持不变。外加电流密度（J_{app}）由下式定义：

$$J_{app} = C_{rate}\left(\frac{16F\varepsilon_{S_8}^0 L_{cathode}}{3600\tilde{V}_{S_8}}\right) \tag{3.29}$$

式中，$\varepsilon_{S_8}^0$ 和 $L_{cathode}$ 分别指正极的初始孔隙率和长度。

3.2.3 聚合物电解质燃料电池中的多相多组分传输

聚合物电解质燃料电池（PEFC）被视为一种有潜力的清洁能源，可广泛应用于汽车、固定和便携式能源系统等多个领域[49]。这主要归因于 PEFC 对环境无害、运行噪声低，并具备显著的能量转换效率。目前，PEFC 技术在设计和工程方面正积极努力，以提高性能和耐久性，使其适用于轻型和重型车辆以及包括住宅能源供给在内的其他商业应用。

如图 3.2 所示，PEFC 利用电化学原理将氢和氧转化为水以产生能量。一个典型的 PEFC 装置包括膜电极组件（MEA），其中质子导电（H^+）膜由聚合材料制成并夹在正极和负极之间。MEA 的任何一面都存在单独的双极板，两个电极（正极和负极）进一步由催化层（CL）和气体扩散层（GDL）组成，在界面上铸造微孔层（MPL）。流道引导气体反应物进入气体扩散层 / 微孔层，最终到达电化学活性催化剂层。输入原料通常分别由氢 / 重整气体和润湿的氧气 / 空气组成。GDL 具有两个功能：允许反应物（包括燃料和氧化剂）进入并排出副产物（液态水），同时为电极提供机械刚性支撑。而催化剂层的尺寸一般为几微米，在其多孔结构内部，基于 Pt 的催化剂纳米颗粒被支撑在具有高比表面积的碳基体上，其中离子体呈非均匀分散状态。这些纳米颗粒因其强大的催化活性和高比表面积而受到青睐，而反应发生在离子体、Pt 和碳的三相界面上。电化学反应只发生在 CL 内部；因此，与 GDL 相比，CL 内部的碳颗粒尺寸较小，以提高比表面积。

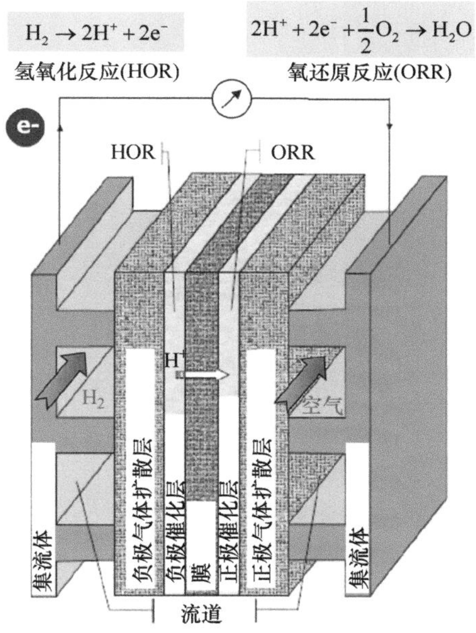

图 3.2　聚合物电解质燃料电池示意图（经许可摘自参考文献 [50]。Copyright 2008，RSC Publishing）

负极催化剂层（ACL）中的氢氧化反应（HOR）表现出简单的反应动力学，而正极催化剂层（CCL）中的氧还原反应（ORR）被认为是电化学领域最缓慢的反应之一。与 ORR 相关的迟钝性对聚合物电解质燃料电池（PEFC）的动力学限制很大，导致了相当大的电压损失。此外，PEFC 的稳健性能也取决于适当管理水分。低湿度 / 含水量会降低膜内质子导电性，从而产生欧姆损失。然而过多含水量则会引起 PEFC 淹没问题。这说明 CCL 上活性位点钝化以及氧气通过孔隙传输的障碍导致了更高的净浓度过电位或质量传输限制。因此，通过在结构、性能和耐久性方面合理设计连接 CCL 关键方面的变化，可以提升 PEFC 性能。

PEFC 模型基于质量、动量、物料组分、电荷和热能守恒定律建立，适用于单相和两相传输。通过数值求解这些耦合方程组，可以获得完整的燃料电池运行过程中的流场、物料组分浓度、电位和液态水动力学信息。下列控制方程由多孔介质流动和传输的 M^2 模型驱动[51-55]。

基于 M^2 模型，需要推导出混合物的性质，这些性质受液体饱和度影响，即液体体积与孔隙体积的比值 [式（3.30）]。因此，可以通过式（3.31）和式（3.32）得到混合物密度 ρ 和摩尔浓度 C_i。

$$s = \frac{V_1}{V_{\text{pore}}} \tag{3.30}$$

$$\rho = \rho_1 s + \rho_g (1-s) \tag{3.31}$$

$$C_i = C_{i,1} s + C_{i,g} (1-s) \tag{3.32}$$

质量守恒　混合物的质量守恒为

$$\nabla \cdot (\rho u) = 0 \tag{3.33}$$

式中，ε 为介质的孔隙率，u 为表面混合速度。在单相近似下，u 对应于气态混合速度。

动量守恒　基于混合速度 u 的动量守恒为

$$\frac{1}{\varepsilon^2} \nabla \cdot (\rho u u) = \nabla \cdot (\mu \nabla u) - \nabla p - \frac{\mu}{K} u \tag{3.34}$$

式中，K 为多孔介质的绝对渗透率，混合物黏度 μ 定义为

$$\mu = \rho \left[\frac{k_{\text{rl}}}{v_1} + \frac{k_{\text{rg}}}{\mu_g} \right] \tag{3.35}$$

式中，k_{rl}、k_{rg} 和 v_1、v_g 分别为液相和气相的相对渗透率和运动黏度。各相的相对渗透率与相饱和度的立方有关：

$$k_{\text{rk}} = s_k^3 \tag{3.36}$$

$$k_{\text{rg}} = (1-s)^3 \tag{3.37}$$

式中，（1−s）对应于气相的孔隙占有率。

动量方程中的源项是多孔介质 Darch 定律的 Brinkman 扩展，使用遵循界面连续性的表面速度计算。

物料守恒　物料守恒方程采用摩尔浓度定义：

$$\nabla\cdot(\gamma_c u C_i)=\nabla\cdot(D_{i,g}^{\text{eff}}\nabla C_{i,g})-\nabla\cdot\left[\left(\frac{C_{i,l}}{\rho_l}-\frac{C_{i,g}}{\rho_g}\right)j_l\right]+S_i \tag{3.38}$$

式中，C_i 为两相流时，组分 i 在液相和气相中的总浓度；D_i 为组分 i 的扩散系数。上标 eff 表示多孔介质宏观均匀形式的有效扩散系数。Fick 定律用于描述多组分扩散，其对二元扩散是精确的，对多组分扩散也是一个良好的近似。

由于液相和气相的流场存在差异，组分平流需要经过平流因子 γ_c 校正，其定义如下：

$$\gamma_c=\begin{cases}\dfrac{\rho}{C_{H_2O}}\left(\dfrac{\lambda_l}{M_{H_2O}}+\lambda_g\dfrac{C_g^{H_2O}}{\rho_g}\right) & \text{对于水}\\[2ex] \dfrac{\rho\lambda_g}{\rho_g(1-s)} & \text{对于其他物料}\end{cases} \tag{3.39}$$

式中，λ_l、λ_g 分别为液相和气相的相对迁移率：

$$\lambda_l=\frac{k_{rl}/\nu_l}{k_{rl}/\nu_l+k_{rg}/\nu_g} \tag{3.40}$$

$$\lambda_g=1-\lambda_l \tag{3.41}$$

物料守恒方程右侧的第二项解释了多孔介质中由于表面张力效应引起的毛细管输运。我们定义毛细管通量 j_l 为该过程的流量：

$$j_l=\frac{\lambda_l\lambda_g}{\nu}K\nabla p_c \tag{3.42}$$

毛细管压力 p_c 定义为气相和液相之间的压力差，并由下式描述：

$$p_c=\sigma\cos(\theta_c)\left(\frac{\varepsilon}{K}\right)^{0.5}J(s) \tag{3.43}$$

式中，σ 为表面张力；θ_c 为平衡接触角；$J(s)$ 为疏水和亲水 GDL 的 Leverett 函数。该函数取决于液相饱和度和接触角，如下式所示：

$$J(s)=\begin{cases}1.417(1-s)-2.120(1-s)^2+1.263(1-s)^3, & \theta_c<90°\\ 1.417s-2.120s^2+1.263s^3, & \theta_c>90°\end{cases} \tag{3.44}$$

物料守恒方程右侧的最后一项 S_i，即为物料组分的源 / 汇项，涉及电化学反应和电渗透阻力所贡献的生成 / 消耗。水分子在与 H^+ 相互作用时产生了电渗透阻力，因其形成溶解复合物 H_3O^+。因此，由于电化学反应和电渗透阻力引起的源项可做如下考虑：

$$S_i = -\frac{s_i j}{nF} - \nabla\left[\frac{n_d}{F} i_e\right] \tag{3.45}$$

式中，第一项表示由于电化学反应电流密度 j 引起的消耗项，由电化学反应 $\sum_i s_i M_i^z = ne^-$ 表示。M_i 为组分 i 的化学式，s_i 为化学计量系数，n 为转移的电子数。该项仅存在于催化剂层中，对于流动通道、气体扩散层和离子聚合物膜而言为零。最后一项说明了由于电解质中离子电流 i_e 和电渗透阻力系数 n_d 引起的水在质子方向上产生的电渗透阻力。应该注意，n_d 仅与水分子有关，在涉及其他被输送物料组分如 H_2 和 O_2 的情况下其值设为零。电渗透阻力项仅在存在离子电流的地方即在催化剂层和离子聚合物膜中是非零的，在其他地方为零。

对于单相流动的模拟，忽略了平流因子和毛细管输运的影响，因此物料守恒方程可简化为

$$\nabla \cdot (uC_i) = \nabla \cdot \left(D_{i,g}^{\text{eff}} \nabla C_{i,g}\right) + S_i \tag{3.46}$$

电荷守恒　在 PEFC 中，电荷守恒原则分别适用于离子体相和 Pt-C 相中的电解质和固相电位方程：

$$\nabla \cdot (\kappa^{\text{eff}} \nabla \phi_e) + j = 0 \tag{3.47}$$

$$\nabla \cdot (\sigma^{\text{eff}} \nabla \phi_s) - j = 0 \tag{3.48}$$

式中，κ 和 σ 分别为电解质和固相的离子和电子电导率。膜和催化剂层的离子电导率通常高度依赖含水量。对于固相中较大的电子电导率，我们可以假设正极和负极固相电位保持恒定，并由 $\phi_{s,a} = 0$ 和 $\phi_{s,c} = V_{\text{cell}}$ 表示。

电极 - 电解质界面的电化学电流密度可通过 Butler-Volmer 动力学方程描述，该方程适用于一般电化学反应。对于具有快速氢氧化反应（HOR）和缓慢氧还原反应（ORR）的 PEFC，负极部分简化为线性状态，而正极部分则采用 Tafel 状态进行描述：

$$j_a = a j_{0,a}^{\text{ref}} \left(\frac{c_{H_2}}{c_{H_2,\text{ref}}}\right)^{1/2} \left(\frac{\alpha_a + \alpha_c}{RT} F\eta\right) \tag{3.49}$$

$$j_c = a j_{0,c}^{\text{ref}} \left(\frac{c_{O_2}}{c_{O_2,\text{ref}}}\right) \exp\left(-\frac{\alpha_c}{RT} F\eta\right) \tag{3.50}$$

式中，a 为电极催化剂层的比活性表面积；j_0 为交换电流密度；α_a 和 α_c 分别为每个电化学反应的

负极和正极转移系数，其中 HOR 为 $\alpha_a+\alpha_c=2$，而 ORR 则为 $\alpha_c=1$。过电位 η 取决于固相电位、电解质相电位以及每个电极的开路电势（OCP），其中负极和正极分别为 $\eta_a=\phi_s-\phi_e$ 和 $\eta_c=\phi_s-\phi_e-U_{oc}$。值得注意的是，在这里我们利用了标准氢参比电极具有零开路电势这一事实。同时需要指出正极的开路电势是温度和分压相关的函数：

$$U_{oc}=1.23-0.9\times10^{-3}(T-298)+\frac{RT}{F}\left(\ln p_{H_2}+\frac{1}{2}\ln p_{O_2}\right) \tag{3.51}$$

在 PEFC 中，两相流的能量守恒由下式给出：

$$\frac{\partial[(\rho c_p)_m T]}{\partial t}+\nabla\cdot[\gamma_h(\rho c_p)_f uT]=\nabla\cdot(k^{eff}\nabla T)+S_T \tag{3.52}$$

式中，$(\rho c_p)_m$ 为多孔介质（m）的总热容，同时考虑到固体基质（s）和孔隙中的两相混合物（f）的热容，由 $(\rho c_p)_m=\varepsilon(\rho c_p)_f+(1-\varepsilon)(\rho c_p)_s$ 给出。Fourier 热传导定律描述了热传导现象，其中 k^{eff} 为多孔介质的有效热传导率。右边的最后一项代表热源项，它来自于电化学反应的动力学热（$j\eta$）、不可逆（熵变）热（$jT\frac{dU}{dT}$）和电子电流（i_s^2/σ^{eff}）与离子电流（i_e^2/σ^{eff}）传输产生的欧姆热。额外的热产生 / 消耗可以来自水蒸气凝结和蒸发成液态水，反之亦然。因此，热产生源项为

$$S_i=j\eta+jT\frac{dU}{dT}+\frac{i_s^2}{\sigma^{eff}}+\frac{i_e^2}{\kappa^{eff}}+\dot{m}_{fg}h_{fg} \tag{3.53}$$

3.3　典型电化学系统的介观建模案例研究

3.3.1　锂离子电池

3.3.1.1　多孔微结构表征：有效性质计算

电池电极的多孔和多相性质（见图 3.3a）使得从建模角度来看其结构变得异常复杂。我们可以通过有效性质即 a、ε、τ 和 σ^{eff} 来表征多孔电极的性能。计算界面面积（a）和孔隙率（ε）相对简单[15]，而计算有效电导率和曲折度则需要进一步讨论。曲折度用于量化 Li^+ 离子在孔隙中传输效率，而电导率衡量促进电子传导的固相连通性。这些特性可通过直接数值模拟（DNS）计算。

如图 3.3b 所示，为了解决复合电极中的曲折度问题，需要解决复合电极中的浓度平衡方程。孔隙被赋予适当的扩散系数，而固相对传输贡献的则设置为零扩散系数。可以采用固相赋予适当的电导率和孔隙相电导率来进行基本相同的电导率计算（见图 3.3c）。因为我们知道复合电极涉及两种不同的固体——导电添加剂和粘结剂，因其长度尺度远小于活性材料颗粒大小，

因此可以假设它们共同形成了一个伪相。从而我们关注的特性，如密度和电导率，现在已成为导电添加剂与粘结剂比值的函数[15]。次级相空间排列对于决定电极性能也起着关键作用，其空间排列从指状形态到膜形态变化。这些次级相排列影响可用界面面积和孔隙网络排列。指状排列在提高界面面积方面表现更好，但由于突起会对孔隙空间造成更多阻碍。这些排列可以进行优化以提高锂离子电池性能而无需改变电极材料[15]。

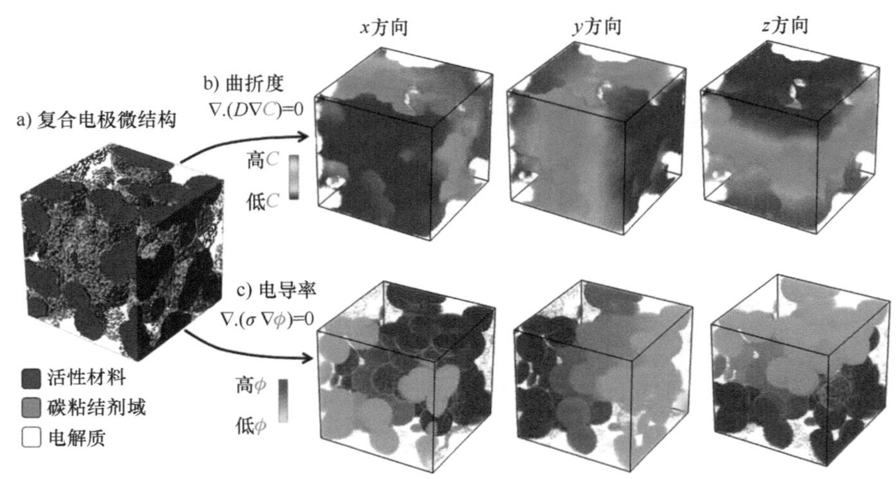

图 3.3　多孔介质表征 a）复合电极微结构、b）孔网曲折度，以及 c）所有三个正交方向的固相有效电子电导率。由于碳和粘结剂相的尺寸较小，它被视为伪相——称为碳粘结剂域（CBD）[15]。该伪相的材料电导率是碳 - 粘结剂比的函数。AB 为乙炔黑导电添加剂，PVDF 为聚偏氟乙烯粘结剂[15]（经许可摘自参考文献 [15]，Copyright 2018，American Chemical Society）

3.3.1.2　热 - 电化学交互作用

整个电池中正极和负极的电极微观结构存在显著差异，这种材料结构差异增加了分析的复杂性。典型的负极由石墨层状颗粒组成，而正极则由球形颗粒构成。图 3.4a、b 展示了负极和正极电极微观结构之间的典型差异。颗粒形态上的不同对孔隙网络产生重要影响，并且对电极动力学和传输性能有显著影响。图 3.4c、d 显示了这些差异如何进一步影响生热和电化学性能特征。我们观察到负极和正极之间的生热现象是非常不对称的。由于球形颗粒在给定体积下提供最小表面积，因此正极生成较高的反应热；另一方面，层状颗粒扭曲了孔隙空间，导致孔隙相较高的传输阻力，因此负极在欧姆热方面更为突出。图 3.4e、f 展示了锂离子电池在充放电过程中容量变化以及温升情况之间的差异。充电过程中温升随倍率呈二次方曲线变化；同时，在 5C 倍率时，放电过程中温升随倍率增加而变化的趋势趋于平缓，表明其在较高倍率下仍呈现二次曲线趋势。温升是生热率与容量之间关系的函数；而随着倍率增加，生热率也会增加，并伴随容量减少。增加的温升有利于改善电极内部的温度相关速率常数和扩散系数，这导致在放电过程中比充电时具有更高的容量。由于热效应导致不同的充放电特性，这种现象被称为热 - 电化学迟滞效应。

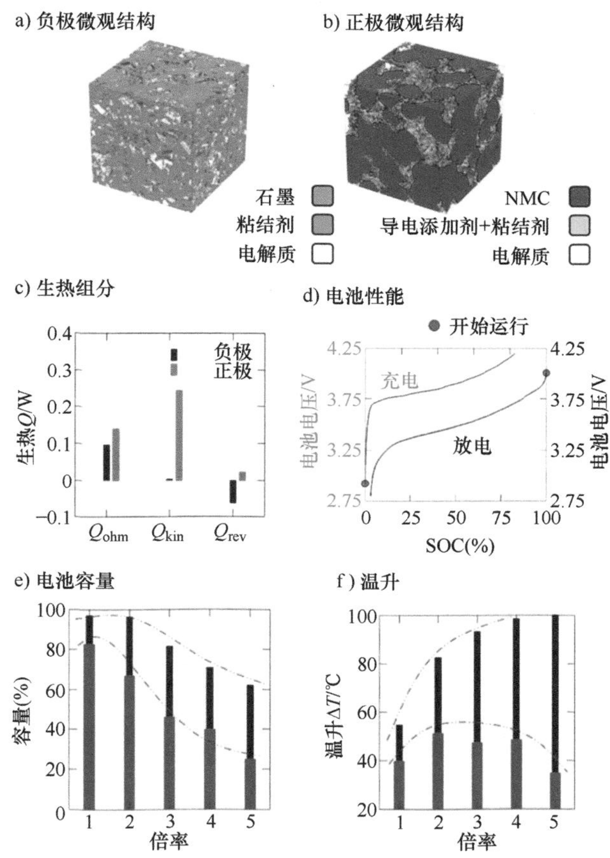

图 3.4 由于正极和负极的微观结构不同，电流方向（即充电或放电）不同，导致的充放电特征。a）代表性的负极微观结构，其中含有 95 wt % 石墨，b）正极含有 90 wt % NMC，c）生热组分，d）充电和放电期间的电池电压，e）随着倍率的变化，充放电容量表现出不同的变化趋势，f）随着倍率的变化，充放电过程的电池温升表现出不同的变化趋势（经许可摘自参考文献 [16]。Copyright 2018，American Chemical Society）

热和电化学相互作用的固有耦合是高比能电池（即大量活性材料被紧密封装）的特征。考虑到图 3.5a 所示活性材料负载从 40% 增加到 70%，我们观察到，在活性材料填充密度达到 60% 时，电池电压和温度迅速上升。超过这个填充限，电池甚至在达到预期容量之前就会停止运行。随着填充密度的增加，孔隙收缩并且传输阻力显著增加；这一点可以从图 3.5b 中观察得出，其中生热率呈指数级增长。由于温升与生热率和充电容量相关，我们注意到当填充比例为 70% 时，温升最高。过于紧密的填充会导致突然停止运行，而过于稀疏则会导致较低的生热率。

在图 3.5c ~ f 中，我们探讨了电极微观结构、倍率和环境温度之间的复杂耦合关系。根据不同环境温度下的热安全要求，可以确定电池安全的工作区间。我们发现低孔隙率电极或高填充电极具有更高的生热量和更小的容量，从而导致潜在风险。突然停止运行是由于电解质中缺乏维持电化学反应所需离子引起的。然而，由于温度升高，具有中等填充的电极具有最高不安全操作的风险。具有最低密度填充的电极的热失控风险较少。

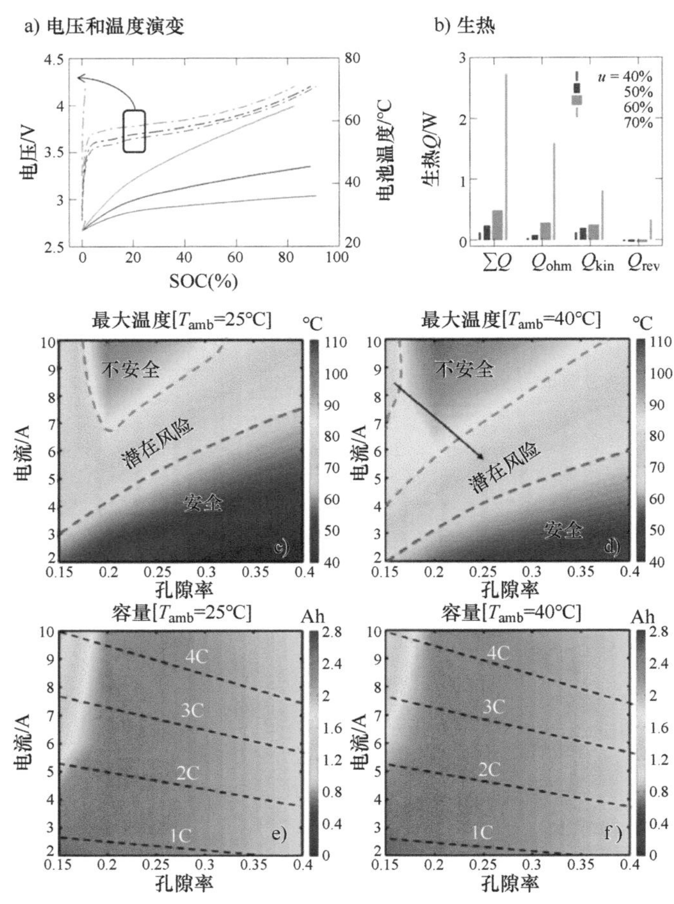

图 3.5　高比能电池的热迁移和安全风险。a）高活性材料填充的电极的过电位较高，导致电池电压和温度升高；b）随着活性材料填充的增加，生热量单调增加（经许可摘自参考文献 [16]。Copyright 2018, American Chemical Society）; c ~ f）在不同环境温度下，温升和容量随孔隙率和施加电流显示出不同的变化趋势 [17]

3.3.1.3　锂离子电池的衰减现象

锂离子电池系统是一项具有前景的能量转换和存储技术，已被证明在电动汽车应用和电网储能方面具有重要价值。然而，由于反复充放电引起的活性材料颗粒衰减限制了其寿命。主要衰减模式包括扩散诱导应力和化学 / 电化学固体电解质间相生长所致的微裂纹形成 [17-22]。这些影响及其耦合效应导致容量衰减和阻抗增加，从而降低了电池性能和寿命。

快速充电也是锂离子电池在能量补充时间方面与汽油车竞争的主要挑战之一。极速充电（XFC）是指充电倍率为 4C 及以上（充电时间低于 15min），其不可避免地导致加速衰减。在较高的倍率下，锂离子的副反应直接导致其还原和沉积在石墨负极颗粒上，称为析锂。这种副反应可能导致活性锂的永久损失，是容量衰减的主要原因 [23-28]。电池快速充电的另一个挑战是过度发热，这可能会导致温度迅速升高，甚至热失控。

1. 析锂和 SEI 的形成

锂离子电池以嵌入化学为特征，将化学能存储于负极和正极颗粒中。在电池充电过程中，锂离子扩散至正极活性材料颗粒表面，在此发生氧化反应并形成 Li^+ 离子，这些离子沿着正极和隔膜迁移和扩散。当它们到达负极时，这些离子经历电化学还原变回 Li，嵌入并扩散至负极颗粒内部。然而，在极速充电模式下，缓慢的扩散速率（约 $10^{-14}m^2/s$）及动力学效应导致过多的 Li^+ 离子在阳极上还原，从而产生了析锂现象。经过多次充放电循环后，析锂层逐渐增长并引起不可逆损失，进而导致容量衰减和阻抗增加。一些实验通过核磁共振、电子顺磁共振以及阻抗谱等表征技术确定了析锂层的存在 [29-31]。

在锂离子电池使用过程中，锂的主要成分经历可逆的脱嵌 / 嵌入反应 [38, 39]。然而，在使用寿命周期中部分锂会不可逆地损失，导致活性锂减少并形成 SEI 层（固体电解质界面），通常是由于与可逆嵌入反应直接竞争的非可逆反应所引起的负极消耗。在初始循环期间，SEI 生长对保护电极免受溶剂分解有益，但随着循环次数增加，不可逆反应持续形成 SEI 层，并导致容量衰减。

SEI 是在活性材料和电解质之间形成的一层薄膜。SEI 由电解质还原反应生成，覆盖在活性材料表面形成一个有机 - 无机盐的薄而均匀的薄层。SEI 层厚度通常介于数十纳米至数百纳米之间。关于 SEI 确切组成存在争议，不同研究人员发现其组分可能基于操作条件有所差异。SEI 为电解质提供了动力学上的稳定性，防止其进一步分解并保持循环过程中的稳定性。随着循环次数增加，SEI 会逐渐生长在活性材料顶部，并导致容量衰减和嵌入钝化，但由于活性材料上无新鲜表面可用，因此最初几个循环后 SEI 层生长速率会减慢。颗粒开裂机制与 SEI 层生长内在耦合，在微裂纹形成和传播过程中导致新鲜活性材料表面暴露出来从而促进 SEI 的生成。接下来将探讨这两种主要衰减模式之间内在耦合关系。

方法

除了用式（3.1）~ 式（3.15）描述的模型外，析锂的计算模型需要考虑式（3.54）中显示的副反应：

$$Li^+ + e^- \xrightarrow{\text{析锂}} Li \tag{3.54}$$

$$
\begin{gathered}
j = j_1 + j_2 \\
j_1 = k\left(C_{\mathrm{s}}^{0.5} C_{\mathrm{e}}^{0.5} (C_{\mathrm{s,max}} - C_{\mathrm{s}})^{0.5}\right)\left(\left(\exp\left(\frac{F_{\eta 1}}{2RT}\right) - \exp\left(\frac{F_{\eta 1}}{2RT}\right)\right)\right. \\
\eta_1 = \phi_{\mathrm{s}} - \phi_{\mathrm{e}} - U_1 - jR_{\mathrm{film}} \\
j_2 = \min\left(0, k_{\mathrm{p}} C_{\mathrm{e}}^{0.3}\left(\exp\left(\frac{0.3\eta_2 F}{RT}\right) - \exp\left(\frac{0.7\eta_2 F}{RT}\right)\right)\right) \\
\eta_2 = \phi_{\mathrm{s}} - \phi_{\mathrm{e}} - U_{\mathrm{Li^+/Li}} - jR_{\mathrm{film}} \\
U_{\mathrm{Li^+/Li}} = 0.0\mathrm{V} \\
\frac{\partial \delta_{\mathrm{film}}}{\partial t} = -\frac{j_2 M}{\rho F} \quad R_{\mathrm{film}} = \frac{\delta_{\mathrm{film}}}{k_{\mathrm{film}}}
\end{gathered} \tag{3.55}
$$

如式（3.55）所示，总反应电流密度由两个部分组成：析锂（j_2）和嵌入（j_1）。假设析锂是不可逆的，因此，反应电流被限制在正方向，并且不考虑析锂的剥离，如式（3.54）所示。根据具有相同电荷转移系数（$\alpha = 1/2$）的 Butler-Volmer 方程，计算出两个电极上嵌入电流密度。该方程基于动力学反应常数 k、固相浓度 C_{s}、电解质相浓度 C_{e}、固相电势 ϕ_{s}、电解质相电势 ϕ_{e} 以及驱动过电势 η_1 和 η_2 来描述嵌入和析锂过程。与材料特性相关的石墨和 NMC 的开路电势函数 U 代表开路电势与表面锂浓度之间的关系，参考文献 [32] 进行了调整。“j_2” 表示析锂电流密度；它是基于类似 Butler-Volmer 动力学模型建立起来的，并包含了不同的电荷转移系数。式（3.55）引入一个极小值函数，确保只有当锂沉积产生过电位时（即 $\eta_2 < 0\mathrm{V}$）才会发生析锂现象，这一点已经得到 Ge 等人 [29] 研究证实。除了造成可循环锂损失外，锂沉积还导致钝化膜增长，采用膜厚除以膜电导率得到膜阻抗增加量用于计算该现象对于整体化学反应而言带来的阻力影响。通过锂沉积量（n_{Li}），我们可以定量评估负极中发生析锂现象的严重程度，并将其归结为体积析锂电流密度，如式（3.56）所示：

$$
\frac{\mathrm{d}n_{\mathrm{Li}}}{\mathrm{d}t} = -\int_0^{L_{\mathrm{anode}}} a_{\mathrm{s}} j_2 A_{\mathrm{cs}} \mathrm{d}x \tag{3.56}
$$

为了模拟 SEI 形成时产生的附加副反应，我们将不可逆的 SEI 形成反应动力学纳入上述模型。换言之，目前 $\mathrm{Li^+}$ 离子存在两种反应路径，即可逆嵌入电极和不可逆 SEI 层形成：

$$
j_{\mathrm{total}} = j_{\mathrm{SEI}} + j_{\mathrm{I}} \tag{3.57}
$$

嵌入和 SEI 的反应电流密度可通过 Butler-Volmer 公式来描述：

$$
j_{\mathrm{I}} = i_{0,\mathrm{I}}\left[\exp\left(\frac{F\eta_{\mathrm{I}}}{2RT}\right) - \exp\left(-\frac{F\eta_{\mathrm{I}}}{2RT}\right)\right] \tag{3.58}
$$

式中，反应过电位 η_{I} 由式（3.59）给出：

$$
\eta_{\mathrm{I}} = \phi_{\mathrm{s}} - \phi_{\mathrm{e}} - U - (R_{\mathrm{SEI}} j_{\mathrm{total}}) \tag{3.59}
$$

SEI 的形成遵循 Tafel 公式：

$$j_{\text{SEI}} = -i_{0,\text{SEI}}\left[\exp\left(-\frac{F_{\eta\text{SEI}}}{2RT}\right)\right] \tag{3.60}$$

式中，SEI 的过电位定义为

$$\eta_{\text{SEI}} = \phi_{\text{s}} - \phi_{\text{e}} - U_{\text{SEI}} - (R_{\text{SEI}} j_{\text{total}}) \tag{3.61}$$

式中，ϕ_{s} 和 ϕ_{e} 分别为电极的固相和电解质相电势。U 和 U_{SEI} 分别为嵌入反应和 SEI 形成的开路电势。SEI 层的生成导致活性材料界面钝化；该层的电阻由下式给出：

$$R_{\text{SEI}} = \frac{\delta(t)}{\kappa_{\text{SEI}}} \tag{3.62}$$

式中，κ_{SEI} 为 SEI 层的离子电导率，$\delta(t)$ 为 SEI 层的厚度。SEI 体积的增长速率可由下式描述：

$$\frac{\mathrm{d}V_{\text{SEI}}}{\mathrm{d}t} = -\frac{j_{\text{SEI}} M_{\text{SEI}} A_{\text{SEI}}}{\rho_{\text{SEI}}} \tag{3.63}$$

$$\delta(t) = \frac{V_{\text{SEI}}(t)}{A_{\text{SEI}}(t)} \tag{3.64}$$

式中，V_{SEI} 为由 SEI 形成的体积，其厚度可通过将体积除以有效面积来计算。

代表性亮点

本研究分析了石墨 -NMC 锂离子电池耦合电化学 - 热衰减的影响。图 3.6a 展示了典型锂离子电池体系中负极颗粒表面嵌入和析锂反应的示意图。在各种操作条件下高效运行是实现锂离子电池多样化应用至关重要的因素。鉴于已知快速充电和低温条件会加速析锂衰减，因此本研究通过探究 4C ~ 6C 之间以及 0 ~ 25℃之间不同倍率和温度下的试验深入理解析锂的机理。

在图 3.6b 中，通过标记点 A ~ C 来探究温度的影响，而 C ~ E 研究倍率的影响。负极和正极的微观结构已经固定，两者均具有 25% 的孔隙率，从而容量为 2.29Ah。图 3.6b 展示了不同操作条件下电池电压与 SOC 之间的关系。析锂严重程度由两个因素控制，即析锂开始时间和充电时间。当析锂开始发生时，电池经过长时间充电，析锂损害将达到最大。其他情况下，析锂开始较晚或充放时间较短，避免了严重的析锂损害。我们可以观察到从 C 到 E 之间析锂变化显著，并且高度依赖于倍率（温度保持不变）。根据图 3.6b 可知，在从 C 到 E 过程中，随着倍率增加至点 E 时，析锂从零增加至 0.075Ah。这使得析锂开始得更早；同时，截止 SOC 从 0.5 降低到 0.3。当我们从点 C 移动到点 E 时，运行中的倍率增加提高了负极的单位体积反应速率。如图 3.6c 所示，在长度方向上逐渐升高的电解质电势和浓度为负极提供更高的锂离子通量。尽管由于较早达到截止 SOC 导致容量减少，但沉积速率却增加了。因此，虽然在图 3.6b 中没有显示出 C（4C）的析锂，但我们可以看到 E（6C）处更早的析锂。由 C 到 E（0.0Ah 到 0.07Ah），析锂程度显示出加重的趋势。这也导致 C 到 E 更高的生热率，尽管如图 3.6b 所示，它们经历相同温升，这是由于较高生热率伴随着更短的充电时间（E），反之亦然（C）。

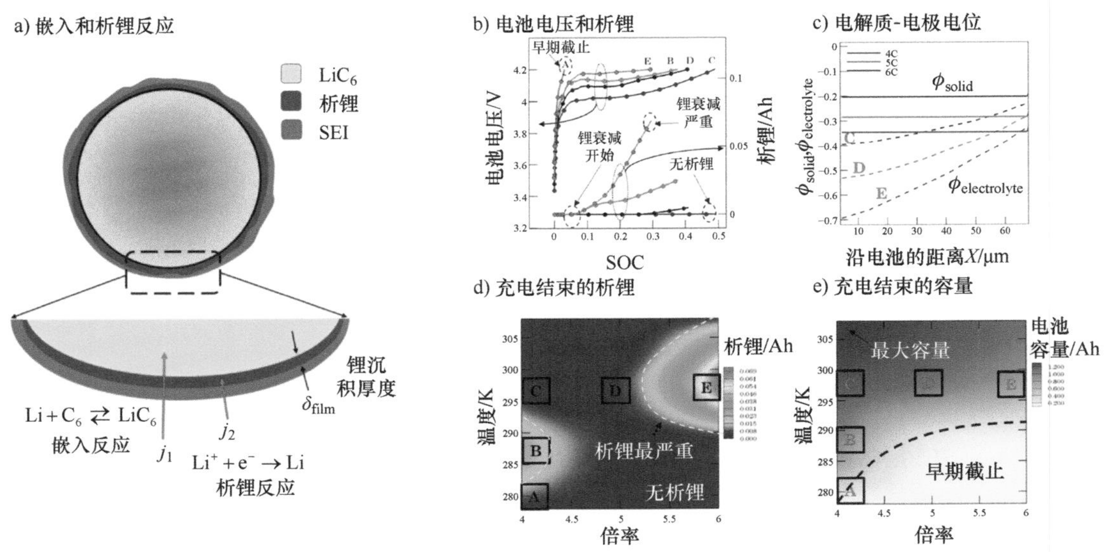

图 3.6　锂离子电池快速充电过程中的析锂衰减（经许可摘自参考文献 [8]。Copyright 2020，American Chemical Society）。a）石墨颗粒上发生的嵌入和析锂电化学反应示意图；b ~ e）锂离子电池在不同环境温度和倍率下的运行情况；b）电池电压和析锂；c）负极中的固相和电解质电位；d）析锂；e）电池容量

从 C（298K）到 A（278K），我们可以观察到环境温度的下降。随着环境温度的降低，电池中的物理过程变得缓慢，尤其是嵌入反应所依赖的动力学反应常数减小。这进一步导致了 A（278K）下电池的生热相较于 C（298K）具有更高的动力学成分。虽然这并不直接导致电池温度上升，因为从 C 到 A 充电时间更短，并且自然对流冷却效果显著。点 B 的温度和析锂之间存在耦合关系，在 SOC 0.15 之后，析锂速率下降。这种耦合在绝热快速充电情况下甚至更加明显，因为所有产生的热量都会使电池本身的温度升高，并影响其中发生的电化学过程。环境温度起着关键作用；降低环境温度会增加动力学过电位，从而使嵌入阻力增大，同时会更早发生析锂，尽管析锂强度显示出非单调趋势，即 A（278K）和 C（298K）均未发生析锂，而 B（288K）发生 0.04Ah 的析锂。在超过 298K（C）的高温条件下，由于嵌入反应速率始终保持较高水平而未发生析锂；而在 A（278K）中，则由于提前达到截止电位，使得其容量减少了一个数量级。

电池的析锂和电化学性能强烈依赖于两个电极微观结构构型。为了深入解析其快速充电能力，我们保持正极微观结构孔隙率为 25%，厚度为 80μm，对应容量为 2.2Ah。同时，通过将负极孔隙率从 15% 增加至 45%，厚度从 66.4μm 增加至 94.09μm，以实现负极和正极的标称容量为 2.2Ah。

图 3.7e 展示了在不同孔隙率和倍率下进行充电时的可用区域。为了量化电池运行的安全性和效率，我们定义了四个指标。其中两个性能指标分别衡量充电容量（Q_c）和放电容量（Q_d），而另外两个安全指标则评估最高温度（T）和析锂衰减（Q_p）。根据这些性能指标和安全指标的

值，我们将其划分为三个区域，如图 3.7a ~ d 所示。充电和放电容量被归类为低（0 ~ 0.5Ah）、中（0.5 ~ 1Ah）和高（>1Ah）三个范围。对于温度来说，< 60℃被认定为安全范围，60 ~ 80℃属于风险范围，而 > 80℃则是不安全范围。至于析锂容量图，则被划分为安全（< 2.5%）、风险（2.5% ~ 5%）以及不安全（>5%）三种情况。基于这四项属性的交集用于生成最终的性能与安全图谱。

从图 3.7a ~ d 中可以观察到，电池在 25℃环境下运行时，主要受到两个因素限制：温升与析锂风险。根据图 3.7c 显示，在较高倍率范围内（介于 3C ~ 5C 之间），可能会使得温度达到风险或不安全区域。析锂衰减等值线图显示不安全和危险区域垂直排列，这意味着孔隙率在 15% ~ 20% 之间的低孔隙率负极往往有显著的析锂损坏。通过交叉点所示四个区域能够确定一种既保证安全性又提供高效性能的运行条件。总体来看，在 20% ~ 40% 范围内拥有适宜孔隙结构特征的负极可在倍率为 1C ~ 2.5C 期间运行良好。然而，在低孔隙率结构与高倍率同时存在时，受到缓慢的动力学、电解质和固相传输的限制，由于运行截止前的温升小，导致温升有限和边缘性能改善。

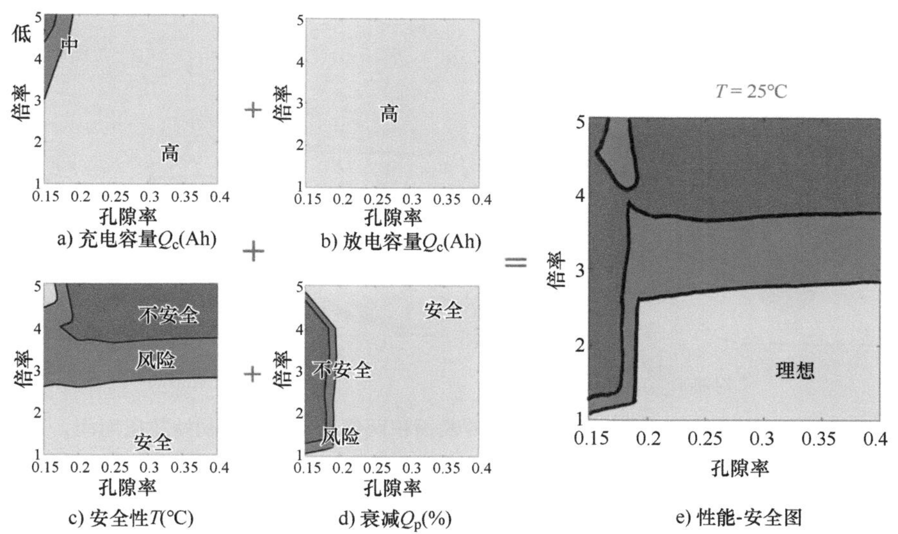

图 3.7 环境温度 25℃下 a）充电容量，b）放电容量（低，0 ~ 0.5Ah；中，0.5 ~ 1Ah；高，> 1Ah），c）电池温升（安全，<60℃；风险，60 ~ 80℃；不安全，> 80℃），以及 d）25℃时析锂容量（安全，<2.5%；风险，2.5% ~ 5%；不安全 >5%）随倍率和孔隙率的云图 [33]。e）电化学性能安全指标的交集给出了环境温度 25℃的理想区域（经许可摘自参考文献 [33]，Copyright 2020，The Electrochemical Society）

鉴于 SEI 在活性材料上的生长和扩散诱导的颗粒开裂是相互耦合的，我们对它们各自的影响以及它们之间的耦合效应进行了研究。

图 3.8a 显示在颗粒脱锂过程中，微裂纹从内部或表面传播的过程。由于额外的阻碍，内部

传播的裂纹降低了颗粒的扩散性；与此同时，表面裂纹增加了电化学可用面积。根据图 3.9a 所示，我们观察到石墨颗粒界面面积的演变；在放电过程前半段，总体电化学表面积是有效的且呈上升趋势。然而，在放电过程后半段，我们注意到无效电化学表面积开始增加，并且有效表面积开始减少。此外，在后半段中无效表面积贡献显著增加。随着颗粒表面锂消耗，导致其表面积无效，在这一阶段只有微裂纹内部可提供有效表面积。

图 3.8b 展示了在不同倍率下，随时间变化的 SEI 层厚度。SEI 主要在充电过程中形成于负极上，在放电期间没有明显增长，导致波动现象。SEI 层厚度通过将其体积除以有效表面积得出；因此，SEI 层的生长发生在电化学活性区域内。较低倍率下，由于充放电持续时间较长，为 SEI 增厚提供了更多时间窗口。而对于较高倍率下的充放电过程，则观察到 SEI 层厚度相对较小，尽管图 3.8c 显示不同倍率条件下 SEI 体积增长几乎相同。这是由两种相互竞争的影响所控制：颗粒有效表面积增加为 SEI 体积提供新表面；然而同时也降低了 SEI 电流密度（J_{SEI}）。针对本研究中不同倍率条件，在很大程度上这两种影响彼此抵消。

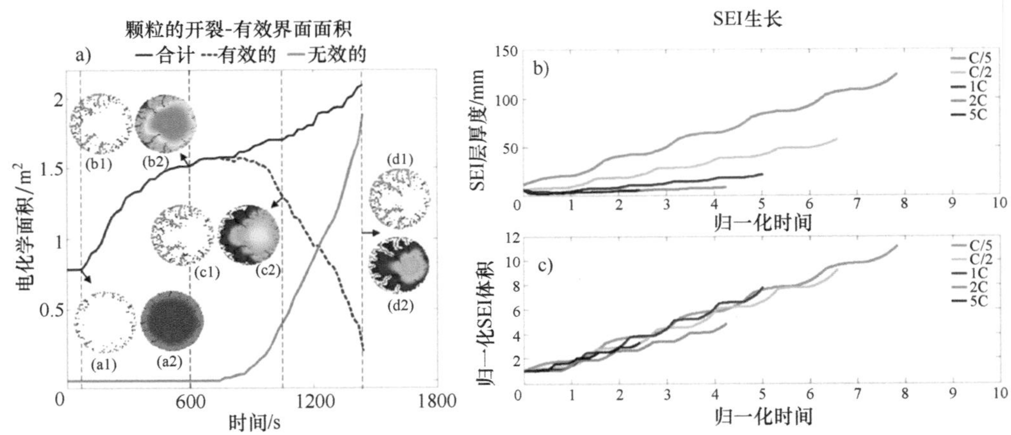

图 3.8 a）颗粒的总界面面积由有效表面积和无效表面积两部分组成。在初始放电期间，有效表面积由于颗粒的开裂而增加，而在后半段，锂的消耗使表面无法对锂通量做出贡献，因此无效表面积增加；b，c）当电解质与新鲜的活性材料表面接触时，SEI 层的形成会导致表面钝化和活性锂的损失。SEI 的生长主要发生在负极和锂嵌入过程中，即电池充电引起的摆动。b）由于更长的充电和放电时间，SEI 厚度在较低的倍率下增长得最快；c）SEI 体积增长几乎以相同的速率发生，因为在较高的倍率下，由于颗粒开裂而产生的较高的面积弥补了较短的充电时间 [35]

图 3.9 展示了 4 个不同物理程度模型的电化学性能曲线 [35]。单颗粒模型仅考虑电化学效应，而未考虑断裂效应。相比之前的模型，仅机械模型引入了额外的扩散传输，导致性能下降。力学 + 反应模型还另外考虑了颗粒破碎产生的表面积，这增强了反应动力学，在所有模型中表现最好。最后，力学 + 反应 +SEI 模型除了上述模型外，还考虑了 SEI 的生长。由于 SEI 对负极的钝化作用，导致了额外的动力学过电位以及可循环锂的损失。从整体的衰减模式来看，应力诱导开裂在一定程度上通过提供额外的表面积来改善电化学动力学，从而提高电池的性能。

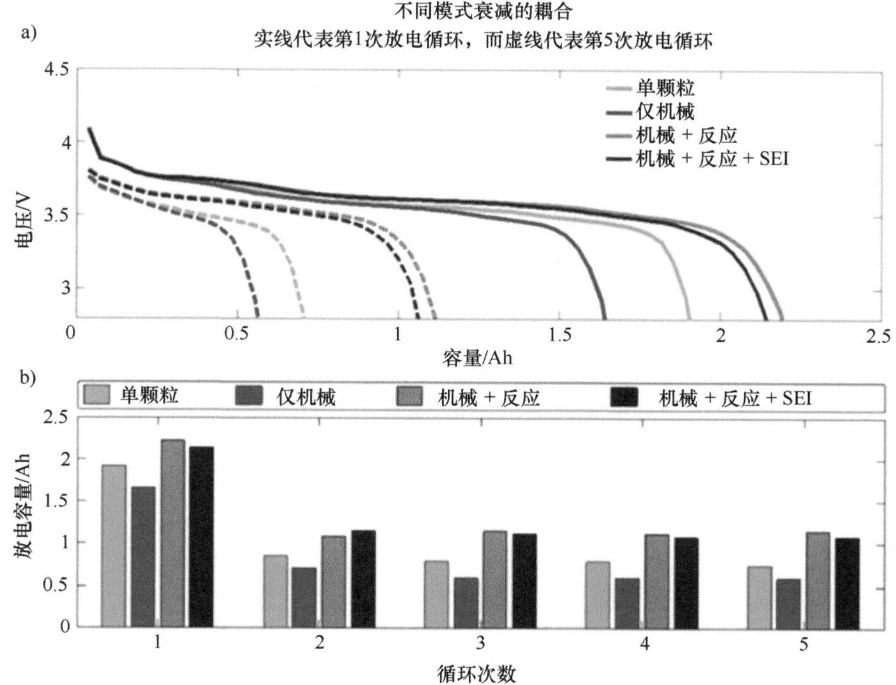

图 3.9　4 种不同模型的比较：①单颗粒模型（绿色柱状），②机械断裂模型（蓝色柱状），③机械断裂结合与表面相连的裂纹内反应模型（红色柱状），以及④机械断裂、裂纹内的反应和 SEI 生长模型相结合（黑色柱状）[35]（经许可摘自参考文献 [35]，Copyright 2018，The Electrochemical Society）

2. 嵌入应力引发的机械损伤

锂离子电池的充放电涉及主材例如石墨 /NMC 等中重复的脱嵌 / 嵌入过程。这一过程与主材中锂离子扩散共同导致颗粒内部形成浓度梯度，从而产生应力以达到机械平衡。因此，这些应力被称为扩散诱导应力（DIS），并引发损伤和成核 [34-36]。我们可以将热膨胀和扩散诱导应力之间的应力进行类比。颗粒内部的温度梯度 ΔT（K）会使颗粒膨胀，其膨胀量与热膨胀系数 α（K^{-1}）成正比。同样地，在活性材料颗粒内部存在 Li 浓度梯度 Δc（mol/m^3），该梯度会引起与摩尔膨胀系数 Ω（m^3/mol）成正比的变形。当颗粒受到限制时，会存储应力和弹性能量；当超过材料断裂阈值能量时，则可能引发裂纹产生或扩展。这些应力仅源于颗粒内部的扩散作用，但在存在导电粘结剂等次生相时，添加剂加剧了这种应力，并引发额外的机械损伤。本节提出了一种方法来预测由于扩散诱导应力而引起的机械损伤，并追踪微小裂纹演化和传播过程。

锂的嵌入会导致腔体积膨胀，从而引起应变范围从几个百分点到百分之百的变化。最先进的石墨负极体积膨胀率为 10%，而高容量硅和钛负极则具有约 300% 的体积变化率。负极经历了显著的机械损伤，导致其体积发生变化，并且还会引起活性材料开裂和粉碎，由此导致容量衰减。

方法

为了模拟嵌入材料的机械行为，我们将其表示为一个弹簧网络结构（见图 3.10）。该结构采用随机晶格弹簧形式与锂的固态扩散和电化学性能分析相耦合。计算域被划分为一个弹簧网络，每个节点连接 6 个弹簧。为了准确捕捉实际材料的力学特性，我们使用了两种不同类型的弹簧，即中心弹簧（n）和剪切弹簧（s）。通过调整剪切弹簧常数（k_s）和中心弹簧常数（k_n），我们成功描述了材料的杨氏模量（E）和泊松比（ν）。这种关系在轴向和剪切方向上体现出来：

$$\begin{aligned} E(c) &= \frac{\sqrt{3}}{4l}\left((3-\nu)k_n + (1+\nu)k_s\right) \\ \nu &= \frac{k_n - k_s}{3k_n + k_s} \end{aligned} \tag{3.65}$$

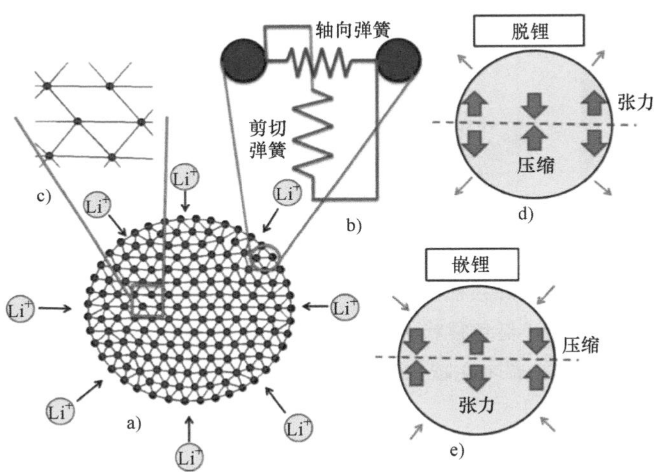

图 3.10 在当前的分析中采用的晶格弹簧模型的示意图。a）圆形域离散化为弹簧。锂离子从外表面嵌入或脱嵌。b）每个弹簧的放大可视化。假设所有的质量集中在每个节点上。弹簧显示轴向和剪切刚度。c）一个破碎的弹簧的放大可视化。d）锂脱嵌过程示意图，切平面（虚线）上代表性地显示了靠近中心区域的压缩和周围区域的张力。e）锂嵌入过程示意图，切平面（虚线）上代表性地显示了靠近中心的张力和周围的压缩（经许可摘自参考文献 [36]。Copyright 2013，IOP Publishing）

为了确定颗粒内的应力和作用力分布，我们假设准静态力平衡。由于锂在活性颗粒内的扩散是一个非常缓慢的过程，因此机械平衡的准静态分析假设是充分的。体积力不存在，准静态平衡意味着惯性项为零。因此，通过求解式（3.66）可以获得颗粒内的应力分布。

$$\nabla \cdot \sigma = 0 \tag{3.66}$$

边界条件包括活性材料颗粒表面无应力。同时电化学耦合通过采用单颗粒模型（SPM）来确保。在假设电解质离子电导率足够高的前提下，可以忽略沿电极厚度的电解质浓度和电位梯度。限速步骤是活性材料颗粒内部的固态扩散，利用 Fick 扩散方程求解得到 Li 浓度：

$$\frac{\partial C_{\mathrm{s}}}{\partial t}=\nabla\cdot(D\nabla C_{\mathrm{s}}) \tag{3.67}$$

活性颗粒表面的边界条件包括来自各个方向的恒定通量，且与隔膜的距离无关：

$$\begin{aligned}&-D\frac{\partial C_{\mathrm{s}}}{\partial n}=\frac{i}{F}\\&I_{\mathrm{app}}=\int_{\mathrm{electrode}} i\,\mathrm{d}S\end{aligned} \tag{3.68}$$

经过扩散方程求解，我们可以得到活性材料颗粒内部的锂浓度，并据此计算浓度梯度。同时，我们将应力 - 应变关系转化为局部力与位移的关系。考虑到锂扩散引起的应力效应，我们采用式（3.69）作为弹簧内部轴向位移的表达式。

$$\begin{Bmatrix}f_{\mathrm{a1}}\\f_{\mathrm{s1}}\\f_{\mathrm{a2}}\\f_{\mathrm{s2}}\end{Bmatrix}=\begin{bmatrix}k_{\mathrm{n}}&0&-k_{\mathrm{n}}&0\\0&k_{\mathrm{s}}&0&-k_{\mathrm{s}}\\-k_{\mathrm{n}}&0&k_{\mathrm{n}}&0\\0&-k_{\mathrm{s}}&0&k_{\mathrm{s}}\end{bmatrix}\begin{Bmatrix}\Omega\,\Delta c_1 l\\0\\\Omega\,\Delta c_2 l\\0\end{Bmatrix} \tag{3.69}$$

由局部位移引起的力根据式（3.70）计算。

$$\begin{Bmatrix}f_{\mathrm{a1}}\\f_{\mathrm{s1}}\\f_{\mathrm{a2}}\\f_{\mathrm{s2}}\end{Bmatrix}=\begin{Bmatrix}f_{\mathrm{a1}}\\f_{\mathrm{s1}}\\f_{\mathrm{a2}}\\f_{\mathrm{s2}}\end{Bmatrix}_{\mathrm{mech}}+\begin{Bmatrix}f_{\mathrm{a1}}\\f_{\mathrm{s1}}\\f_{\mathrm{a2}}\\f_{\mathrm{s2}}\end{Bmatrix}_{\mathrm{conc}}=\begin{bmatrix}k_{\mathrm{n}}&0&-k_{\mathrm{n}}&0\\0&k_{\mathrm{s}}&0&-k_{\mathrm{s}}\\-k_{\mathrm{n}}&0&k_{\mathrm{n}}&0\\0&-k_{\mathrm{s}}&0&k_{\mathrm{s}}\end{bmatrix}\begin{Bmatrix}u_{\mathrm{a1}}\\u_{\mathrm{s1}}\\u_{\mathrm{a2}}\\u_{\mathrm{s2}}\end{Bmatrix} \tag{3.70}$$

每个弹簧中存储的能量是通过正向上的力和位移计算，即 $\psi=\frac{1}{2}\vec{F}_{\mathrm{spring}}\vec{u}_{\mathrm{spring}}$。如果弹簧的应变能超过了断裂能量阈值，它将导致弹簧不可逆地从网络中移除，意味着材料发生了断裂。

在上述公式中，考虑了 Li 扩散对颗粒应力和应变的影响，但未考虑微裂纹对扩散过程的影响。为确保反向耦合，即应力对扩散率的影响，在受影响区域内通过降低扩散率即 $D_{\mathrm{eff}}=\alpha D_{\mathrm{original}}$ 来实现。参数 α 取值为 0.6；该数值基于 Barai 等人 [36] 的研究推导得出。

电池的电化学性能基于 Guo 等人 [37] 建立的单颗粒模型方程进行估计。该模型将颗粒表面的电化学反应与 Li 向颗粒内部的扩散耦合在一起。假设电解质电导率足够高，因此电解质浓度和电位梯度可以忽略不计。在高倍率（> 2C）的情况下，电解质的梯度不可忽略，本模型可以通过使用与倍率相关的电解质传输电阻（R_{e}）来扩展。Butler-Volmer 动力学公式用于描述在负极和正极电极上发生的电化学反应，并已在式（3.4）中描述。

3.3.2　锂硫电池微观结构演化与电解质传输动力学

图 3.11a 显示了典型的碳 - 硫复合电极微观结构，其体积由 40% 的碳和 10% 的沉淀组成，相应于原始孔隙率为 60%。正极的原始孔隙率是指任何沉淀发生前的孔隙率。这是在硫含量加

载之前，最终导致电池制造结束时电极孔隙率降低。根据碳 - 沉淀和沉淀 - 沉淀界面能，Li_2S 沉淀可以呈现薄膜型或指状形态等不同形貌。沉淀微观结构排列控制着限制机制（如孔隙堵塞和表面钝化）并改变了电化学运行过程中电池内部阻力累积情况。基于微观结构耦合的电化学性能模式 [45]，图 3.11b 显示了硫加载对具有 75% 原始孔隙率、1μm 孔径以及指状沉淀形态锂硫电池放电行为的影响。锂硫电池电极的电化学性能取决于其微观结构转变、各种硫物相在电解质中传输以及相关界面反应动力学之间相互耦合作用过程。如图 3.11b 所示，增加硫加载会迅速提高系统内部阻抗，并导致比容量下降。对于特定的原始正极，放电电流随着硫负载的增加而增加，并在给定的时间间隔内导致更多的沉淀相互作用。因此，在硫负载增加时，表现出更大的动力学和传输阻力。此外，电化学性能也受到沉淀形态的影响。更像手指的沉淀形态将呈现增强的活性表面积，并导致动力学阻力的降低。另一方面，膜状形态往往由于活性表面积的有限可用性而诱导较低的电池容量，这导致表面钝化限制加剧。根据沉淀的体积和沉淀形态，图 3.11c 划分了动力学 - 传输限制区域（粉红色），该区域取决于诸如界面钝化和毛细管堵塞等机制的严重程度。而膜状形态往往会导致表面钝化，指状形态会导致密集的孔隙相阻塞。随着原始孔隙率的增加，可以观察到正极在成为传输限制之前可以承受更大的沉淀，而孔隙阻塞所需的临界沉淀量被推迟。在图 3.11c 中，这种依赖于孔隙率的机制用蓝色表示，以显示其对正极匮乏的影响。总体而言，硫对电解质的比例、正极孔隙率和沉淀形态已被确定为对锂硫电池的电化学性能具有重要影响的关键微观结构表征指标 [45]。

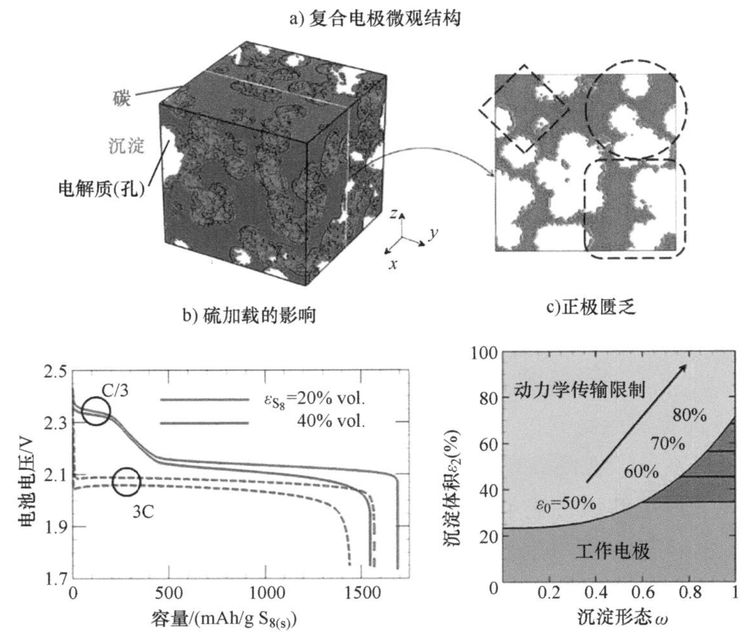

图 3.11　a）锂硫电极微观结构，其中体积含 40% 碳和 10% 沉淀；b）硫加载对电化学性能的影响；c）基于孔隙堵塞和表面钝化效应的正极匮乏区识别（经许可摘自参考文献 [45]。Copyright 2017，American Chemical Society）

除了电极微观结构外，锂硫电池中的电解质载流子不断演变并呈现程序化，这改变了电池运行时的离子传输行为。电解质在促进电荷和物相组分传输以及多硫化物溶解方面起到关键作用，并承担着正极微观结构和沉淀之间相互作用的载体功能，在锂硫电池的电化学性能中具有重要意义。此外，电解质中物相组分的演变与正极组成、空间排列和微观结构变化密切相关。在电池运行过程中，浸渍于多孔碳结构中的硫不断还原形成硫化锂沉淀，其动力学特性与电解质状态和演变动力学紧密相关。基于非平衡热力学原理，已经发展出一种浓溶液理论来描述电解质传输过程[47]，该理论同时考虑物相组分间及其内部的相互作用。图 3.12a 展示了基于该浓溶液理论对 20%（体积）硫含量和 80% 原始孔隙率锂硫电池正极进行 1C 放电时代表性的电化学性能特征，该图描绘了两个由拐点连接而成的平台区域。其中第一个平台对应于达到长链多硫化物溶解与还原之间平衡时所产生的反应，而第二个平台标志着生成固态 Li_2S 沉淀。

考虑到电解质传输和电极微观结构演变，在电池运行过程中捕获了 3 个限制机制，即电解质传导、孔隙堵塞和表面钝化。离子传导限制和堵塞共同决定了电解质传输的总体阻力。如图 3.12b 所示，这些限制机制与电池性能的同步跟踪表明，在放电中链多硫化物浓度大幅上升时，出现了拐点对应于电解质传输阻力急剧增加的情况，从而限制了离子导电性。此外，在固体硫溶解过程中，孔隙空间初始增加，并在随后由于硫化锂沉淀而收缩。这些沉淀 / 溶解相互作用影响着阻力的阻塞和钝化模式（见图 3.12b），并主要发生在放电开始和结束期间。因此，理解电化学络合物、物相组分运输以及微观结构之间相互作用的耦合集是设计高性能锂硫电池至关重要的基本原则。

电解液中硫组分向负极的传输和随后的化学还原是构成“多硫化物穿梭”效应的两种不同机制[48]。负极的化学还原共同由硫组分的反应性和浓度所决定。另一方面，电解质的运输行为与负极和电解质形态的物理演变强烈相关。硫组分向负极传输存在两种模式，即迁移和扩散，分别与电解质相中电势梯度和浓度相关。随后发生的化学还原导致容量损失可分为可逆缺陷和不可逆缺陷。导致形成硫化锂的中间链多硫化物的还原导致不可逆损失，因为它们不能被氧化以恢复容量。相反，长链多硫化物和溶解硫的还原对应于可逆容量缺陷。图 3.12c 显示了可逆和不可逆的多硫穿梭对电化学性能的容量缺陷模式的联合效应。根据电池操作条件，多硫穿梭现象导致的容量缺陷可以是反应限制或穿梭限制[48]。最后，考虑到化学氧化还原和物理化学限制的影响，基于原始孔隙率和硫电解质比的可行电极分类如图 3.12d 所示。图 3.12d 的示意图显示较低的硫电解质比和孔隙率导致较大的化学氧化还原限制，较高的硫含量与电解质和正极的化学和物理演变的限制有关。图 3.12d 确定了正极孔隙率和硫电解质比的最佳状态，其中包括来自这两种限制的边际贡献。对多硫穿梭效应的机制和相关电池性能影响的全面理解将为锂硫电池正极和电解质的系统设计提供重要依据。

3.3.3　聚合物电解质燃料电池

3.3.3.1　直接数值模拟

与宏观均匀方法中采用的体积平均法相比，直接数值模拟（DNS）模型成功地捕捉了孔隙结构的细节[56-58]。因此，在没有进行均匀化处理的情况下，通过实验成像技术或随机生成方法获得完全分辨率的多孔结构进行 DNS 是一种准确可靠的方法，可以研究微观结构对耦合的反应物相组分和电荷传输的影响。然而，与这些计算相关联的一个缺点是计算负载增加。此外，相较于传统的宏观均匀模型，DNS 模型通过融合精确的物理信息，并采用 Bruggeman 弯曲因子等经验性质关系，显著提升了预测精度。

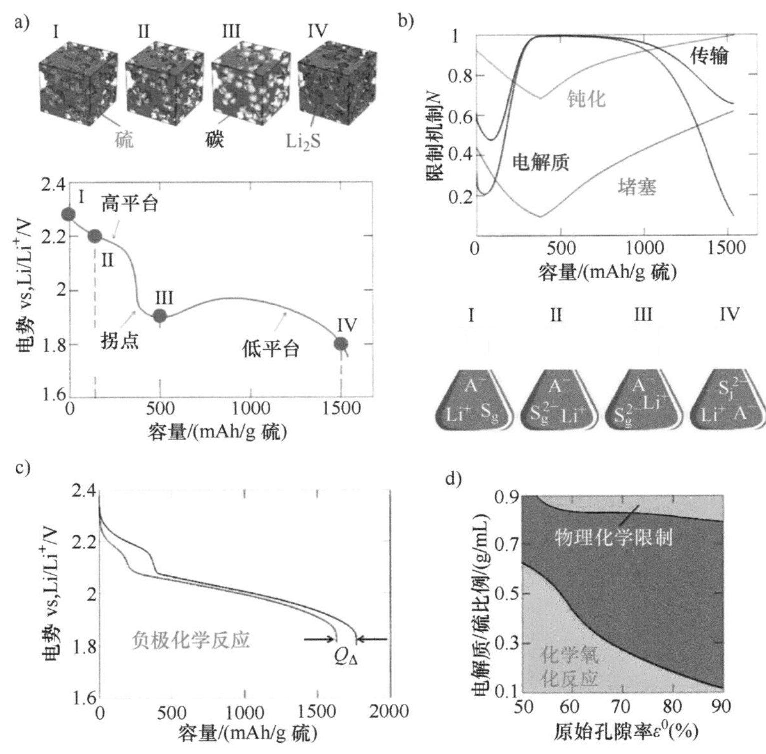

图 3.12　a）在 1C 下运行的碳硫复合电极的电池电势和相应的电极微观结构演变，该电极含有 20% 的硫和 80% 的原始孔隙率；b）电化学运行过程中不同限制机制的严重程度（经许可摘自参考文献 [47]，Copyright 2018，American Chemical Society）；c）基于化学氧化还原的衰减对电池性能的影响；d）基于化学氧化还原效应和物理化学限制的可行电极的划分（经许可摘自参考文献 [48]，Copyright 2018，American Chemical Society）

采用 DNS 实验成像和有效性质模拟可以协同运用，以揭示结构 - 传输 - 性质关系[59, 60]。该分析是基于从纳米级 X 射线计算机断层扫描（nano-CT）中提取的重构结构进行的，如图 3.13a 所示。灰色表示碳、铂和低于纳米 CT 分辨率的主孔，而明亮颜色则显示了符合 Cs^+ 离子强度的离子聚合物存在。大多数灰色表面周围有低强度的 Cs^+，说明膜覆盖效应。在图 3.13b 中显示了相应的固体和孔径分布情况。固体聚合物尺寸小于 1μm，并呈正态分布。类似地，孔隙相显示出对数正态分布，孔径在 1μm 以下。最短路径曲折度可视为传输曲折度下界，描述了从复杂多孔几何结构的入口到出口的可能渗流路径。图 3.13c 显示了孔隙和固体相沿着通道的最短路径曲折度值的分布。可以观察到，与固体相比，孔隙网络显示出更高的平均弯曲结构。

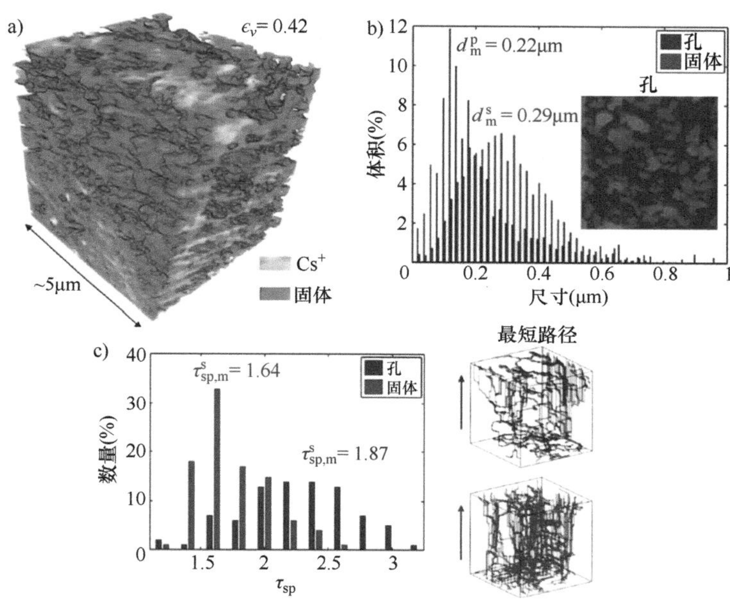

图 3.13　a）电极结构表征后的子体积揭示了 Cs⁺ 强度和孔隙形态，b）相应的孔和固体大小分布，c）计算出的最短路径和固体与孔相的弯曲度值（经许可摘自参考文献 [60]，Copyright 2017，IOP Publishing）

3.3.3.2　降解相互作用

只有当铂（Pt）催化剂的高成本得到降低，耐久性挑战得以规避时，PEMFC 技术的大规模商业化才能看到曙光 [61, 62]。耐久性问题与 PEMFC 在动态、启动 - 停止和怠速条件下的循环寿命相一致。在这种情况下，电化学活性区域（ECA）和有价值的催化剂损失会阻碍燃料电池的性能发挥。研究者已经共同努力来理解导致铂降解的基本机制，并提出有效缓解策略。最近综述文章详细讨论了可能出现于汽车运行环境中相关降解现象 [63, 64]。在此背景下，已确定一些触发机制如图 3.14 所示：①碳载体上 Ostwald 成熟，②导致聚集 Pt 聚合，③高还原电位下碳腐蚀诱导催化剂颗粒脱落，以及④ Pt 溶解，离子通过离子体相进行运输，随后再沉淀成膜。碳质材料氧化发生于高还原电位是有害的，因为可能导致 Pt 颗粒隔离和微观结构崩溃 [65, 66]，从而引起电池性能下降。在这方面需要拥有能够识别降解现象的模型以帮助做出明智决定。然后该计算能力可以与其他模拟电化学、水和热管理模型进行扩展，以获取关于催化剂层内连续发生多种传输过程的丰富信息。

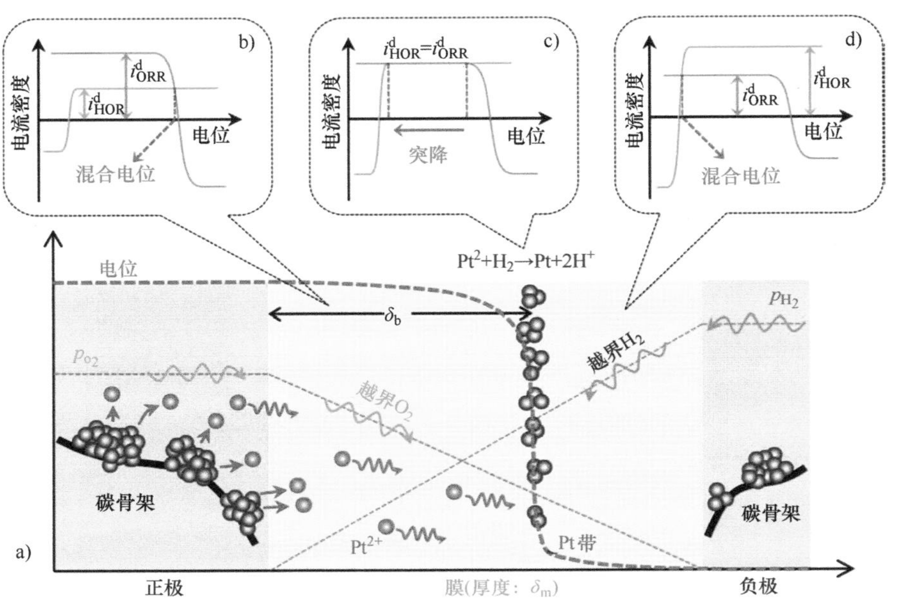

图 3.14　a）降解机制的示意图，导致膜中 Pt 带的形成，然后是对 HOR 和 ORR 电流的扩散控制混合电位分析，b）朝向 Pt 带的正极侧，c）在 Pt 带的位置，d）朝向 Pt 带的负极侧。其中，p_{O_2}和p_{H_2}分别为氧气和氢气的分压；δ_b 为 Pt 带在膜 -CCL 界面中的位置；δ_m 为膜的厚度；i^{d}_{HOR} 和 i^{d}_{ORR} 分别为 HOR 和 ORR 的扩散限制电流密度（经许可摘自参考文献 [64]。Copyright 2020，Elsevier）

方法

在模拟催化剂降解时所使用的模拟域本质上是伪二维的。它包括沿 x 方向（用下标 i 表示）的传输，其中有 N 个控制体积和离散直径格中的 y 方向（用下标 j 表示）。这些控制体积用 M 来表示。这意味着在催化剂层的每个位置 i（x 方向）都存在 M 个直径组。每个颗粒组的直径由 d_{ij} 表示，而氧化物覆盖率则由 θ_{ij} 表示。

经过长期循环，颗粒直径发生了变化，氧化物覆盖层的形成和去除是可逆的。其瞬态演化受到式（3.71）和式（3.72）的控制：

$$\frac{\mathrm{d}(d_{ij})}{\mathrm{d}t} = -r_{\mathrm{net,Pt}^2} + \Omega_{\mathrm{Pt}} \tag{3.71}$$

$$\frac{\mathrm{d}(\theta_{ij})}{\mathrm{d}t} = \frac{r_{\mathrm{net,oxide}}}{\Gamma} - 2\frac{\theta_{ij}}{d_{ij}}\frac{\mathrm{d}(d_{ij})}{\mathrm{d}t} \tag{3.72}$$

相关的热 - 动力学正向和反向反应速率是 Butler-Volmer 动力学的一个扩展，通过引入 Gibbs-Thomson 近似效果以适应颗粒直径不稳定性。

此外，溶解的 Pt^{2+} 离子在聚合物相中的扩散为

$$\varepsilon_{\text{ionomer}} \frac{\partial c_{\text{Pt}^{2+}}}{\partial t} = \nabla \cdot \left(\varepsilon_{\text{ionomer}}^{1.5} D \nabla c_{\text{Pt}^{2+}} \right) + S_{\text{Pt}^{2+}} \tag{3.73}$$

$$S_{\text{Pt}^{2+}} = \sum_{j=1}^{M} \frac{\frac{\pi}{2} (d_{i,j})^2 \text{Num}_{i,j} r_{\text{net,Pt}^{2+}}}{N} \tag{3.74}$$

式中，D 为 Pt^{2+} 在聚合物中的扩散系数。经过耦合求解式（3.73）和式（3.74），我们可以获得催化剂层中数量密度、颗粒直径的变化以及最终的电化学活性面积（ECA）。

代表性亮点

为了实现催化剂层的稳健性能，需要改善复杂材料相之间的相互作用 [67]。薄催化剂层本质上是非均匀的，因此，其内部发生的多种现象难以探测。近年来，聚焦离子束扫描电子显微镜（FIB-SEM）和 X 射线断层扫描等成像技术取得了实质性进展，有助于揭示微观结构错综复杂的排列方式。然而，在这种情况下存在一个限制，即难以识别催化剂颗粒上的离子聚合物层。通过明智地混合计算中的尺度形式，并将其与从断层扫描实验中获得的数据耦合，解决了这一问题。覆盖在铂碳界面上的离子聚合物被发现是本质上非均匀的，并且可以对其进行调节以实现适当的电化学性能。图 3.15a 显示了孔隙和固相的代表性体积微元（RVE），这些体积微元是根据不同阶段的碳腐蚀的 FIB-SEM 层析数据重建的（上行）。一旦获得孔和固相的排列，离子聚合物网络就可以基于物理的描述进行求解。已添加离子聚合物的样品如图 3.15a 的下行所示。

一旦掌握了复合微观结构的排列方式，将有助于深入理解会引发碳质材料的氧化反应并最终导致电极材料崩溃的碳腐蚀现象。因此，在考虑不断加剧的腐蚀程度时，我们建立了多种方案的重建结构，并提取出它们之间的结构 - 传输 - 性质关系。

为了研究碳腐蚀对电化学响应的影响，我们计算了原始电极和腐蚀电极的微观结构有效特性，并在图 3.15b 中展示 [68]。可以观察到，在老化环境中，微观结构会形成封闭或孤立的孔隙。我们引入了一个描述参数称为孔相连通性，它是电极孔隙度与曲折度之比。该参数进一步归一化，并以寿命开始（BOL）电极的连通性作为参考值。图 3.15b 显示随着腐蚀的发展，由于名义孔隙连通性降低，孔隙网络的卷曲的严重程度增加。此外，由于离子聚合物与碳重量比增加，形成了更厚的离子聚合物膜层。这反过来提高了老化催化剂层中的有效离子聚合物电导率。提取了结构 - 传输 - 性质关系后，可以通过图 3.15c 所示进行性能评估。观察欧姆区间突出显示，由于其增强的相应电导率，质子传输更好，与没有腐蚀的新鲜电极相比，立即腐蚀的电极（14%）表现更好。然而，由于死孔的形成以及较大的离子膜层的普遍存在，将导致质量输送效应的早期发生，使得腐蚀程度增加，因此氧的输送被设定为速率限制。

3.3.3.3　两相模型

格子玻尔兹曼方法（LBM）[50, 69, 70] 是一种介观技术，该技术基于动力学方程，采用自底向上的策略求解守恒方程。该方法已被广泛应用于模拟多相多组分流在多孔结构和流固耦合中的

作用，并有效捕捉界面现象。LBM 假设流体不是连续截止，而是由伪粒子集合而成，并在流动和碰撞步骤中进行演化。由于其天然并行性，LBM 适用于高性能计算，并且吸引了计算流体力学领域研究人员的广泛关注。

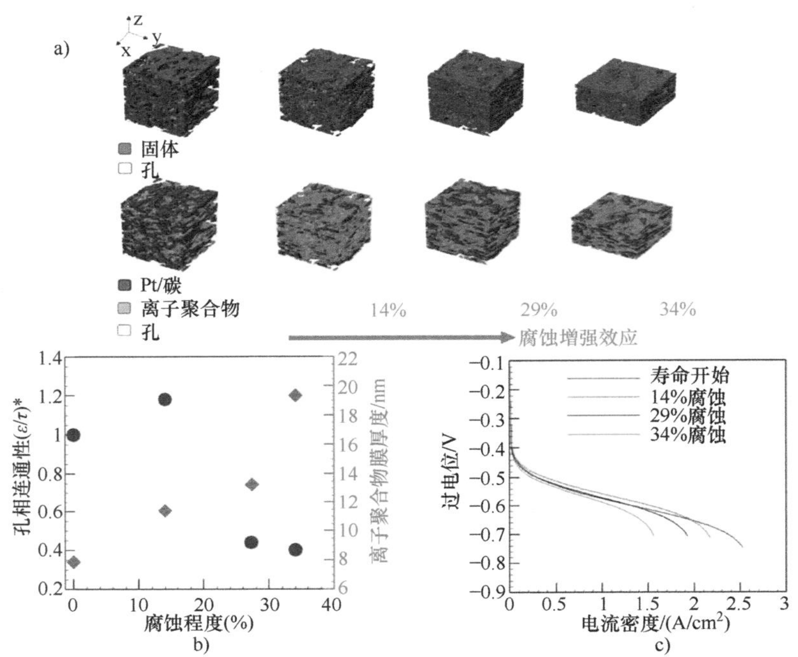

图 3.15 a）基于实验 FIB-SEM 层析信息（上行），重建了由孔和固体骨架组成的代表性体积微元（RVE），具有所需数量离子聚合物相（绿色）的复合电极（下行），b）随着碳腐蚀的进展，名义孔相连通性和离子聚合物膜厚度的演变，c）不同程度腐蚀电极的极化曲线 [68]（经许可摘自参考文献 [68]。Copyright 2020，The Electrochemical Society）

代表性亮点

可以利用 LBM 来解析 ORR 副产物对 CCL 和 GDL 微观结构中反应区域钝化和孔隙位点堵塞的影响。在图 3.16a 中，采用两相 LBM 模型研究了重构 CL 微观结构中液态水引起的淹没效应 [69]。通过这种分析，我们可以获得作为局部饱和度的函数的相对渗透率形式的两相统计数据。然后，我们可以将这些关系输入到宏观模型中，并描述质量输运系统中 CCL 电化学响应的特征。

在稳定状态下，随着 CCL 饱和度（小于 15%）的增加，液态水的三维分布如图 3.16a 所示。在 10% 饱和度限制下，液态水的渗流途径在 CCL 微观结构中并不明显，因此，相对于空气相，液态水的相对流动性可以忽略不计。然而，随着饱和度的增加，由于毛细力作用产生了一个良好连接的渗流路径。图 3.16b 展示了在 20% 饱和度下沿 CCL 厚度方向几个位置处二维液态水饱和度图。截面图表明由于几何形状被液态水填充，活性界面面积减少。这进一步突出了以动能损失形式带来的淹没效应的有害影响，这种影响可以通过精确的孔隙尺度模型来评估。

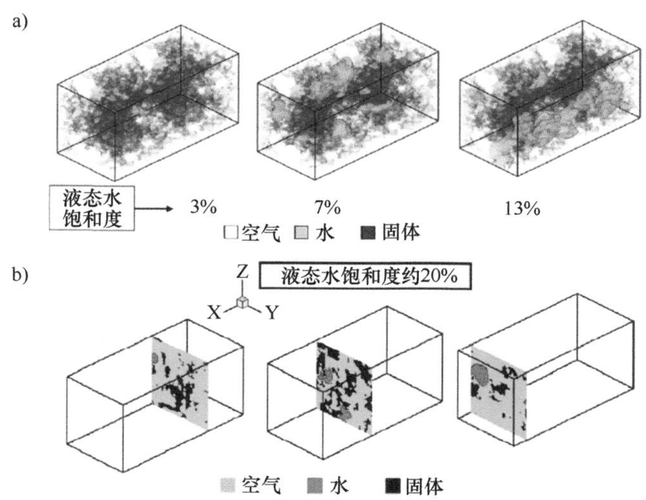

图 3.16　a）在不同饱和度水平下重建的 CCL 微观结构中的三维液态水分布，b）在饱和度为代表性的 20% 时，重建的 CCL 微观结构中不同位置的相分布的二维切片（经许可摘自参考文献 [69]，Copyright 2009，Elsevier）

从两相动力学的角度来看，通过在 CCL 几何形状中模拟不同毛细管压力下汞柱侵入孔隙度（MIP），可以对渗吸和排水机制之间的滞后现象进行建模[70]。对于这种模拟场景，我们设定了恒定压力作为入口边界条件，并在其他正交方向上设置周期性边界条件，而出口则没有通量边界条件。计算一直进行到系统达到稳态，一旦达到稳态，则采用之前的饱和曲线来模拟即将发生的侵入过程，并持续至 10MPa 以满足稳态要求。曲线中排水过程以相反方式获得，即液体从几何形状返回到薄膜中。这两个曲线之间的差异被称为毛细管滞后效应。在较低毛细管压力下，存在一个分界点将这两条曲线区分开来，如图 3.17 所示。作为普遍特征，在较低毛细管压力下观察到快速饱和上升（吸附过程），然后是渗透率迅速增加并最终趋于完全饱和状态。

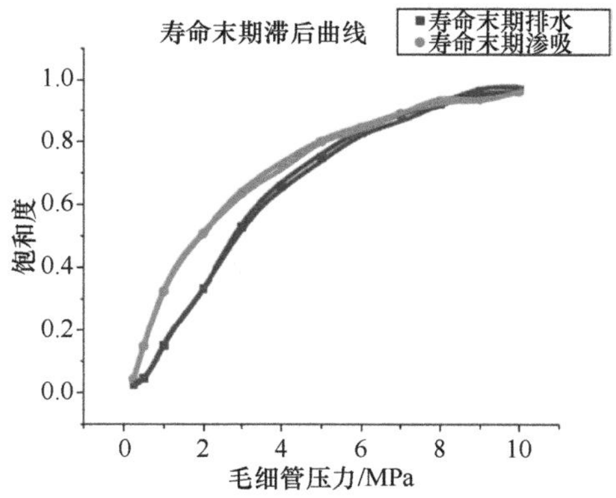

图 3.17　毛细管压力范围为 0.25 ~ 10MPa 的排水曲线和渗吸曲线之间的滞后效应。催化剂层几何形状由 FIB-SEM 层析成像数据重建（经许可摘自参考文献 [70]，Copyright 2021，IOP Publishing）

3.4 总结与展望

在前几节所介绍的各种电化学系统中，对于提高其性能和耐久性而言，深入解析发生的介观尺度络合作用至关重要。正如图 3.18 所示 [71]，介观尺度建模在时空尺度互联方面发挥着至关重要的作用，因此在推进电化学能源设备的科学和工程进展方面具有重要意义。

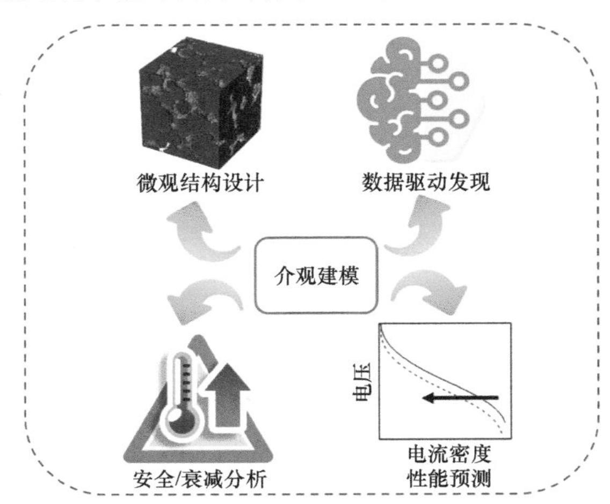

图 3.18 介观尺度建模范式的总体作用

物理化学相互作用的多尺度和多物理性质已经通过多种计算和实验技术进行了深入研究。然而，由于多孔反应器非常薄且参与机制的在线探测通常十分困难，因此介观尺度模型输入数据的可用性也受到限制。然而，最近出现了一些高分辨率和无损可视化技术（如 FIB-SEM 和中子成像），使得对电极微观结构扭曲情况的解析变得更加可靠。这些新进展为通过实验和介观尺度建模方法协同作用进行详细机制分析奠定了基础。一个典型例子是利用精确的介观尺度模型来解释 X 射线断层扫描实验所获得的水的瞬态分布，从而推动对 PEMFC 正极几何形貌下淹没动力学行为的理解。

实际上，介观尺度模型的预测还可以促进材料的发现和设计。高通量筛选和分子动力学模拟已被广泛应用于满足一些热门领域，例如锂离子、钠离子和镁离子电池等储能系统中稳定且安全的电解质发现。在这个计算框架中，值得注意的努力包括 Materials Genome Initiative[72] 和 pymatgen library[73] 的工作，它们可以显著加快材料发现步伐。对于电催化研究来说，介观尺度模型也可作为补充手段，以评估新型催化剂的功能和性能指标。这对 PEFC 在电气化领域的应用具有重要意义，并将其市场范围从乘用车扩展到重型车辆 [61]。此外，在合理设计电极结构使其产生优越的电化学系统响应方面，介观尺度建模范式是一个有价值的方法。例如，在锂离子电池中通过纳入通道来设计能量密集型电极，使得离子在传输方向上更容易移动 [74]。此外，在最近与制造燃料电池正极相关的研究领域中，可以利用碳支撑来消除离子聚合体恶化，并且可以智慧地结合实验 - 计算技术 [75, 76]。

安全性是另一个关键领域，其中介观尺度建模的结果可以为锂离子电池的发展带来丰硕成果。在滥用条件下，锂离子电池可能出现内部短路、热失控和隔膜熔化等热响应问题，并最终导致灾难性失效。多尺度模型结合到单体电池（如软包或圆柱形）尺度的微观结构信息，有助于理解其热特征并制定抑制触发机制策略。此外，基于 CFD 的综合热蔓延模型可确保电池包在关键方面具备安全性。

传统的宏观均匀模型忽略了电极微观结构的孔隙尺度特征。虽然先进的 DNS 模型已经克服了这种限制，但计算成本仍然是一个挑战。为了解决这个问题，电化学科学界可以借鉴成熟的 CFD 领域，通过使用具有预处理能力和并行化优势的鲁棒求解器方面获得助益。在此方向上，机器学习可以在加速科学发现同时降低计算需求方面发挥重要作用。这可以通过基于物理和数据驱动（统计）模型的智能混合构建一个降阶模型的基础架构来实现[77-80]。

致谢　感谢美国国家科学基金会（NSF grant:1805215）对本研究的部分经费支持。作者由衷地感谢美国机械工程师学会、美国化学学会、爱思唯尔出版社、美国电化学学会以及英国皇家化学学会，因为在本章中引用了这些组织期刊中相关文献所包含的图表。

参考文献

1. Liu Y, Zhu Y, Cui Y (2019) Challenges and opportunities towards fast-charging battery materials. Nat Energy 4(7):540–550
2. Choi JW, Aurbach D (2016) Promise and reality of post-lithium-ion batteries with high energy densities. Nat Rev Mater 1(4):1–16
3. Wagner FT, Lakshmanan B, Mathias MF (2010) Electrochemistry and the future of the automobile. J Phys Chem Lett 1(14):2204–2219
4. Whittingham MS (2004) Lithium batteries and cathode materials. Chem Rev 104(10):4271–4302
5. Armand M, Tarascon J-M (2008) Building better batteries. *Nature* 451(7179):652–657
6. Ahmed S et al (2017) Enabling fast charging–a battery technology gap assessment. J Power Sources 367:250–262
7. Fear C et al (2021) Mechanistic underpinnings of thermal gradient induced inhomogeneity in lithium plating. Energy Storage Mater 35:500–511
8. Kabra V, et al (2020) Mechanistic analysis of microstructural attributes to lithium plating in fast charging. ACS Applied Materials & Interfaces 12(50):55795–55808
9. Taiwo OO et al (2017) Investigation of cycling-induced microstructural degradation in silicon-based electrodes in lithium-ion batteries using X-ray nanotomography. Electrochim Acta 253:85–92
10. Zielke L et al (2015) Three-phase multiscale modeling of a $LiCoO_2$ cathode: combining the advantages of FIB–SEM imaging and x-ray tomography. Adv Energy Mater 5(5):1401612
11. Nelson GJ et al (2017) Transport-geometry interactions in Li-ion cathode materials imaged using X-ray nanotomography. J Electrochem Soc 164(7):A1412
12. Ebner M et al (2013) X-ray tomography of porous, transition metal oxide based lithium ion battery electrodes. Adv Energy Mater 3(7):845–850
13. Mistry A et al (2016) Analysis of long-range interaction in lithium-ion battery electrodes. J Electrochem Energy Convers Storage 13(3):37
14. Ji Y, Zhang Y, Wang C-Y (2013) Li-ion cell operation at low temperatures. J Electrochem Soc 160(4):A636
15. Mistry AN, Smith K, Mukherjee PP (2018) Secondary-phase stochastics in lithium-ion battery electrodes. ACS Appl Mater Interfaces 10(7):6317–6326

16. Mistry AN, Smith K, Mukherjee PP (2018) Electrochemistry coupled mesoscale complexations in electrodes lead to thermo-electrochemical extremes. ACS Appl Mater Interfaces 10(34):28644–28655
17. Chen C-F, Verma A, Mukherjee PP (2017) Probing the role of electrode microstructure in the lithium-ion battery thermal behavior. J Electrochem Soc 164(11):E3146
18. Vetter J et al (2005) Ageing mechanisms in lithium-ion batteries. J Power Sources 147(1–2):269–281
19. Barré A et al (2013) A review on lithium-ion battery ageing mechanisms and estimations for automotive applications. J Power Sources 241:680–689
20. Broussely M et al (2005) Main aging mechanisms in li ion batteries. J Power Sources 146(1–2):90–96
21. Yoshida T et al (2006) Degradation mechanism and life prediction of lithium-ion batteries. J Electrochem Soc 153(3):A576
22. Chen C-F, Barai P, Mukherjee PP (2016) An overview of degradation phenomena modeling in lithium-ion battery electrodes. Curr Opin Chem Eng 13:82–90
23. Petzl M, Kasper M, Danzer MA (2015) Lithium plating in a commercial lithium-ion battery–a low-temperature aging study. J Power Sources 275:799–807
24. Fan J, Tan S (2006) Studies on charging lithium-ion cells at low temperatures. J Electrochem Soc 153(6):A1081
25. Senyshyn A et al (2015) Low-temperature performance of li-ion batteries: the behavior of lithiated graphite. J Power Sources 282:235–240
26. Smart MC, Ratnakumar BV (2011) Effects of electrolyte composition on lithium plating in lithium-ion cells. J Electrochem Soc 158(4):A379
27. Bugga RV, Smart MC (2010) Lithium plating behavior in lithium-ion cells. ECS Trans 25(36):241
28. von Lüders C et al (2017) Lithium plating in lithium-ion batteries investigated by voltage relaxation and in situ neutron diffraction. J Power Sources 342:17–23
29. Ge H et al (2017) Investigating lithium plating in lithium-ion batteries at low temperatures using electrochemical model with NMR assisted parameterization. J Electrochem Soc 164(6):A1050
30. Wandt J et al (2018) Quantitative and time-resolved detection of lithium plating on graphite anodes in lithium ion batteries. Mater Today 21(3):231–240
31. Schindler S et al (2016) Voltage relaxation and impedance spectroscopy as in-operando methods for the detection of lithium plating on graphitic anodes in commercial lithium-ion cells. J Power Sources 304:170–180
32. Valøen LO, Reimers JN (2005) Transport properties of LiPF6-based Li-ion battery electrolytes. J Electrochem Soc 152(5):A882
33. Vishnugopi BS, Verma A, Mukherjee PP (2020) Fast charging of lithium-ion batteries via electrode engineering. J Electrochem Soc 167(9):090508
34. Verma P, Maire P, Novák P (2010) A review of the features and analyses of the solid electrolyte interphase in li-ion batteries. Electrochim Acta 55(22):6332–6341
35. Kotak N et al (2018) Electrochemistry-mechanics coupling in intercalation electrodes. J Electrochem Soc 165(5):A1064
36. Barai P, Mukherjee PP (2013) Stochastic analysis of diffusion induced damage in lithium-ion battery electrodes. J Electrochem Soc 160(6):A955
37. Guo M, Sikha G, White RE (2010) Single-particle model for a lithium-ion cell: thermal behavior. J Electrochem Soc 158(2):A122
38. Christensen J, Newman J (2003) Effect of anode film resistance on the charge/discharge capacity of a lithium-ion battery. J Electrochem Soc 150(11):A1416
39. Christensen J, Newman J (2004) A mathematical model for the lithium-ion negative electrode solid electrolyte interphase. J Electrochem Soc 151(11):A1977
40. Fang X, Peng H (2015) A revolution in electrodes: recent progress in rechargeable lithium–sulfur batteries. Small 11(13):1488–1511
41. Hagen M, Hanselmann D, Ahlbrecht K, Maça R, Gerber D, Tübke J (2015) Lithium–sulfur cells: the gap between the state-of-the-art and the requirements for high energy battery cells.

Adv Energy Mater 5(16):1401986
42. Wild M, O'neill L, Zhang T, Purkayastha R, Minton G, Marinescu M, Offer G (2015) Lithium sulfur batteries, a mechanistic review. Energy Environ Sci 8(12):3477–3494
43. Zhang SS (2013) Liquid electrolyte lithium/sulfur battery: fundamental chemistry, problems, and solutions. J Power Sources 231:153–162
44. Bruce PG, Freunberger SA, Hardwick LJ, Tarascon J-M (2012) Li–O 2 and li–S batteries with high energy storage. Nat Mater 11(1):19–29
45. Mistry A, Mukherjee PP (2017) Precipitation–microstructure interactions in the li-sulfur battery electrode. J Phys Chem C 121(47):26256–26264
46. Chen C-F, Mistry A, Mukherjee PP (2017) Probing impedance and microstructure evolution in lithium–sulfur battery electrodes. J Phys Chem C 121(39):21206–21216
47. Mistry AN, Mukherjee PP (2018) Electrolyte transport evolution dynamics in lithium–sulfur batteries. J Phys Chem C 122(32):18329–18335
48. Mistry AN, Mukherjee PP (2018) "Shuttle" in polysulfide shuttle: friend or foe? J Phys Chem C 122(42):23845–23851
49. Cano ZP et al (2018) Batteries and fuel cells for emerging electric vehicle markets. Nat Energy 3(4):279–289
50. Mukherjee PP, Kang Q, Wang C-Y (2011) Pore-scale modeling of two-phase transport in polymer electrolyte fuel cells—progress and perspective. Energy Environ Sci 4(2):346–369
51. Meng H, Wang C-Y (2005) Model of two-phase flow and flooding dynamics in polymer electrolyte fuel cells. J Electrochem Soc 152(9):A1733
52. Pasaogullari U, Wang C-Y (2005) Two-phase modeling and flooding prediction of polymer electrolyte fuel cells. J Electrochem Soc 152(2):A380
53. Pasaogullari U, Wang C-Y (2004) Two-phase transport and the role of micro-porous layer in polymer electrolyte fuel cells. Electrochim Acta 49(25):4359–4369
54. Wang Y, Wang C-Y (2006) A non-isothermal, two-phase model for polymer electrolyte fuel cells. J Electrochem Soc 153(6):A1193
55. Weber AZ, Darling RM, Newman J (2004) Modeling two-phase behavior in PEFCs. J Electrochem Soc 151(10):A1715
56. Mukherjee PP, Wang C-Y (2006) Stochastic microstructure reconstruction and direct numerical simulation of the PEFC catalyst layer. J Electrochem Soc 153(5):A840
57. Wang G, Mukherjee PP, Wang C-Y (2006) Direct numerical simulation (DNS) modeling of PEFC electrodes: part I. regular microstructure. Electrochim Acta 51(15):3139–3150
58. Mukherjee PP, Wang C-Y (2007) Direct numerical simulation modeling of bilayer cathode catalyst layers in polymer electrolyte fuel cells. J Electrochem Soc 154(11):B1121
59. Cetinbas FC et al (2017) Hybrid approach combining multiple characterization techniques and simulations for microstructural analysis of proton exchange membrane fuel cell electrodes. J Power Sources 344:62–73
60. Cetinbas FC et al (2017) Microstructural analysis and transport resistances of low-platinum-loaded PEFC electrodes. J Electrochem Soc 164(14):F1596
61. Cullen DA et al (2021) New roads and challenges for fuel cells in heavy-duty transportation. *Nature*, Energy:1–13
62. Weber AZ, Kusoglu A (2014) Unexplained transport resistances for low-loaded fuel-cell catalyst layers. J Mater Chem A 2(41):17207–17211
63. Prokop M, Drakselova M, Bouzek K (2020) Review of the experimental study and prediction of Pt-based catalyst degradation during PEM fuel cell operation. Curr Opin Electrochem 20:20–27
64. Ren P et al (2020) Degradation mechanisms of proton exchange membrane fuel cell under typical automotive operating conditions. Prog Energy Combust Sci 80:100859
65. Star AG, Fuller TF (2017) FIB-SEM tomography connects microstructure to corrosion-induced performance loss in PEMFC cathodes. J Electrochem Soc 164(9):F901
66. Young AP, Stumper J, Gyenge E (2009) Characterizing the structural degradation in a PEMFC cathode catalyst layer: carbon corrosion. J Electrochem Soc 156(8):B913
67. Grunewald JB et al (2019) Perspective—mesoscale physics in the catalyst layer of proton exchange membrane fuel cells. J Electrochem Soc 166(7):F3089

68. Goswami N et al (2020) Corrosion-induced microstructural variability affects transport-kinetics interaction in PEM fuel cell catalyst layers. J Electrochem Soc 167(8):084519
69. Mukherjee PP, Wang C-Y, Kang Q (2009) Mesoscopic modeling of two-phase behavior and flooding phenomena in polymer electrolyte fuel cells. Electrochim Acta 54(27):6861–6875
70. Grunewald JB et al (2021) Two-phase dynamics and hysteresis in the PEM fuel cell catalyst layer with the lattice-Boltzmann method. J Electrochem Soc 168(2):024521
71. Ryan EM, Mukherjee PP (2019) Mesoscale modeling in electrochemical devices—a critical perspective. Prog Energy Combust Sci 71:118–142
72. National Science and Technology Council (US). Materials genome initiative for global competitiveness. Executive Office of the President, National Science and Technology Council, 2011
73. Ong SP et al (2013) Python materials genomics (pymatgen): a robust, open-source python library for materials analysis. Comput Mater Sci 68:314–319
74. Amin R et al (2018) Electrochemical characterization of high energy density graphite electrodes made by freeze-casting. ACS Appl Energy Mater 1(9):4976–4981
75. Yarlagadda V et al (2018) Boosting fuel cell performance with accessible carbon mesopores. ACS Energy Lett 3(3):618–621
76. Cetinbas FC et al (2019) Effects of porous carbon morphology, agglomerate structure and relative humidity on local oxygen transport resistance. J Electrochem Soc 167(1):013508
77. Mistry A, Mukherjee PP (2019) Deconstructing electrode pore network to learn transport distortion. Phys Fluids 31(12):122005
78. Finegan DP, Cooper SJ (2019) Battery safety: data-driven prediction of failure. Joule 3(11):2599–2601
79. Gayon-Lombardo A et al (2020) Pores for thought: generative adversarial networks for stochastic reconstruction of 3D multi-phase electrode microstructures with periodic boundaries. npj Comput Mater 6(1):1–11
80. Kench S, Cooper SJ (2021) Generating three-dimensional structures from a two-dimensional slice with generative adversarial network-based dimensionality expansion. Nat Mach Intell:1–7

第 4 章　汽车用电池计算机辅助设计工具的开发

Taeyoung Han，ShailendraKaushik

摘要　为了加速安全、可靠、高性能和长寿命的锂离子电池包的开发，汽车行业需要计算机辅助工程（CAE）软件工具，以准确地模拟不同尺度下单体电池和电池包发生的多物理现象。为满足这一紧迫需求，通用汽车公司成立了一个 CAEBAT 项目团队，由通用汽车公司研究人员和工程师、ANSYS 公司软件开发人员、南卡罗来纳大学的 Ralph E. White 教授及其 ESim 团队共同组成。在 NREL 研究人员指导下，该团队合作开发了一个灵活的建模框架，支持多物理模型，并实现稳健工程的仿真过程自动化。团队取得的成就包括明确定义最终用户需求、对模型进行物理验证、建立电池老化和衰减模型，并提出新的多物理单体电池、模组和电池包的仿真框架。许多新功能和增强已经被整合到 ANSYS 商业软件中的 CAEBAT 程序中。

4.1　背景

该项目旨在开发单体电池和电池包级模型，以创建高效且灵活的仿真工具，用于预测电池在各种车辆运行条件下的多物理响应。与 DOE/NREL 合作，并与 CAEBAT 工作组进行紧密沟通，项目团队确定了最终用户需求和要求，并集成增强现有的电池子模型，开发了单体电池和电池包级软件工具，并通过实验测试验证了这些工具。软件集成重点是提供灵活建模选择阵列，以支持广泛应用，并在保证模型准确性和计算成本之间取得可控平衡。集成的电池设计工具捕获了相关物理特性，包括电化学、热学、流体力学和结构响应，重点关注电池内部和电池之间的非均匀性，这些非均匀性对电池性能和寿命有重要影响。在单体电池级别的任务中，ESim 基于等效电路模型（ECM）开发了一个寿命模型，并考虑到 SEI 的形成过程。模型中的半经验参数是通过通用汽车进行各种操作条件下循环寿命测试获得的。通用汽车公司工程师生成了测试数据库来验证标称热源模型以及单体电池和电池包层面上的电气和热学性能。ANSYS 提供了用户定义的接口，通过利用 NREL 开发的子模型，可以表示电极中的多种活性材料和多种颗粒的尺寸和形状。ANSYS 还创建了接口，使这些新工具能够与其他人开发的当前和未来电池模型相连接。

在电池包层面，集成电池设计工具已经通过创新的降阶模型的发展取得了显著进步。这些模型是从单体电池级模型中派生和校准，并通过实验数据进行了详细验证。ANSYS 结合了最新的电池建模研究进展，如 NREL 开发的 MSMD 建模方法。重点关注非专家用户的易用性，系统仿真和稳健设计优化工作流程实现了自动化。通用汽车公司为 24 个电池组成的模组和用于生产的电池包生成了包括电气和热学验证的物理验证测试数据库。通用汽车公司对这些工具进行了验证，并与测试数据达到令人满意的一致性。此外，通用汽车公司还成功地进行了带有内部短路故障的电池包的热失控模拟。随着这些设计工具有望在行业中快速推广应用，该项目将实现加快未来电动汽车电池创新和发展步伐的关键目标。

4.2 引言

单体电池级和电池包级设计工具开发是通用汽车公司 CAEBAT 项目的两个主要关注领域。项目团队与 NREL 协商确定并建立了最终用户需求，增强了现有的子模型，自动化了现有的工作流程，并最终进行了实验测试以验证这些工具。该团队还致力于创建接口，使这些工具能够与当前和未来的所有电池模型无缝交互。

在单体电池级设计工具开发中，重点是准确预测大尺寸锂离子电池的多物理响应。汽车制造商和电池供应商都充分认识到电池包热管理的重要性。温度对其性能、安全性和使用寿命方面起着关键作用，因此汽车制造商更加注重创新的热管理理念以减少温度波动，并将其保持在理想水平 25℃左右。目前，汽车制造商正在采用空气和液体加热 / 冷却热管理系统，但根据所使用的系统不同，非均匀温度分布可能会有所不同。无论如何，在电池包中出现非均匀温度可能导致模组间出现电不平衡问题，从而影响整体性能并缩短有效寿命。因此对于汽车制造商来说至关重要的是确保每个单体电池及整个电池包内各单体电池之间的温差达到最小化程度。如果温度过低，则会降低功率 / 能量提取效率并增加析锂等损伤风险；反之则会缩短寿命期限。该项目旨在开发一个可实现无缝连接电化学、热力学和结构响应之间联系的单体电池级模型。通过配备所提出的软件工具，工程师们可以评估设计参数对于总体性能的影响，即功率、容量、安全性、SOC、寿命状态，以及由于温度和电流密度的空间变化而导致的电池内部不平衡。虽然一维电极尺度模型有助于我们解析物理特征，如电化学动力学、锂扩散与传输机制以及电荷守恒与传输等；但三维模型则更适合探究整个电池包中温度和电流密度的空间变化，进而设计先进的冷却 / 加热热管理策略。该项目团队与 NREL 合作，在一维电极尺度模型与三维电池模型之间进行耦合。

电池使用寿命是电动汽车总生命周期成本中最大的不确定因素之一。尽管电池容量对时间、温度、电压、充放电循环数、电极微观结构和 DOD 存在复杂依赖性，但在现有的电池模型中常常被忽视。为了更准确地模拟电池老化和衰减过程，可以通过引入考虑了由于热和机械应力引起的机械退化和由于 SEI 形成引起的活性物质损失的模型来提高电极尺度的预测效果。针对单体电池级别，ESim 开发了一个实用寿命模型，该模型基于 ECM 并考虑到 SEI 的形成。模型的半经验参数从通用汽车公司工程师在各种操作条件下进行的电池循环寿命测试数据中得到验证。

另一方面，在电池包模型开发方面下，重点主要在改进电池包的热管理系统上。其主要目标是在 −40 ~ 50℃的各种环境下，将电池包中的单体电池平均温度保持在 25 ~ 35℃的最佳范围内。因此，电池热管理系统（BTMS）应能够有效实现这些目标。然而，在成本、功率、重量和体积方面，实现这些目标可能具有挑战性。通过提出的电池包软件工具，可以轻松有效地评估各种冷却 / 加热策略以进行权衡设计研究。这还将减轻对非常昂贵的硬件构建和测试迭代的需求，并用电池包级模拟取代之。

为了生成常见单体电池和电池包的几何形状，我们可以有效地利用现有的 CAD 模型。因此，在这项研究中，我们采用了 ANSYS 工作台，该工作台具备修改 CAD 图形和网格的功能。它能够处理复杂的三维单体电池几何形状，包括集流体极耳、封装材料以及周围冷却和结构细节。

为了求解单体电池或电池模组的电化学 - 热 - 流体行为，需要对由单体电池和冷却通道组成的模型进行完全离散化，并进行全面模拟，以提供模组中所有电池温度和电流密度在空间上的变化。然而，目前几乎不可能在计算资源方面将其扩展到汽车制造商可用的电池包级别。未来随着计算硬件特别是 GPU 以及基于 AI/ML 的降阶建模技术的进步，实施通常需要多个电池包级别模拟的最优 BTMS 任务，有望成为可行之举。

随着计算成本低廉的替代方案快速推动电池包创新，研究人员还依赖于电池包中电池的集总质量描述，并采用等效电路模型（ECM）进行电气和热模拟。然而，对于大尺寸电池在电池包中的集总质量描述可能无法提供足够细致的空间分布来准确理解温度和电流密度变化并有效指导电池包设计。为了充分发挥一维（集总质量）和三维全场模拟方法各自优势，在该项目中提出使用 ANSYS Simplorer 进行一维模拟，并借助 ANSYS Fluent CFD 工具包进行三维模拟。此外，通过开发创新的降阶建模（ROM）技术，在系统级仿真过程中能够以更低的计算成本运行全场仿真，从而实现高效系统级仿真而不损失精度。

经过通用汽车公司利用美国国家统计科学研究所（NISS）开发的数学模型进行的验证过程，严格验证和评估了单体电池级工具的准确性和实用性。利用通用汽车公司在项目期间生成的测试数据库，完成了标称热源模型、单体电池级和电池包级电气和热性能的物理验证。随后，在已知热源和边界条件下使用热特性数据，在多种 TMS（热管理系统）操作条件下对电池包进行模拟。通过计算流入和流出流体之间的焓差来估计电池包在使用过程中产生的总热量。根据单个电池以及其他电气和电子组件的特定热特性参数，推导出了电池包的比热容和导热系数。为了验证模拟结果，我们在每个模组中放置了多个温度传感器。总而言之，在该项目中，我们成功地通过测量数据对单体电池和电池包进行了有效验证。

单体电池级和电池包级设计工具的成功开发对于电动汽车下一代单体电池和电池包的设计至关重要。在这个项目中，通过实现降阶模型（ROM），电池包级设计工具的最新发展取得了显著进展。这些 ROM 使用单体电池级模型和实验数据进行了详细的验证。所有单体电池和电池包级别的最新研究和开发成果已整合入 ANSYS 平台中，为用户提供无与伦比的使用便捷性和工作流自动化功能，以实现稳健的设计优化。为了实现这个项目的主要目标，即加快未来电动汽车电池的发展步伐，必须在单体电池和电池包级拥有准确和快速运行的电池模拟工具。

4.3 电池仿真技术的发展

仿真软件开发面对的主要目标是汽车电池开发或 CAE 工程师，他们既不需要具备电池物理专业知识，也不需要成为仿真技术专家。该群体对于过程自动化和易用性给予了高度评价。次要目标是为专家提供便捷的访问功能，例如电化学子模型细节、数值求解控制以及 ROM 算法。其目的在于灵活支持一系列角色，包括电极组分研究人员、电池设计人员、电池包制造商以及汽车电驱动（EDV）系统集成商。

ANSYS 电池设计工具（ABDT）的开发是为了自动化和集成 ANSYS 工具，以实现对电池及其组件模拟的单一垂直应用，并具有即插即用功能。通过适当的简化，该工具解决的最重要的设计问题是预测和优化汽车锂离子电池的使用寿命。

在这种情况下，单体电池温度成为最重要的预测因素。以下是按照复杂性递增排序的 ABDT 的首要场景或用例：

（1）电池单点分析（快速电池限定条件研究）

该工作流的目标是在无传热条件下进行单点（有时称为集总或零维）电池电化学计算，以提供对电池规格设置和初步设计优化的粗略初步估计。

（2）电池冷却策略分析（单体电池级 CFD 分析）

该场景代表了基于计算流体力学（CFD）场模拟的主要单体电池级能力。

（3）电池包网络流动分析

基于流体流形几何和冷却剂流量的单一物理场景，用于确定电池包（或模组）内多个单体电池之间的准稳态流动分布。如果由于时间变化导致了显著且不切实际的流动不均匀性，或者通过 CFD 联合模拟将流形作为电池包级模拟的一部分进行计算，则此运行成为瞬态电池包模拟所必需的先决条件。

（4）无 ROM 的电池包级模拟

这个工作流程完全基于 Simplorer，使用系统模拟模型，在未进行特定模型系数调优的情况下，无需进行任何场景模拟。该基本场景是 ROM 实例化的先决条件。

（5）利用 ROM 进行电池包级模拟

这是最复杂的场景，也是 CAEBAT 开发的新技术取得最大突破的场景。它建立在上面其他模块中概述的工作流上。

图 4.1 概括了用例、方法和软件构建模块之间的映射关系。

4.3.1 基于 MSMD 方法的场模拟

热 - 电化学耦合电池建模面临多尺度和多物理性质的挑战。在锂离子电池中，负极和正极通常由涂覆在金属箔表面的活性材料构成，并通过聚合物隔膜进行隔离。制造单体电池时，可以将正负极和隔膜组成的三明治层缠绕或堆叠成卷绕或方形结构。基于物理原理的电池模型可能需要对负极 - 隔膜 - 正极三明治层甚至单个电极颗粒内部位置进行离散化处理。根据分析目标和约束条件，即使在求解单个电池单体时，明确考虑所有这些层也可能代价高昂，更不用说应用于电动汽车的整体电池包。

1	2	3	4	5	工具	方法
✔	✔	✔	✔	✔	ABDT	
	✔	✔	✔	✔	FLUENT	场模拟
		✔		✔	Workbench ROM Addin	流形ROM，单元ROM
			✔	✔	Simplorer	系统仿真，协同仿真
✔	✔	✔			DesignXplorer	设计优化

图 4.1　模拟工具和方法

为了处理多尺度环境中多物理的复杂相互作用，Kim 等人提出了一种名为多域多尺度（MSMD）的方法 [1]。在 MSMD 方法中，不同物理现象在不同尺度和不同域求解，并通过信息交换实现紧密耦合。MSMD 方法的一个关键思想是将电池视为连续各向异性的多孔介质，其电学行为可以由两个共存电势场表示。通过平均电解质和活性颗粒特性来获得多孔介质的有效传输特性。然后，在温度相同的网格上求解双电势场，并利用子尺度模型计算两个电势方程和能量方程的源项。这种模拟只需要解决热尺度而非每个三明治层，使得 MSMD 方法可以灵活适用于电池及电池包模拟。我们将 MSMD 框架应用于 ANSYS Fluent 求解器，并适用于圆柱形以及矩形 / 棱柱形电池形状因子；同时实现了 3 个电化学子模型，并将该方法扩展至电池包模拟。

4.3.1.1　MSMD 模型框架

尽管在实际情况中，正负电极占据多个分离的物理区域，但在 MSMD 方法中，假设它们同时占据整个电池的活性区域。为了准确预测平均热场和电场，我们使用了有效材料特性。通过解决两个电势方程（一个是正极集流体中的电势场，另一个是负极集流体的电势场）以及温度方程，在与电池尺寸相匹配的尺度上求解。能量平衡方程和电势方程为

$$\begin{gathered}\frac{\partial \rho C_{\mathrm{p}} T}{\partial t}-\nabla \cdot (k \nabla T)=\dot{q} \\ \nabla \cdot (\sigma_{+} \nabla \phi_{+})=-j_{ECh} \\ \nabla \cdot (\sigma_{-} \nabla \phi_{-})=j_{ECh}\end{gathered} \tag{4.1}$$

式中，T 为温度；ϕ_+ 和 ϕ_- 分别为正负极集流体的电势；ρ 和 C_p 分别为有效密度和比热容；σ_+ 和 σ_- 分别为正负集流体的有效电导率。需要注意的是，所有这些材料特性都是通过对组成材料已知特性进行平均评估得出的活性三明治结构的有效值。最终，j_{ECh} 为传递电流，$\dot{q}$为运行过程中的内部生热率。

$$\dot{q} = \sigma_+ |\nabla\phi_+|^2 + \sigma_- |\nabla\phi_-|^2 + \dot{q}_{ECh} \tag{4.2}$$

式中，前两项代表了正负集流体对欧姆生热的影响，而第三项则反映了电化学反应所做出的贡献。

电势能方程的边界条件如下所示：

$$\begin{aligned} \phi_- = 0, \quad n\cdot\nabla\phi_+ = 0, \quad &\text{负极极耳} \\ n\cdot\nabla\phi_- = 0, \quad &\text{正极极耳} \end{aligned} \tag{4.3}$$

式中，n 为单位法向量。不同操作条件下正极极耳的边界条件 ϕ_+ 如下：

$$\begin{aligned} &\phi_+ = V_{\text{tab}} && \text{如果电压是指定的} \\ &A_p n\cdot(-\sigma_+\nabla\phi_+) = I_{\text{tab}} && \text{如果电流是指定的} \\ &\phi_+[A_p n\cdot(-\sigma_+\nabla\phi_+)] = P_{\text{tab}} && \text{如果功率是指定的} \\ &\phi_+ / [A_p n\cdot(-\sigma_+\nabla\phi_+)] = R_{\text{tab}} && \text{如果电阻是指定的} \end{aligned} \tag{4.4}$$

式中，A_p 为电池正极的面积，V_{tab}、I_{tab}、P_{tab} 和 R_{tab} 分别为电池工作时正极的电压、电流、功率和外部电阻。外部电阻边界条件可方便地用于研究外部短路现象。

尽管热能方程在整个计算域内求解，包括流体流动的冷却通道，但两个电势方程仅需在电池发生电化学反应的活性区域内和在未发生电化学反应但允许电流流动的非活性区域（如极耳和母线）中进行求解，如图 4.2 所示。值得注意的是，在这些非活性区域中，转移电流密度 j_{ECh} 等于零。此外，需要注意，在单体电池层面上，在活性区域中，转移电流密度 j_{ECh} 和电化学热 q_{ECh} 是未知量，必须由电化学子模型提供相关信息。

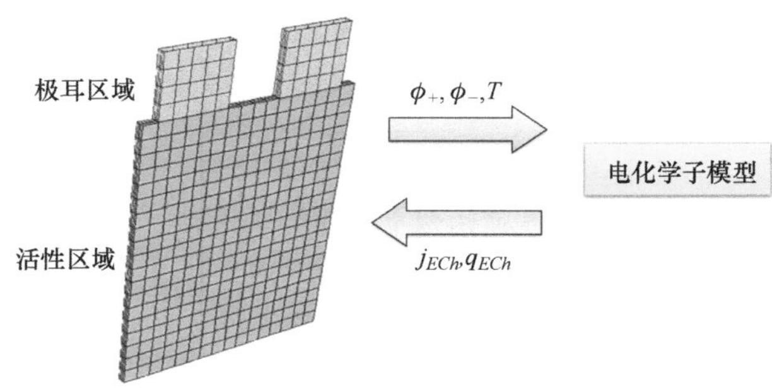

图 4.2　MSMD 方法的尺度耦合

MSMD 除了具有众多优点之外，其模块化结构也是一个重要的特点。这意味着可以根据应用需求即插即用任何电化学子模型。图 4.2 展示了大尺度模型和子尺度电化学模型之间的耦合关系。在这种 MSMD 方法中，CFD 模型中的每个网格单元被视为一个袖珍电池。在 CFD 仿真的每个时间步长内，局部温度和电势场会传递到电化学子模型中，以计算源项 j_{ECh} 和 q_{ECh}。

在学术文献中，可以找到多种电化学模型，它们在基础物理和经验主义之间取得了恰当的平衡。以下 3 个电化学子模型已被成功地应用于 ANSYS Fluent 软件 [2]：

- NTGK 模型 [3–5]
- 等效电路模型 [6]
- Newman P2D 模型 [1,7–9]

此外，专家用户可以利用用户定义的 E-Chem 模型选项将他们自己实现的任何电化学子模型连接到 ANSYS Fluent 的电池模型框架中。

4.3.1.2　CFD 模型与子尺度电化学模型的耦合

在计算过程中，每个流态迭代（用于稳定模拟）或时间步长（用于瞬态模拟）期间，在每个 CFD 单元中构建和求解一个电化学子模型。对于 ECM，这导致求解一组方程，包含一个代数方程和三个微分方程；而对于 Newman 模型，则可能需要求解数百个微分和代数方程的系统，具体取决于电极和颗粒域中使用的离散点数量情况。这给仿真带来了巨大的计算成本。

实际上，电流密度是相当均匀的。因此，我们可以将 CFD 单元分组成簇，并仅对每个簇求解一次子模型，而不是对每个计算单元都进行求解。

4.3.1.3　电池包模型

在许多工业应用中，电池以 nPmS 模式连接，其中 n 个电池并联为一段，m 个这样的段串联，形成模组或直接组成一个电池包。使用搜索算法自动确定 Fluent 求解器所需的电池连接信息。这使用户能够仅提供有关电池的活性区域、电池极耳、母线和系统极耳的信息，求解器将自动确定每个电池与其邻近电池之间的电气连接方式。

两个电势方程的求解是 MSMD 框架的本质。当仿真仅涉及一个单体电池时，正电势 ϕ_+ 可以视为正极集流体中的电势场，而负电势 ϕ_- 则可作为负极集流体的电势场。然而，在包含多个电池组成的电池包中，情况变得更加复杂。考虑图 4.3 所示的一个例子，其中 3 个电池串联。在这种情况下，第一个和第二个电池之间存在着正极极耳与负极极耳相连的关系，导致它们几乎具有相同的正负电势。因此，在仿真过程中需要将它们作为同一区域进行求解。然而由于实际不可能做到这一点，在对整个电池包进行仿真时无法使用这些特定位置上的电势值。此外，需要注意非活性区域只有一个特定位置上（例如极耳和母线）的电势被求解出来。

有趣的是，两个电势场 ϕ_1 和 ϕ_2 仍然可以用来捕捉电池包的电场，但它们不再作为集流体的电势场。相反，同一个电势变量可能表示某个电池正极集流体的电势或下一个电池负极集流体的电势，这取决于电池之间的连接性。

在图 4.3 中，我们使用红色和蓝色来区分不同的方程。通过引入区域“水平”概念，我们可以更好地进行记录，并标记哪个方程将由哪个区域求解。当存在活性区域时，会有两个“水平”，因此 ϕ_1 和 ϕ_2 都需要求解。然而，在非活性区域（如极耳、母线等）中，它们只属于一个水平，因此只需求解一个电势方程。ϕ_1 对应奇数水平的区域，而 ϕ_2 对应偶数水平的区域。例如，在 m 级电池串联时，会有 $m+1$ 个“水平”。每个水平都是孤立的，并且除了第一个和最后一个水平之间可能存在通量转移外，在相邻水平之间不存在通量跨界转移。相邻水平上的电势场仅通过方程中的源项耦合起来。为了编码方便起见，在所有导电区域中连续求解这两个电势方程。然而，在非活性区域中使用零电导率来模拟只需求解一个电势方程。

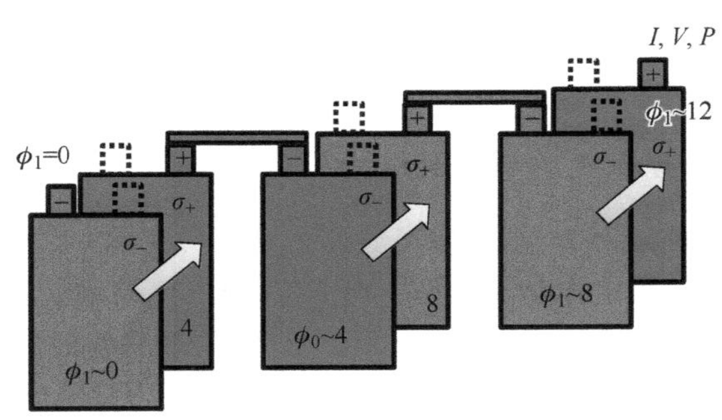

图 4.3　电池包内电势场的求解

4.3.1.4　电池包中的电池连接

电池包中的单体电池可以通过“真实连接”或“虚拟连接”进行互连。真实连接是指在模型中物理上求解并网格化的母线，而虚拟连接则是指在模型中未明确求解的母线或电池极耳体积。相反，互连信息由电池连接定义文件提供，并由求解器读取，从而为虚拟连接的每个单独的电池设置适当的电气边界条件。

使用虚拟连接节省了处理厚度较小且难以网格化的母线和极耳体积所需的时间和精力。然而，在这些未明确求解的体积中不考虑电阻和焦耳生热效应。

4.3.1.5　电池簇

虽然 MSMD 方法非常有效，但仍存在一些挑战，使其无法应用于大规模电池包模拟中。其中一个挑战是在三维热模拟中耦合复杂的电化学子模型，如 Newman 的 P2D 模型。在电化学子模型中，需要求解多个偏微分方程。如果每个 CFD 计算微元都调用该子模型，则高昂的计算成本使得该方法在单个电池模拟的实际应用都不可行，更不用说电池包 [10]。Guo 和 White 指出，在正常运行下，电化学反应在整个电池内均匀进行，并提出了一个线性近似模型 [11]。通过采用这一假设，可以将计算成本降低数个数量级，从而使得复杂的子模型能够在实际的三维电化学 - 热耦合模拟中更加可行。

ANSYS Fluent 提供了一种将 CFD 单元聚类成簇的工具。对于用户在 x、y 和 z 方向上分别指定的簇数 N_x、N_y 和 N_z，求解器将电化学域划分为 $N_xN_yN_z$ 个簇，并利用每个簇的平均值获得其解。当 $N_x = N_y = N_z = 1$ 时，Fluent 模型基本上简化为线性近似模型。

在单个电池模拟中运行一个时间步长时，通过采用电池簇方法调用 P2D 模型仅需约 1s，而采用完全耦合的方法可能需要数小时[10]。

4.3.1.6 电力负载曲线

在电池模拟中，电力负载类型可以通过电流、电压、功率或外部电阻来定义，并且这些类型都已经在单体电池模型中实现。用户在模拟中可以选择固定特定的负载类型和值，也可以动态地改变负载类型和值。

4.3.1.7 NTGK 和 ECM 模型的参数估计

NTGK 和 ECM 模型在本质上是高度经验性的。为了在仿真中使用它们，用户需要提供模型参数，即 NTGK 模型参数的 Y 和 U 函数，以及 ECM 模型参数的 R_1、R_2、C_1、C_2、R_s 和 V_{ocv}。这些函数通常是电池特定的。Fluent 提供了一个参数估计工具，用于从标准电池测试数据计算这些参数。对于 NTGK 模型而言，测试数据包括不同放电倍率下的电压响应曲线。对于 ECM 模型，则采用混合脉冲功率表征（HPPC）测试数据进行实验测量。

4.3.2 系统仿真

在许多情况下，电池包的完整 CFD 模拟是不切实际的。这是因为电池包所需的有限体积网格数量通常相当大。即使利用具备高性能计算（HPC）功能的集群，一个电池模组的场模拟可能需要数周时间。此外，大多数电池包由重复分层结构构成，包括部分、模块、单体电池和/或冷却通道。在某些电池包设计中，泡棉被放置于模组内部某些单体电池之间。这种情况使得基于域分解或“分而治之”技术的系统建模成为一种非常有用的方法。

4.3.2.1 系统仿真策略

CAEBAT 系统建模方法基于分治的概念，并结合了物理分离，如图 4.4 所示。

为了在系统仿真中实现自动化和灵活性的平衡，ANSYS 开发了一种分层软件方法。该方法类似于网格模板和 ABDT 的单体电池级方法。用户可以使用 ANSYS 系统仿真工具 Simplorer，通过一个高度自动化且直观的界面来构建和求解电池包的系统级模型，并可选择使用 CFD 模型和/或从 CFD 中提取 ROM 来表示电池包中的所选项目。

电池包的基本构建块，即单元模型（见图 4.4），是从用户库中检索得到的。需要强调的是，用户可以创建任何单体电池配置、冷却通道和其他项目，并将其存储为用户库中的新模板。为了能够由 Simplorer-ABDT 脚本自动执行，这些模型必须符合下面 4.3.2.2 节所解释的约定。

通常情况下，Simplorer-ABDT 脚本要求单元具备如图 4.5 所示的 4 个端口。其中两个端口为整个单元的正极和负极极耳，而另外两个端口则用于相邻单元之间的热路径。电池包级别的模拟不考虑流体压力降，因此单元模型中不包含任何液压端口。根据查表和用户指定的总电池包流量，脚本会自动分配冷却剂流量。

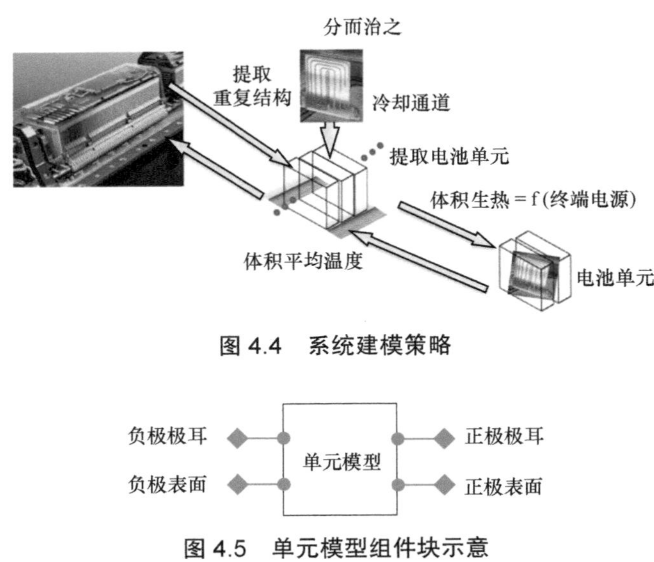

图 4.4　系统建模策略

负极极耳　　单元模型　　正极极耳
负极表面　　　　　　　　正极表面

图 4.5　单元模型组件块示意

表 4.1 总结了导致电池包内单体电池间温度变化的常见机制，以及在 ABDT 仿真工具中如何解决这些问题。

表 4.1　引起电池包温度变化的机制

单体电池平均温度 *T* 变化的原因	如何在 CAEBAT 电池包级工具中建模
非均匀冷却剂流动分布——无论是内在的流道设计还是由于微通道的异物堵塞导致	通过流动分布表封装在电池包模型中。可以通过场景 3 高度自动化
电池包内每个模组或其他结构末端的非对称传热	在自动创建电池包后，可以创建和实例化一个单独的“终端单元”模型，取代常规的对称单元
电池制造中的统计变化或离散缺陷（从细微到严重）导致非标称电阻和 / 或生热率	在自动创建电池包后，可以通过手动更新所选电池数据包含在模型中
电池在放电周期之间的平衡不充分，非标称 SOC 会产生不同的生热率	在自动创建电池包后，电池特定的初始条件，包括 SOC，可以通过手动更新输入

4.3.2.2　单元模型的定义和配置

系统仿真基本基于域分解的原理。在这个项目中，“单元”指的是电池包中可以通过“分而治之”策略重复实例化的基本元件。单元还允许将 CFD、ROM 和系统仿真组合在一起，以实现严谨和速度之间的灵活平衡。因此，对单元进行准确定义至关重要。

尽管在原则上没有限制，但最初的 CAEBAT 用户库的发展集中于通用汽车公司对电池配置最感兴趣的领域，以提供实用工具和演示。因此，第一个决定是研究线性排列的方形电池阵列，其中可能定义了单体电池之间明显通道来进行流体冷却，并沿其主要侧面区域延伸。即使在这个类别中，单体电池之间的两种连接也带来了挑战。决定流体 / 热路径的物理布局通常独立于单体电池的电连接，并且两者都可能在多物理仿真中起到重要作用。

为了应对这一挑战并展示方法的灵活性，我们提供了一个名为“存根库”的资源，其中包含图 4.6 中两个示意性单元模板，以进一步满足用户定制需求。

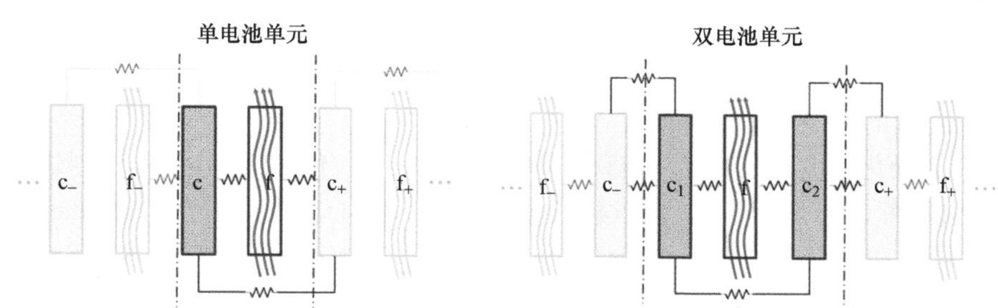

图 4.6 “存根库”中包含的单元模板

为了便于对流动分布应用流形 ROM 策略，每个单元都模拟一个单肋片 / 流体通道，在横截面草图中标记为（f）。当重复出现简单的 c-f 对时（典型气冷组件），可采用单电池单元方案。在液冷组件中，例如第一代雪佛兰伏特，两个电池（c）共享每个肋片，并存在 c-f-c、c-f-c 模式的双电池单元阵列结构。相邻单元部分通过“−”和“+”标签进行区分，在图中以灰色表示。下方所示电阻是指热阻而非电器上的电阻，并且采用额外的单体电池之间的导线表明母线的传导路径。

为了验证，通用汽车公司测试模组（详见 4.4.2 节）采用 12 对并联电池（2P12S），因此示例双电池单元使用了 2P 接线方案。

基于上述考虑和选择，Simplorer 的电池包创建脚本基于以下假设：

1）支持四层次结构（单元 / 组 / 模组 / 电池包）。如果未将电池包划分为独立的模组（或者研究单个模组），则可以将模组数量设置为一个。

2）每个单元可以容纳任意数量的单体电池，但如上所述，一个单元始终包含一个通道。

3）每个组件由相同的单元并联组成。

4）每个模组由相同的组件构成，并且这些组件之间也是串联的。

5）通过使用流形 ROM 技术，每个单元（因此每个通道）可能有一个独特的总冷却剂质量流量自动应用。然而，为了简化起见，假设通道入口处流体温度是全局时间相关参数，并且假定所有单体电池都具有相同温度条件。

6）冷却液在整个电池包中以完全并行方式流动，即当液体颗粒通过电池包时只经过一个通道。

根据这些假设，用户输入的连接方式可以简化为 3 个：

- n_M，电池包中的模组数。
- n_S，模组内串联的组数。
- n_P，组内并联的单元数。

根据用户的输入，包的简写符号为 $n_P Pn_M n_S S$（使用单电池单元）或 $2n_P Pn_M n_S S$（使用双电池单元）。

这些约定通过脚本保持了组件配置的灵活性，并将库中预配置单元与电气和热连接的变化隔离开来。上述假设可视为临时限制，在未来版本中或通过用户定制可以删除。重要的是，在执行脚本后，使用手动Simplorer建模能够提供更大的灵活性。作为一个主要的例子，c-f-c 和c-f存储单元模型的组合，通过手动向自动生成的脚本添加一个特殊的“端单元”，加了比肋片多一个单体电池的配置的创建（反之亦然）。

为了支持自动化的电池包级工作流程，脚本控制了一些自定义 GUI 面板的创建（通过标准的 Windows.NET 库，未显示），以接收特定电池输入。ABDT 脚本采用 IronPython 语言编写。IronPython 编译器和标准 C++ Simplorer 用户界面（UI）轮流访问和组装由 Simplorer 求解器求解的电池包级方程模型（“设计”）。

4.3.2.3　构建单元模型模板

有多种方法可以实现单元模型模板，每一种方法都具有其独特的优点。在 Simplorer 中使用标准的基本元件库（如电阻器、电容器等）能够充分利用稳健的硬连接 C 代码，从而提高计算效率，并且原则上减少了代码开发工作量。另一种方法是手动编写每个组件的 VHDLAMS 语言。尽管执行速度可能相对较慢，但它提供了摆脱 CAEBAT 应用程序中不需要的标准库组件所带来变量和计算问题的可能性。根据给定 ECM 解析式及其预期扩展，这种方法还促使了时间导数显式编码，这可能需要处理标准量的强烈非线性依赖，例如电阻与 SOC 之间的关系。Simplorer 中基本元件 VHDLAMS 库为这两种选择之间提供了良好的折中方案，因为标准库可作为起点，并且源代码是公开可见的，允许根据需求进行定制。

Simplorer Thermal 库能够将热行为集成到 ECM 中。换言之，脚本使用 VHDLAMS 库 / 物理域组件 / 热组件来模拟热行为，而不是采用虚拟第二“电路”来模拟热子模型。这减轻了脚本根据热电类比转换输入量的负担，因为求解器可以直接识别温度、热通量和相关属性。

1. 电气子模型

基于在 Fluent 中实现的相同的 ECM，用于单体电池级模拟的电气子模型是为单元模型模板开发的，并取自 Chen 和 Rincon-Mora 提出的概念[6]。该子模型融合了戴维南、阻抗和实时特性，以准确预测 *V-I* 曲线和瞬态响应。在参考文献 [6] 中对其进行了总结，并假设单体电池的自放电时间尺度远远长于仿真时间。电池负极和正极端子从左到右排列，两个 RC 网络被用来描述短期和长期瞬态行为。嵌入式电路中的电池电容通过“库仑计数”（即通过定义的安培计积分电池电流）跟踪 SOC，然后作为所有其他电路元件（包括开路电压源）表达式的输入参数。

一般而言，上述电路元件的数值通常与温度、放电倍率、SOC 和健康状态（SOH）相关。在参考文献 [6] 中，主要关注低速、低功耗电子产品的等温应用，并忽略了除 SOC 以外的所有依赖性。该模型基于 Fluent 实现，并匹配了参考文献 [6] 中记录的 21 个已发布的 SOC 曲线拟合系数，这些系数适用于 25℃下放电倍率低于 1C 时的 0.85Ah 圆柱形锂离子电池。这些拟合结果具有高度非线性特征；例如，开路电压 U（SOC）包含一个指数项和一个三阶多项式。通用汽车公司实验结果提供了更新的数值和扩展的函数关系，更适合于大尺寸电池和车辆应用。同时，在与该文献对比时，该单元模型通过简单地将电池容量的比例放大来近似一个更大的 24.3Ah 的电池。

该电气子模型的扩展是一个电池热源方程，如参考文献 [12] 所示。采用电池集成基础并适用于系统模拟，电池内的生热率或总生热率 Q，是不可逆电压差项和可逆（熵）项的和。

$$Q = I\left(U - V - T_{\mathrm{c}}\frac{\partial U}{\partial T_{\mathrm{c}}}\right) \tag{4.5}$$

式中，I 为电流（放电为正，充电为负）；U 为开路电压（基于电池平均 SOC）；V 为电池电压；T_{c} 为电池空间平均温度。

其他项在参考文献 [6] 中定义。与锂嵌入相关的熵热项在理论上还没有被很好地解析，但已知它是常规电池化学的 SOC 函数。历史上，它在实践中经常被忽略，但在（$U-V$）的量级相对较小时，它在低充放电倍率下显著。为了给用户提供一个起点和一个方便的模板，以便在未来包括特定材料的热力学，下列查找表（见表 4.2）被包括在基于非掺杂 $Li_yMn_2O_4$ 尖晶石正极实验测量的 ABDT 中[12]。

表 4.2　熵热项查找表

SOC	dU/dT_c/（mV/K）
1.00	0.22
0.82	0.22
0.56	0.05
0.47	−0.31
0.35	0.14
0.28	0.14
0.23	−0.03
0	−0.30

在双单元模板中（见图 4.6），电气子模型简单地复制到两个单元中，然后并联至各自的电气端口。

2. 热子模型

单体单元的热子模型采用了常见的两步法，这在传热文献中是一个典型示例（例如参考文献 [13]）。标准换热器方法[13] 被应用于计算复合肋片 / 流体区域的质量平均温度 T_{f} 与通道入口和出口处冷却剂温度：

$$T_{\mathrm{o}} - T_{\mathrm{i}} = \epsilon(T_{\mathrm{f}} - T_{\mathrm{i}}) \tag{4.6}$$

式中，有效性

$$\epsilon \equiv 1-\exp\left(-\frac{h_f A_f}{\dot{m} c_o}\right) \tag{4.7}$$

在上述公式中，换热器效率是实际传热量与最大可能传热量的比值。其中 h_f 为平均对流传热系数，A_f 为流道的润湿面积，$\dot{m}$为冷却剂的质量流速。电池主体大部分区域和肋片至表面的横向传导热阻可被视作相对忽略不计。

该模型将一些属性调整为采用伏特型棱柱式液冷布局，其中“肋片”（覆盖电池区域的带有微通道槽的铝片）的热量比其所含液体更为重要。对于其他可以忽略肋片质量的设计，图 4.6 中显示主体 f 变成了纯流体，并且可能可以使用简化的对流公式。在这种情况下（例如，风冷电池），用户可以轻松地通过 Simplorer 调整此模板，以创建和存储定制的单元模型。对于包含 CFD 或 ROM 单元的电池包级模型，以下数量将被报告：

（1）电池包级热均匀度度量

$$M(t)=\max_j\left\{\max_k |T_{c_j}-T_{c_k}|\right\} \tag{4.8}$$

式中，j 和 k 为电池索引序号。M 的历史曲线将被呈现，其时间平均值将被报告。

（2）电池包歧管出口的冷却剂温度

$$\overline{T_o}=\sum_j \dot{m}_j T_{o_j} / \sum_j \dot{m}_j \tag{4.9}$$

式中，j 为电池索引序号。$\overline{T}_o$的历史曲线图应被呈现，并报告其时间平均值。

（3）最不利情况下的时间和地点

$$T_{max}=\max_j\left[\max_k\left\{T_{c_j}(t_k)\right\}\right] \tag{4.10}$$

式中，j 为电池索引序号，k 为时间步长序号。脚本应报告 j、t_k 和 T_{max}。

（4）在报告中以表格形式列出电池包中每个单元的：

1）最终的电池 SOC 和电压。

2）电池温度的最小值、最大值和空间平均值。

3）通过通道（T_o-T_i）得到冷却剂温度的最小值、最大值和空间平均值。

4）电池产生热量的时间峰值速率和总时长积分。

4.3.3 降阶模型

正如先前在 ANSYS 电池设计工具（ABDT）中所述[14]，降阶模型整体功能的框架或“保护伞”包括图形用户界面层，它可以自动化和定制化电池模拟工作流程，并利用和增强了 ANSYS 的工作台以及其他现有商业产品。

场模拟和系统模拟，以及将它们结合在一起的创新方法，是我们集成的关键技术。协同仿真是指通过求解器之间的运行耦合来同时应用这两种方法。基于域分解，场模拟可用于处理电池包中的局部区域，以限制计算成本。

团队采用了多种 ROM 方法，包括对“单元”进行不同选择以及耦合各种物理策略。图 4.7 展示了通用的 ROM 策略，该策略允许用户在计算成本和精度之间做出广泛选择，以便进行权衡。

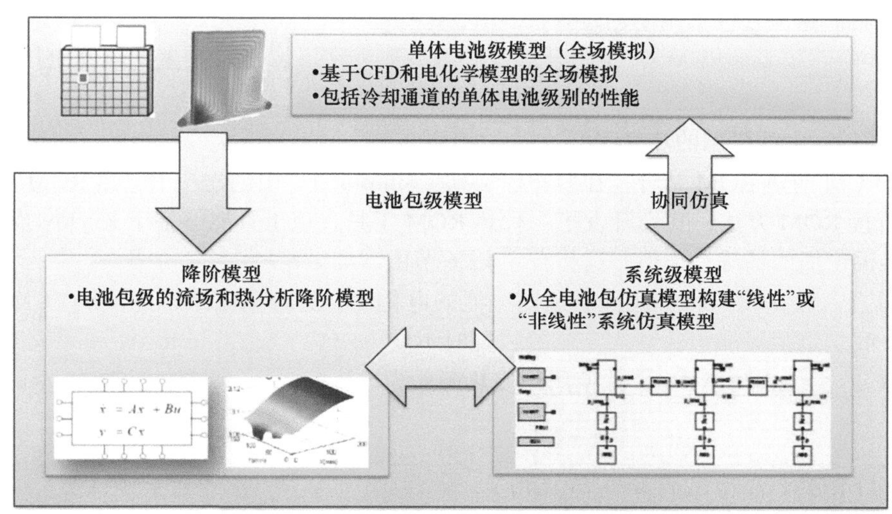

图 4.7　CAEBAT ROM 工作流

4.3.3.1　ROM 方法

在 CAEBAT 中，我们考虑了两种 ROM 开发方法。一种被称为黑盒方法，将底层物理及其内部状态视为黑盒，仅关注输入和输出响应。另一种被称为直接方法，在此方法中，求解器（Fluent）直接提供状态空间矩阵或其变化。以下是黑盒方法和直接方法的对比总结。

黑盒 ROM：

- 无法直接观测真实动态系统。
- 动态系统的识别依赖于一系列持续激励及其响应作为训练数据。
- 生成的 ROM 仅描述了动态系统输入和输出之间的关联。
  - 无法明确动态系统内部发生了什么。
  - 如果 ROM 是状态空间形式，那么状态没有物理意义。
  - 无法保证 ROM 可以预测动力系统在训练数据中没有包含的激励下的行为。

直接 ROM 或结合 CFD 求解器（Fluent）所提供的直接访问动态系统矩阵方法：

- 如果在状态空间形式下，则通过适当的投影矩阵，可以使简化状态达到底层动力系统的真实状态。

- 真实动力系统的几乎所有信息均可被恢复。
- 示例：基于 Krylov 投影的矩匹配 ROM。

4.3.3.2 系统建模方法中的 ROM

系统建模中 ROM 方法的总结如下：

- 运行电池包网络流量计算管道速度、压力和微通道的质量流率。
  - 将质量流量样本用于创建查找表 ROM。
- 建立电路模型（ECM），使用合适的参数提取方法后，计算产生的电池电压和（均匀）热源。
- 创建单元电池模型的热 ROM。
- 将 ECM 与热 ROM 结合，在多物理工具（Simplorer）中创建一个电热 ROM 单元。

通过直接 ROM 方法，我们开发了一种热 ROM 工具，该工具能够基于 Krylov 投影方法[15]提供对三维温度场的精确近似值。这将在 4.4.2.6 节中详细讨论。

通过黑盒方法，我们将非线性物理即电池的电化学行为分离出来，并使用 ECM 表示。在热部分中，我们近似为质量流量固定时的线性时不变（LTI）状态空间 ROM 和质量流量变化时的线性参数变化（LPV）ROM，并使用均匀热源作为系统输入。这些方法将在本章的不同部分进行讨论。

4.3.3.3 LTI ROM 自动化的开发与应用

LTI 自动化工具通过生成一组阶跃响应训练数据，并根据 ANSYS Fluent 基准进行验证，以满足规定的ROM质量要求。此外,LTI自动化工具还生成了一个Simplorer模型库（SML）文件，用于保存导入到 Simplorer 中的热 ROM 模型，并将其嵌入系统建模示意图中，为系统建模做好准备。

在我们开始总结自动化工具之前，我们介绍了在通用汽车公司 24 个产品级电池组成的模组上使用 LTI ROM 进行系统建模的应用。该模组内每两个电池单元之间都采用泡棉隔离。

4.3.3.4 LTI 热 ROM 在通用汽车公司电池模组上的应用

ECM R-C 拟合和参数提取由通用汽车公司使用标准的 HPPC 测量进行，并生成一组热阶跃响应训练数据。为了近似电池模组的电气和热行为，我们采用了结合热 LTI ROM 的 Simplorer 系统模型。同时，如果可能的话，我们还将结果与实际测量结果进行直接比较。图 4.8、图 4.9 和图 4.10 展示了带有 LTI 热 ROM 的系统模型与 Fluent 以及实际测量结果之间的对比。

对于生成电池的电压和热行为，我们将其结果与使用 CAEBAT 系统建模的 CFD 和测量结果进行了比较，并将 LTI ROM 方法应用于通用汽车公司的 24 个产品级电池组成的模组，结果一致。

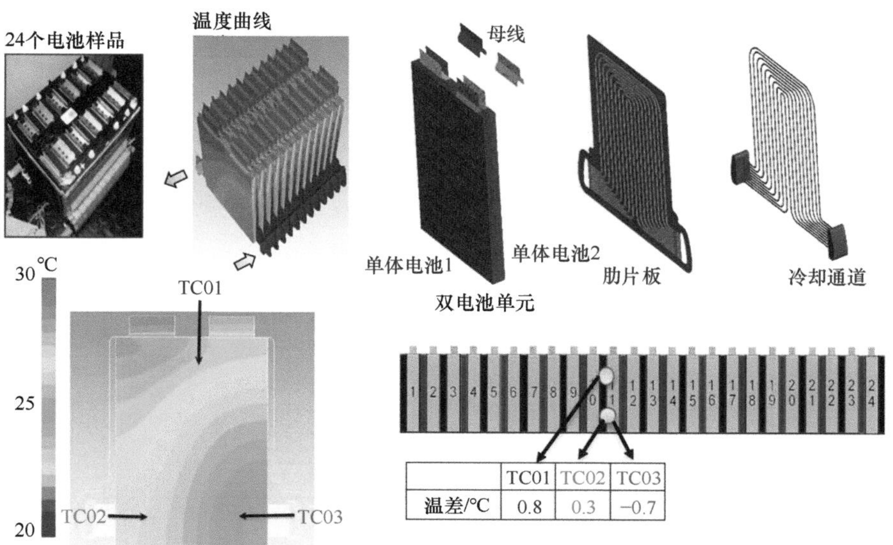

	TC01	TC02	TC03
温差/℃	0.8	0.3	−0.7

图 4.8　用于系统建模和 LTI ROM 验证的 24 个电池组成的模组

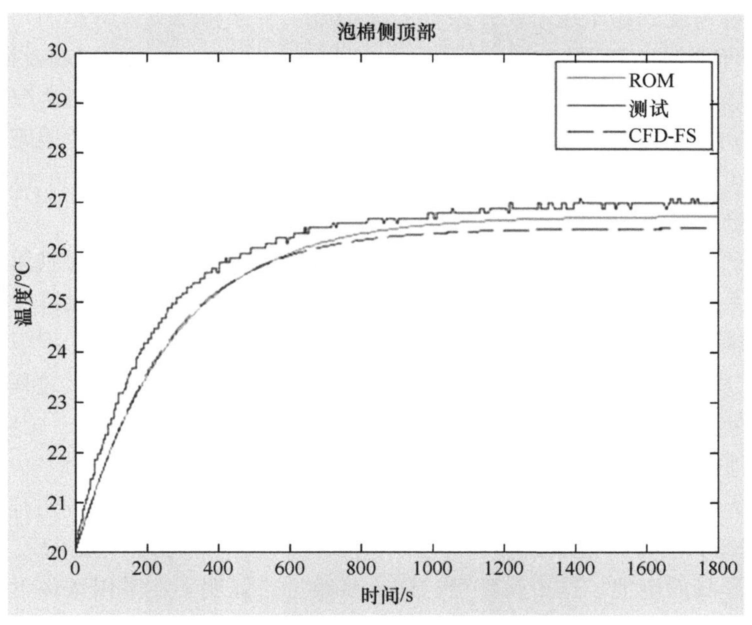

图 4.9　体积平均温度对比：泡棉侧顶部

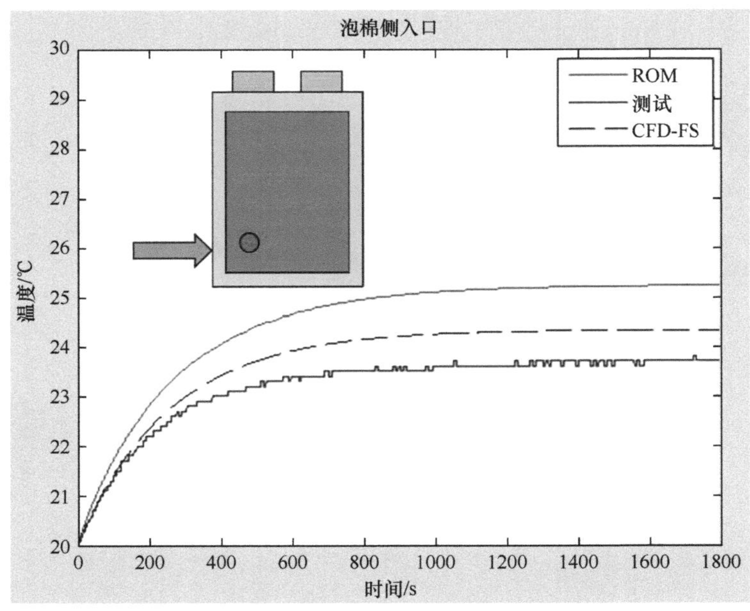

图 4.10 体积平均温度对比：泡棉侧入口

4.3.4 热滥用 / 失控模型

锂离子电池容易受到超出正常工作条件的极端电、机械和热负荷的影响，从而对可充电能源系统及其组件的安全构成威胁。通常情况下，控制系统会限制电池充电超过指定的电压上限。如果发生过度充电，可能导致电池过热并引发严重放热反应。在外部短路情况下，异常大的电流将通过电池流动，导致电阻加热和快速分解反应。由于锂离子电池所使用原材料存在制造缺陷，内部故障有可能发生。这些杂质可能触发内部短路，在正常充电操作中也会引起局部加热和分解现象，并最终导致失控性升温。

模拟可以为研究锂离子电池在滥用或缺乏有效冷却系统时的热行为提供无价的助益。通过将故障引入仿真系统模型中，并利用以前测试得到的测量结果对仿真结果进行验证，我们可以开发一个利用电池水平使用各种滥用条件进行的测试结果，并结合反应工程模型，开发一个在 ANSYS Fluent 实现的三维热失控仿真模型。通用汽车公司团队在模型开发过程中制定了设计和技术要求，因此最终工具所提供的特性可立即应用于产品开发工程师所需。这些 CAE 工具可用于评估和改善电池包在有或没有主动冷却条件下的滥用耐受性。

Hatchard 等人 [16] 提出了一个传热模型，考虑了电池在热失控过程中的焦耳热和参数与温度之间的相关性。Kim 等人 [17] 也提出了一个类似的模型，该模型考虑了化学反应所产生的热量，并适用于更一般形状的电池。这个模型经过进一步改进，证明了在滥用条件下（如内部短路事件）化学反应和相关热流的三维效应。Spotnitz 等人 [18] 将 Hatchard 的模型扩展到三维，并验证了不同尺寸电池的散热特性。此外，Smith 等人 [19] 开发了一个可以解决电池包中电池相互作用和热失控蔓延的模型。其他研究[20]致力于深入理解锂离子电池在内部短路期间的行为，包括对各种滥用反应分布以及电池内温度进行探究，以从电池安全角度更好地解析内短路现象。

基于物理原理的滥用模型在评估各种电池设计和化学品的安全性方面更加灵活。它们利用滥用动力学反应参数，如活化能，正极、负极、隔膜和电解质的反应热，并将其整合以评估单体电池级别的总体生热。这需要对电池组成和材料特性有深入了解，然而由于知识产权保护以及缺乏实验数据，OEM 无法轻易获取这些知识。本项目提出了一种半经验方法，使用通过加速量热仪（ARC）获得的生热率数据，并将该信息作为三维热连锁模型中单体电池的热源进行分配。因此，仅限于所选的电池设计和化学品才能进行热滥用评估，无法推广至其他情况。基于 ARC 数据获取动力学反应参数，在用户无法获得完整电池设计成分时具有实际优势。在典型 ARC 实验中，收集到从起始温度 T_0 到最终温度 T_f 随时间变化的电池表面温度数据（T vs t）。一旦滥用反应完成，假设由于分解反应产生的内部热量为零，则电池开始冷却下来。滥用反应起始到无回转点的确切时间可以通过监测温度变化速率来确定，即 dT/dt。此外，在达到起始温度 T_0 之前，默认忽略由分解反应产生的微小热量。图 4.11a 展示了与任何特定滥用模式和电池设计无关联的典型 ARC 温度数据；图 4.11b 显示了温度变化速率与电池温度之间的关系。

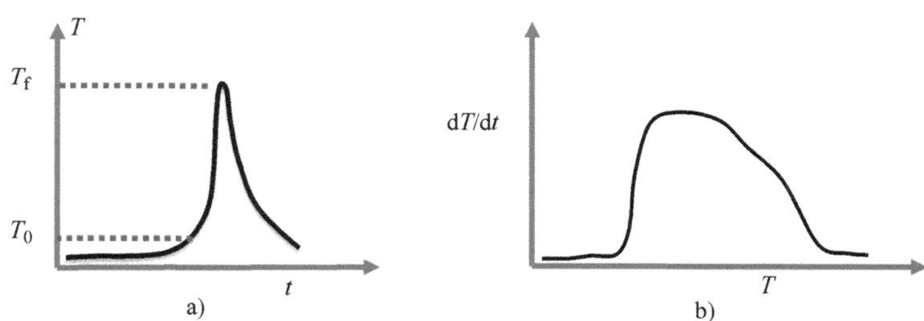

图 4.11　典型的 ARC 温度测量与自生热率

在 CAEBAT 项目中所采用的反应动力学模型基于 MacNeil 和 Dahn[21] 的研究成果。在固体材料中，热诱导反应使得反应物能够通过温度变化转化为产物：

$$\frac{d\alpha}{dt} = -k(T)f(\alpha) \tag{4.11}$$

式中，速率常数

$$k(T) = \gamma e^{-\frac{E_A}{T}} \tag{4.12}$$

此外，α 是反应物在时间 t 可用的比例；$f(\alpha)$ 是为在 ARC 中进行的特定滥用试验而推导的反应模型；γ 和 E_A 是阿伦尼乌斯参数（分别为指前因子和频率因子）。

一个普适的反应模型被提出，其数学形式为

$$f(\alpha) = \alpha^m (1-\alpha)^n (-\ln(1-\alpha))^p \tag{4.13}$$

在许多情况下，在校准模型时，将系数 p 设定为 0 似乎是足够的。

在 ARC 实验中，电池的自生热率为

$$\frac{\mathrm{d}T}{\mathrm{d}t} = -\frac{\mathrm{d}\alpha}{\mathrm{d}t} \cdot \frac{H}{C_{\text{total}}} = -\left(\frac{\mathrm{d}\alpha}{\mathrm{d}t}\right)\Delta T \tag{4.14}$$

式中，H 为电池在滥用反应中释放的总热能；C_{total} 为反应物的总热容；$\Delta T = T_{\text{f}} - T_0$ 为反应期间起始温度和终止温度之间的差。将上述方程合并可得到

$$\frac{\mathrm{d}T}{\mathrm{d}t} = (\Delta T)\gamma \mathrm{e}^{-\frac{E_{\text{A}}}{T}}\left(\frac{T_{\text{f}} - T}{\Delta T}\right)^m \left(\frac{T - T_0}{\Delta T}\right)^n \tag{4.15}$$

图 4.11b 中展示的 ARC 实验数据格式可用于使用任何标准统计软件技术和工具来校准反应模型参数 E_{A}、γ、m 和 n。一旦获得所有相关模型参数，三维 Fluent 模型中电池单元所需包含的热源即为

$$Q(T,t) = mC_{\text{p}}\frac{\mathrm{d}T}{\mathrm{d}t} \tag{4.16}$$

式中，m 是电池质量；C_{p} 是电池的比热容。在 Fluent 中实现这个提出的热源模型并不简单，需要使用用户定义函数（UDF）。例如，在一个电池包模型中为电池分配自定义热源，当反应完成后导致电池温度降至 T_{f} 以下时，模型可能会再次启动反应。换言之，反应进度 α 会突然增大，而这在物理上不可能。因此，仅将热源建模为温度函数是不够的；第二个变量 α 也必须被跟踪以确保反应进度在模拟过程中只从 1.0 到 0.0 一次性减少。因此，α 和 $\dot{Q}$ 通过如下方程耦合求解：

$$\alpha = 1 - \frac{\int_0^t \dot{Q}\mathrm{d}t}{mC_{\text{p}}\Delta T} \tag{4.17}$$

$$\dot{Q} = mC_{\text{p}}(\Delta T)\gamma \mathrm{e}^{-\frac{E_{\text{A}}}{T}}(\alpha)^m(1-\alpha)^n \tag{4.18}$$

在 Fluent 中，定义了两个用于调整和源函数的 UDF。此外，还创建了两个用户定义内存（UDM）来保存生热率 $\dot{Q}$ 和 α。为了将滥用动力反应模型参数输入到 Fluent UI 面板中，制定了一个方案文件。通过使用 UDF 并重新编译，可以覆盖该方案文件。这些 UDF 基于 C 编程语言，并允许用户自定义任何数值插入和标志。需要启动电池单元的热失控过程时，在 Fluent 中可以使用“Patch”函数将关注的电池温度设置为 T_0 以上，从而引发动力学反应。如果整个电池包的初始温度低于 T_0 且没有二次热源，则 α 保持为 1.0，而 $\dot{Q}$ 保持为零。或者说，只有当 α 不等于零时才能启动热失控过程。图 4.12 展示了 GUI 界面中方案文件实现情况的截图。需要注意的是，在这个框架中没有对排气、燃烧和火焰进行建模，并且排气的对流传热和质量平衡问题也未解决。具体涉及针刺、过充或外部短路等滥用条件和过程需要同时求解电学响应与热学响应。

经典电池级热滥用模型的运行时间仅为几秒钟，因其仅涉及能量方程求解而不包含任何流动计算。该滥用案例在先前被用于调优 MSMD 模型以模拟电化学行为的电池网格上运行。图 4.13 展示了典型的单体电池级结果。

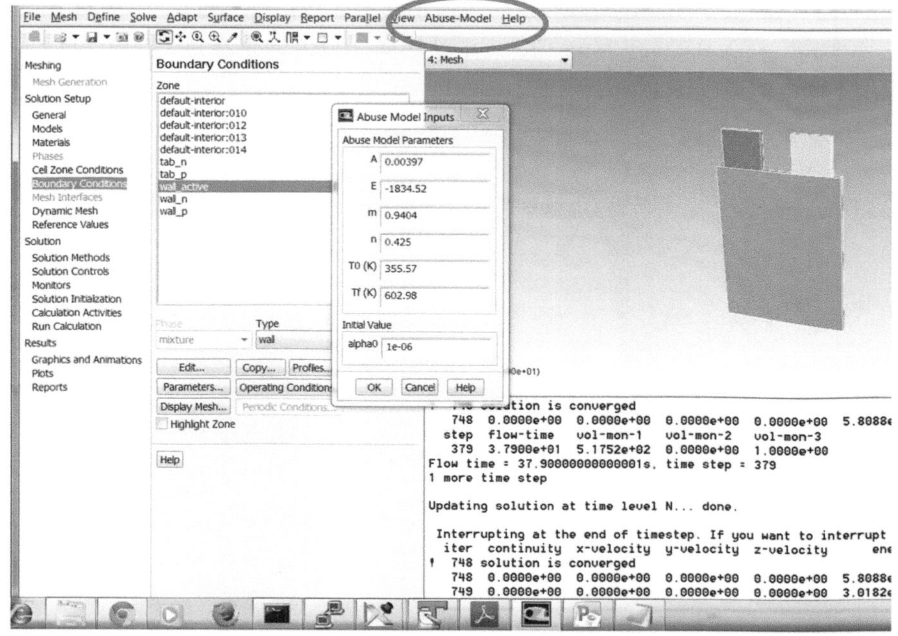

图 4.12　Fluent GUI 界面中的方案文件

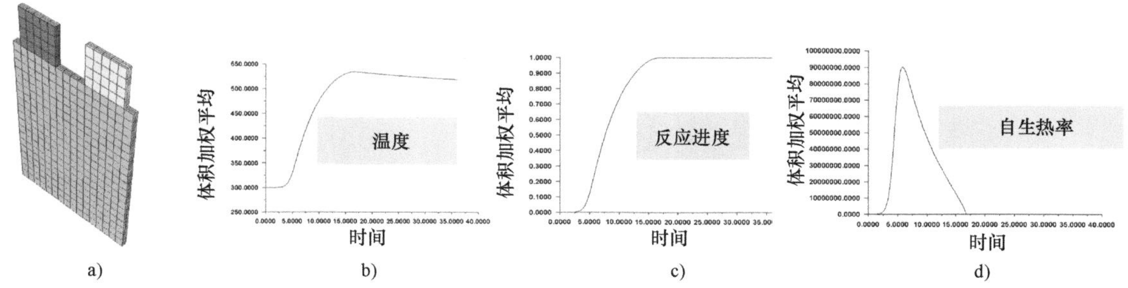

图 4.13　a）单体电池的有限元网格，b）温度，c）反应进度，d）自生热率

接下来，我们采用了一个 3 个电池串联的小型电池模组和 10 个电池组成的模组进行验证，以证明该框架能够实现超过单个电池的效果。为了启动反应，我们给予了模组中的一个单体电池较高的初始温度。然而，在模型中由于电池之间存在较大的空气间隙，并没有将热量传导到其他电池上。因此，在 10 个电池组成的模组中，我们对空气间隙进行了网格化处理并建立了热传导模型。得到的温度结果显示在图 4.14 和图 4.15 中。在这种情况下，通过电池极耳之间的热传递是最小的，并且我们使用热传递系数来建立了边界条件。

使用该模型可以研究空气流动对热连锁反应倾向的影响。最初，空气的流速为 0.0001m/s，以模拟无流动条件。在 10 个电池组成的模组中，电池 5 发生了热失控。然后，我们可以研究电池之间间隙中介质的热导率和流速对连锁反应速度的影响。考虑了两种流速，0.001m/s 和 0.2m/s，以及两种热导率，空气为 0.0242W/（m·K），电池之间任意传导介质为 2.42W/（m·K）。图 4.16 展示了模组中不同电池温度结果。

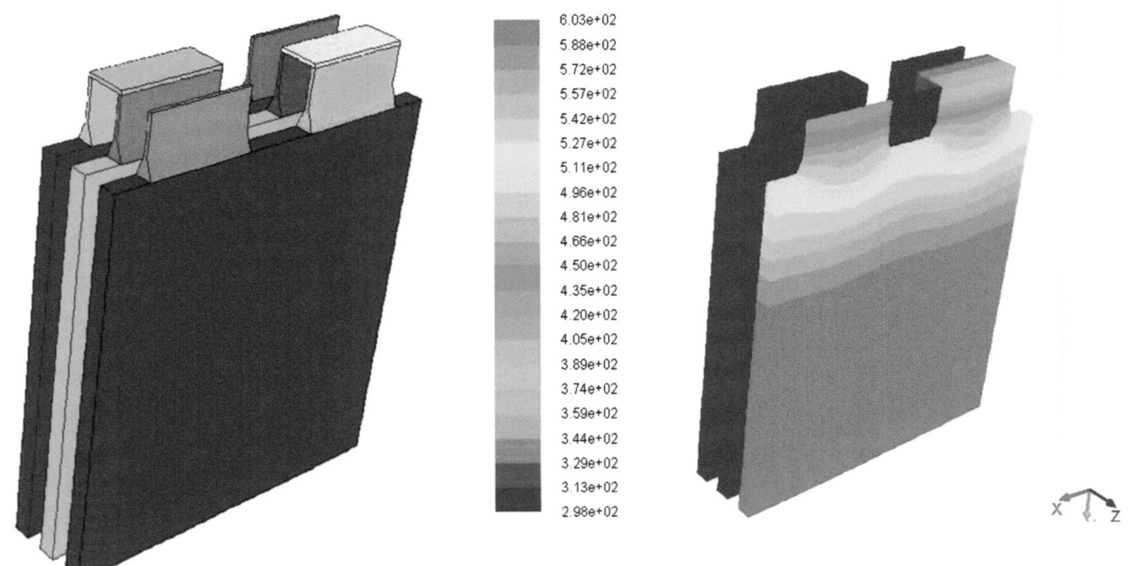

图 4.14 1P3S 电池布局的温度云图

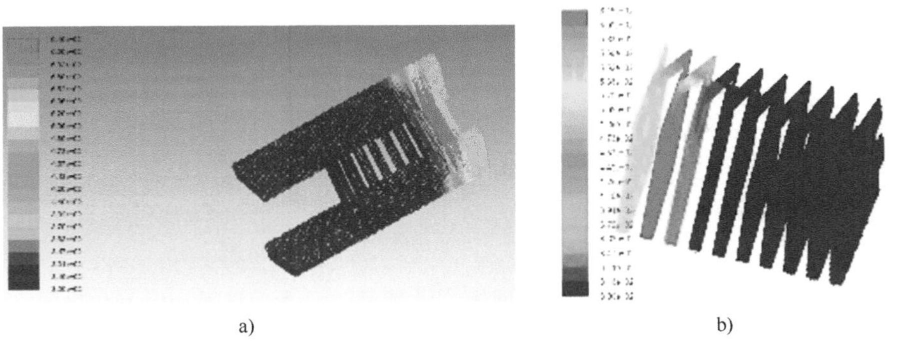

图 4.15 1P10S 电池布局的温度云图。a）空气网格，b）电池

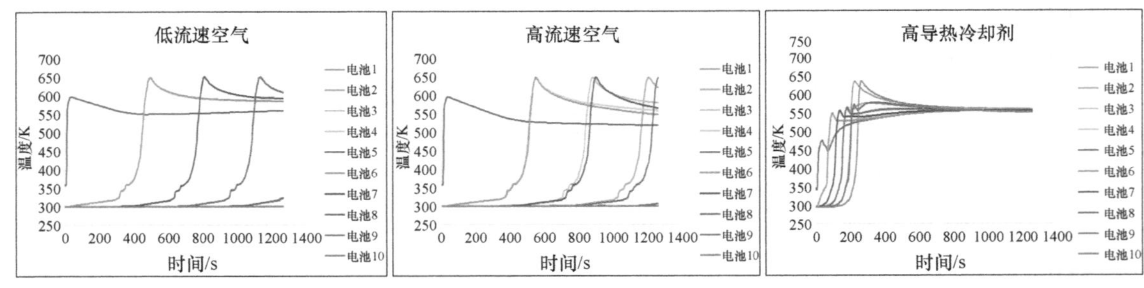

图 4.16 热连锁的灵敏度分析

总之，Fluent 中的 UDF 结构和实现即使对于基本没有培训的初学者也简单易用。将框架扩展到包括流体动力学和辐射传热在内的大型模组和电池包场景应该是相对容易的。在实际的电池包中，电池周围的框架和其他结构组成可能会为热连锁反应提供更多有效的传导路径。

4.4 电池测试和验证

4.4.1 单体电池性能测试和验证

4.4.1.1 验证和确认流程概述

在 CAEBAT 项目期间，通过严格的验证和确认过程，证明了 MSMD 单体电池级模型的准确性和实用性。我们提出了基于与 GM-NISS 合作开发的过程 [22, 23] 以及 ASME PTC60 指南 [24] 的电池多物理模型验证和确认框架。该验证考虑了与软件质量、编程错误、数值误差估计和求解收敛相关的问题。因此，验证工作在确认之前，并不需要依赖任何物理测试数据。

电池物理验证要求主要包括代码验证和求解验证。在代码验证中，我们将检查方程的数学正确性，深入了解用于实现该方法的具体算法，并通过文档、版本控制以及代码架构来进行软件质量保证反馈；同时还会使用特殊情况或简化偏微分方程的解析解进行基准测试。此外，我们还对量纲体系、电荷和质量守恒进行额外的一致性测试。在求解验证阶段，我们将研究模型输出与网格大小、微元类型和网格方案之间的收敛性关系；解析求解器对输入倍率和参数范围的限制；识别奇异性和非连续性问题；并标准化求解器中各项控制参数，如松弛因子和收敛标准等。

模型验证工作包括以下一系列活动：

1）指定模型输入和参数，并与相关不确定性和范围相关联。

2）确定评价标准或关注的响应量。

3）通过实验设计收集数据，包括计算机实验和物理实验。

4）近似的计算机模型输出。

5）将模型输出与测试数据进行对比。

6）将验证经验输入模型，以进行未来的预测。

输入材料特性和电池特定参数的特征与相关不确定性有关。收集输入参数时，我们通过文献综述、供应商数据和新的测量方法进行了调查。在进行实验之前，进行敏感度分析或筛选可以帮助我们避免测量与问题无关的参数。常见的测试数据包括电压与 DOD、耗散热和表面温度分布等指标。由于存在许多可变参数会影响电池性能，在物理实验中只有少数几个重要变量如充放电倍率、曲线以及环境条件被改变。偏差或模型形式误差作为模型输入参数的函数计算，因此最终的模型预测可以根据偏差值来调整任何未来未测试的条件。通用汽车公司已生成了一份包含单体电池级别电气和热性能物理验证的测试数据库。

4.4.1.2 单体电池性能测试设置和数据

温度和电压响应被选为评价标准。我们将使用 CAE 模型预测的这些响应量与相应的实验结果进行比较，以评估模型的准确性。电压测量是通过跨越电池的端子进行的，而温度监测则在项目中选择了方形电池的 7 个位置。图 4.17 展示了电池测试设置和传感器位置。为了控制环境条件并获得不同温度下的数据，我们将电池放置于一个环境箱中。

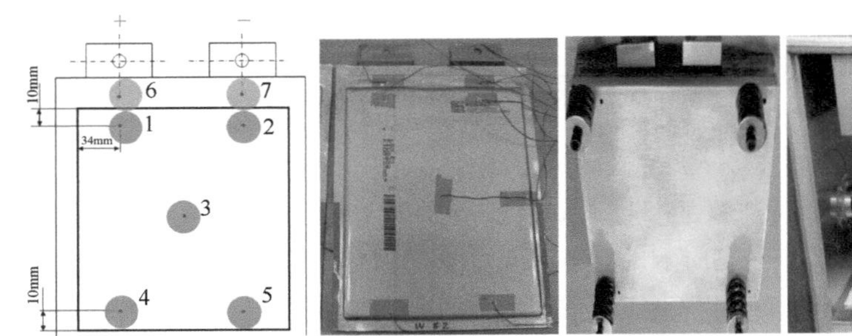

图 4.17 单体电池测试设置和热电偶布置

电池与充放电仪连接，实现不同倍率充放电，同时满足供应商规定的电压截止限制。当电池达到最小电压值时，它将保持静置（零电流），以便进行冷却。表 4.3 展示了基于不同环境温度和应用电流的物理实验设计矩阵。通过电池冷却曲线，我们可以推导出电池表面和环境箱中气流之间的膜对流传热系数（h_{film}）。然而，由于连接到极耳上的电缆可能会带走热量，因此对极耳的对流传热系数进行估计存在一定程度上的不确定性。

表 4.3 物理实验设计矩阵

情形	T_{amb}/K	电流 /A	h_{film}/ [W/（m^2 · K）]
1	253	12.06	25
2	253	7.46	27
3	275	45.08	26
4	275	14.8	25
5	275	7.44	18
6	297	60.19	25
7	297	45.08	25
8	297	15.08	23
9	297	7.54	23
10	312	60.19	23
11	312	45.7	23
12	312	15.08	20
13	312	7.47	16

图 4.18 展示了单体电池在循环和静置期间经历的各种热区域。Ⅲ区，即静置期间，用于计算传热系数。

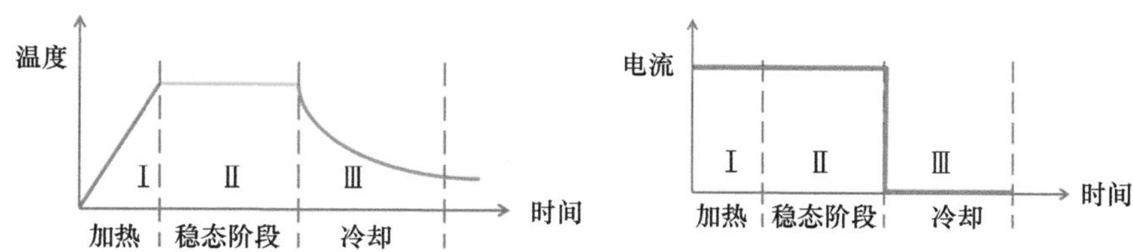

图 4.18　单体电池在各种热条件下的响应

在Ⅰ区，电池所产生的热量超过了散失的热量，因此由于热量积累导致电池温度上升。在Ⅱ区处于稳态条件下，散失的热量与产生的热量相等，从而使得热量不再积累。在Ⅲ区中，电池不会产生任何的热量，并且所有损失的热量都是由环境箱的对流冷却系统对电池进行冷却引起的。从数学角度来看，Ⅱ区过程可以被描述为

$$mC_{\mathrm{p}}\frac{\mathrm{d}T}{\mathrm{d}t}=-h_{\mathrm{film}}A(T-T_{\infty}) \tag{4.19}$$

式中，m 为电池质量；T 为温度；C_{p} 为电池比热容；A 为暴露在环境温度 T_{∞} 下的电池总面积。通过调整传热系数 h_{film}，我们对上述方程进行求解，并将其与测试冷却曲线（温度与时间）进行匹配。同时，我们在 ANSYS Fluent 模型中调整了类似的系数，并将其与测试数据相比较，发现结果与调优 h_{film} 的集总质量方法非常接近。

4.4.1.3　模型验证和输入不确定性

针对在 Fluent 中实现的 MSMD 模型的代码和求解验证，我们研究了导致提交任务失败的求解控制设置。因此，我们确定了平滑和求解器收敛所需松弛因子的可行范围。电流亚松弛因子应保持在 0.4 ~ 1.0 之间，在此范围外，收敛将在求解超出模型规定最大限制时仍无法实现。ϕ_+ 和 ϕ_- 的松弛因子可以维持默认值 1.0 不变。我们观察到即使在高倍率（20C）下使用 UDF、查找表格式或多项式函数来建立模型参数时，该模型仍然能够收敛。通过运行单体电池级模型并采用 3 种级别的有限元网格粗糙度，我们发现良好的网格收敛性，如图 4.19 所示。在 NTGK、ECM 和 P2D 模型中实现的数学方程根据文献进行了验证，边界条件进行了验证并记录，作为与 ANSYS 代码开发人员讨论的一部分。

在进行三维模型运行之前，存在一些无法确定或测量的模型输入值。例如，电池垂直平面的导热系数不仅会影响电池表面的温度分布，还会影响由于电池长宽比和极耳配置而引起的电流密度分布。图 4.20 展示了平面导热系数对电池热分布的影响。使用 7 个位置测量得到的温度点来调整 Fluent 三维模型中的导热系数。

垂直平面的导热系数的测量结果由单体电池供应商独立获得。此外，我们还利用文献数据、重复测量以及其他估计值来推导其他模型输入参数的数值，例如比热容、质量、标称放电容量和集流体电阻等。

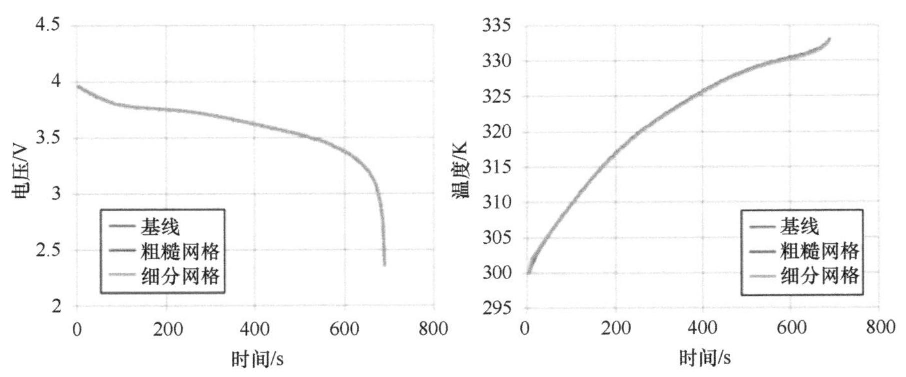

图 4.19　NTGK 模型的网格收敛性

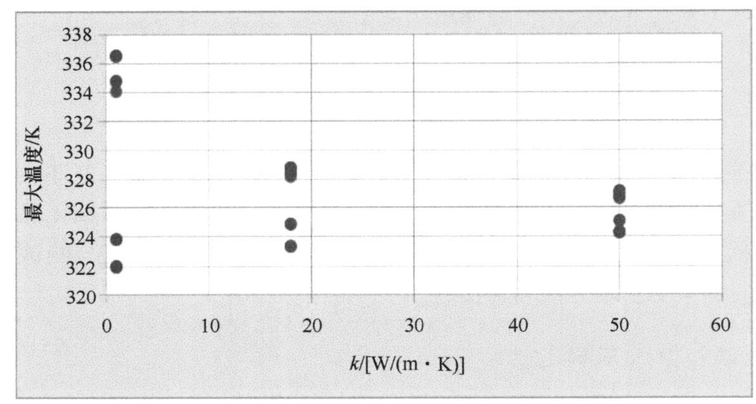

图 4.20　平面内导热系数敏感度

4.4.1.4　NTGK 模型仿真结果

NTGK 模型主要用于预测电池的热行为。模型参数 U 和 Y 需要根据在不同倍率、SOC 和环境温度下获得的电池电压数据进行校准。我们发现，使用八阶多项式函数可以更好地捕捉 U 和 Y 与 SOC 之间的关系。由于电压数据已经包含了对电池温度的影响，因此不必将 U 和 Y 作为环境温度的函数进行建模。因此，参数 C_1 和 C_2 在模型预测中没有被应用。对于该模型，仅对比了测试结果与仿真结果之间的电池温度差异，因为电压响应已经被用于估计模型参数，所以不能再次用于验证模型。图 4.21 展示了模型与测试平均温度（来自 5 个位置）响应之间的对比。

在整个实验过程中，DOE 矩阵所指定的环境空气温度并未完全保持恒定，这一点可以从放置在电池表面但不附着于电池的热电偶数据中观察到。循环过程中会出现 1.5℃的升温，这可能是通过对流导致电池升温。因此，与实验结果的任何差异都归因于模型输入的不确定性，在对模型的预测精度做出任何结论之前，必须适当考虑模型输入的不确定性。通过方差分析（ANOVA）对图 4.22 中所总结的不同 DOD、环境温度和倍率下的模型误差进行统计分析，结果表明，在较低的环境温度和较高的 DOD 下，模型误差（测试 − 模拟）较大。在 7 个不同位置的温度预测误差中观察到类似的趋势。

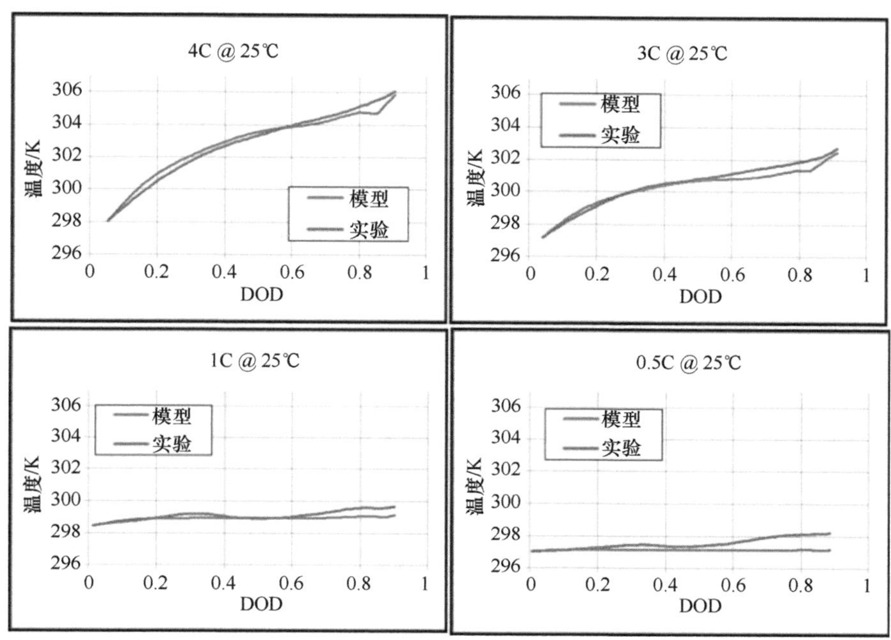

图 4.21　NTGK 模型与 25℃环境温度下的测试结果对比。在 −20 ~ +45℃的宽温度范围内也进行了类似的对比[25]

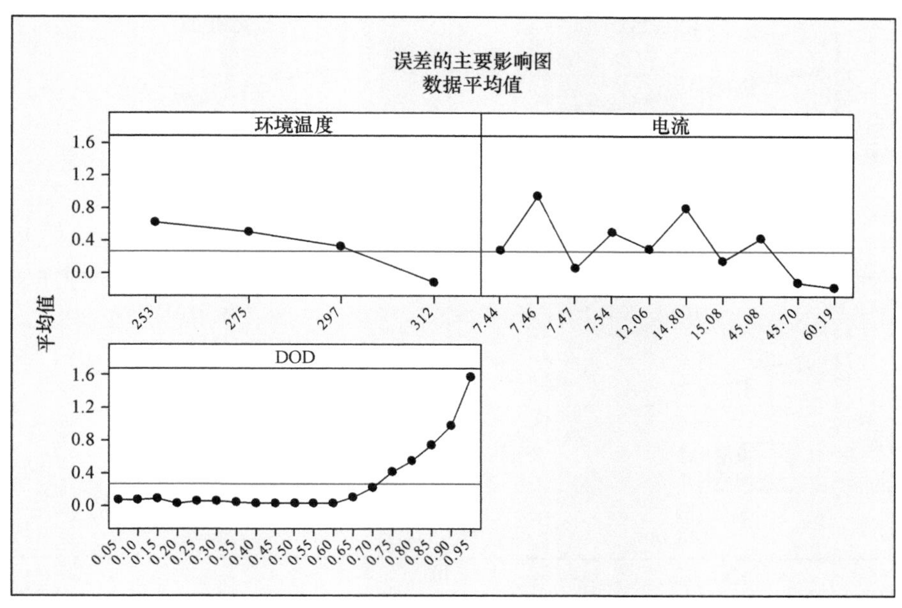

图 4.22　模型误差（平均温度）的 ANOVA 图

4.4.1.5 ECM 仿真结果

为了验证模型的准确性，我们建立了一个等效电路模型，如图 4.23 所示。在这个六参数或 6P 模型中，电阻、电容和开路电压参数通过对各种 SOC 和环境温度下的 HPPC 测试电压数据进行校准得到。脉冲测试通常以 5C 或 10C 放电倍率持续 10s，并在施加类似倍率的充电脉冲之前静置 40s。在脉冲测试后，我们以 1C 倍率放电直到 SOC 降低 5% 或 10%。与 NTGK 模型在循环过程中电池温度变化不同，这些参数在 HPPC 测试期间保持几乎恒定。因此，我们所估计的模型参数主要取决于环境温度和 SOC。

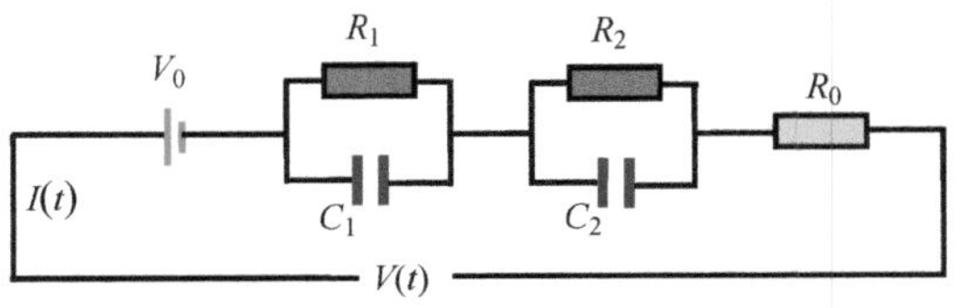

图 4.23　6P 等效电路

尽管充放电脉冲会导致不同的参数集，但本研究的验证案例仅针对放电情况。图 4.24a 展示了在 0℃条件下模型和测试平均温度（来自 5 个位置）响应的对比结果。类似的对比也在不同环境温度下进行[25]。图 4.24b 展示了选定温度下 ECM 模型的电压响应。

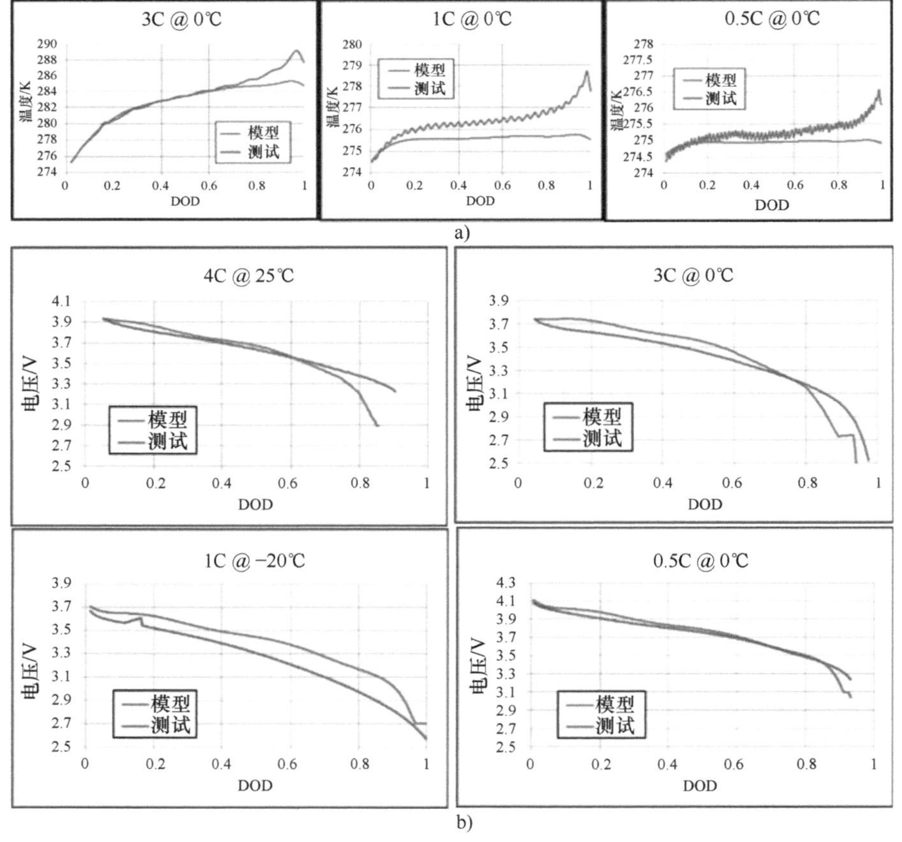

图 4.24　a）环境温度为 0℃下的 ECM 结果，b）电压对比下的 ECM 结果

由于实验过程中环境箱温度变化，在较低的倍率下，模型和测试温度之间的差异可能归因于测量误差。此外，根据通用汽车公司对测试电池以及类似电池的独立内部数据表明，通过 5C 脉冲得到的电阻远远低于 3C 或 1C 脉冲。在较低温度和更大 DOD 条件下，倍率对结果的影响尤为显著。因此，在 0℃和 −20℃环境条件下，从 HPPC 测试中计算出的电阻值可能被低估了，同时使用 P2D 模型进行了类似验证 [25]。

表 4.4 总结了各种单体电池子模型的校准和验证数据。从结果中可以清楚地看出，温度预测的准确性取决于电压响应与模拟和物理实验的匹配程度。

表 4.4　单体电池子模型

模型	校准数据	验证数据
NTGK	不同环境温度下恒定放电电流的电压曲线	电池表面温度测量
ECM	不同环境温度下 HPPC 测试电压曲线	电池表面的端电压和温度测量
P2D	不同环境温度下 HPPC 测试电压曲线	电池表面的端电压和温度测量

除了选择模型形式或特定的电池子模型之外，参数估计和相应的置信区间对于模型验证和与测试数据对比至关重要。尽管模型的平均表面温度与 5 个热电偶数据的平均值非常吻合，但模型未能准确捕捉到实际温度分布和梯度。在模拟中，可能没有充分考虑平面导热性边界条件以及实验中极耳连接的影响。所有 3 个电池子模型为满足电池热管理需求提供了良好的物理耦合框架和平台。

4.4.2　模组 / 电池包级验证

场仿真方法直接求解整个模型的流量、能量和电化学控制方程，提供了最高空间分辨率的解决方案。然而，这种方法最耗时且资源密集。鉴于当前计算资源的限制，需要场仿真加快计算效率并处理各种车辆行驶循环中的瞬态问题。

4.4.2.1　场仿真测试案例

为了展示场模拟能力，通用汽车公司团队决定采用一个由 24 个电池组成的验证电池模组进行实验，如图 4.25 所示。该模组由通用汽车公司制造，旨在研究电池包在开发早期阶段的行为。由于这是一个学习原型模组，该模组的特性得到了很好的理解。该学习原型模组的目标是研究液体冷却设计在不同驾驶循环下的冷却性能，并提供详细的热数据，使其成为验证 CAEBAT 电池包级软件工具的理想选择。

24 个电池组成的验证模组由 12 个重复单元组成。每个单元包含两个软包电池和电池间的带有微通道的液冷肋片。此外，每个单元还配备了连接器 / 母线和两层泡棉，以提供绝缘并隔离相邻单元。图 4.26 展示了单元的示意图。在电路中，两个单体电池并联在一个单元内，并且多个这样的单元串联形成 2P12S（2 并联，12 串联）配置。

如图 4.26 所示，在两个电池之间设置了液冷肋片。图 4.27 展示了液冷肋片的示意图。与典型的冷却肋片相似，液冷肋片旨在消散相邻电池产生的热量，并将其传导到周围环境中。不同于传统的肋片设计，液冷肋片利用高导热性固态板和内部冷却剂对电池产生的热量进行对流传递。通过几个微通道，强制使液体冷却剂在液冷肋片中流动。目前的液冷肋片设计通过对流传热增强冷却性能。采用微通道设计以保持电池处于最佳温度范围，并进一步提高温度均匀性。为确保肋片和相邻电池之间的良好接触，将液冷肋片压紧在两个电池之间。

图 4.25　24 个电池组成的验证模组

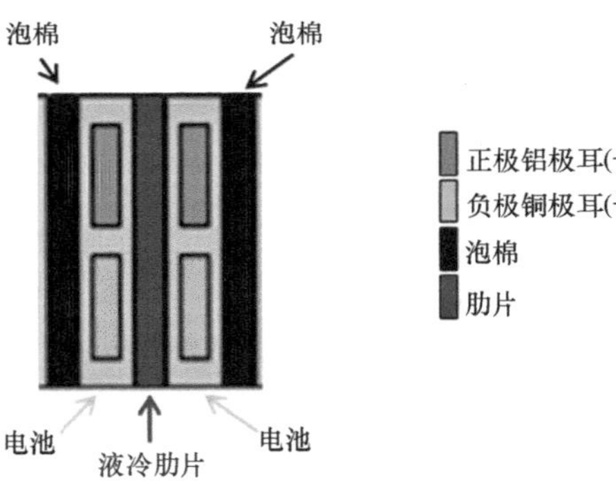

图 4.26　带有液冷肋片和两层泡棉的单元示意图（俯视图）

图 4.27　液冷肋片设计示意图

冷却剂被引入进口歧管，然后通过微通道进入液冷肋片。在 24 电池模组的冷却系统中，12 个液冷肋片通过进口 / 出口歧管平行连接。该冷却系统设计可视为 12 条并联流路，在进口和出口歧管之间形成平行连接。相对于微通道的流道面积而言，进口歧管具有较大的流道面积，以实现对模组内 12 个液冷肋片的相对均匀流量分布。每个单元两端都放置了绝缘泡棉，用于容纳电池在充放电过程中的膨胀和收缩，并提供电池单元之间的热隔离效果。模组内的流动总体上保持着恒定质量流量。

对于这个学习原型模组，通用汽车公司在模组内部安装了多个热电偶，以评估当前液体冷却设计的冷却性能。图 4.28 展示了 24 个电池组成的模组内的温度测量位置。T 型热电偶被布置在 17 个位置上，用于监测模组温度。如图 4.28 所示，电池 5 和 20 两侧各有 6 个热电偶进行监测：3 个位于朝向液冷肋片一侧的热电偶（即肋片侧），另外 3 个位于朝向绝缘泡棉一侧的热电偶（即泡棉侧），具体排列方式如图 4.29 所示。选择这 3 个位置是为了捕捉到靠近冷却剂入口处的较低温区域和靠近冷却剂出口及极耳处的较高温区域的情况。至于电池 13，则与电池 5 和 20 类似，在肋片侧也有 3 个热电偶进行监测。而在其泡棉侧，则使用一个带有 30 个热敏电阻（5×6 阵列）的测温板来实现整个电池表面温度分布的测量。

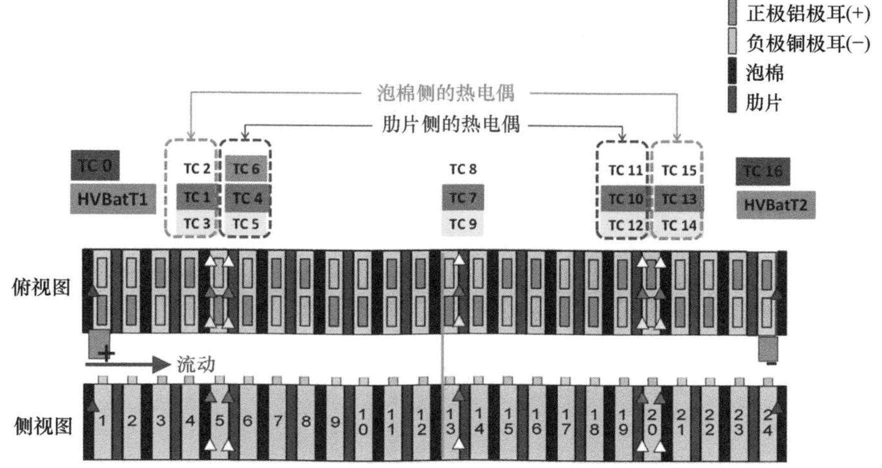

图 4.28　24 个电池组成的验证模组中温度测量的位置

首先，使用 170A 电流脉冲进行场模拟验证。随后，对电池包 / 模组施加了连续的 170A 放电 1s 和 170A 充电 1s 的重复电流负载，直至测试结束。在脉冲测试期间，电池模组的 SOC 从初始值的 50% 保持恒定。由于测试期间 SOC 恒定不变，交替充放电产生热量基本上以近似恒定速率进行。当冷却系统以稳定的质量流量运行时，电池模组温度将从初始值逐渐上升并达到稳态。

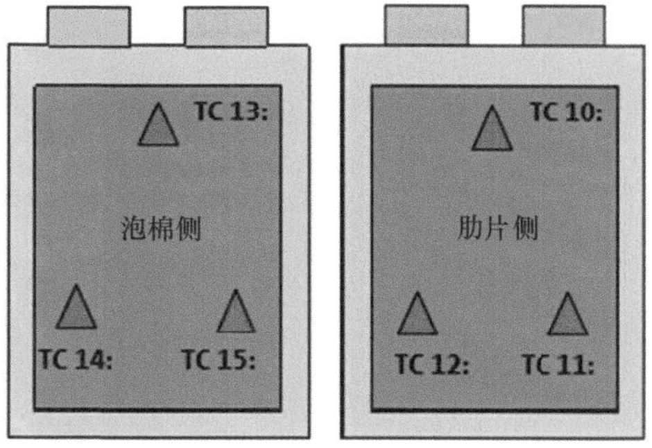

图 4.29　电池 20 上的热电偶

4.4.2.2　CFD 模型开发

我们建立了一个 Fluent CFD 模型用于模拟 24 个电池组成的模组进行验证。该过程首先建立一个完整的单元，然后复制第 1 个单元，以构建第 2 个、第 3 个，直到第 12 个单元，并将复制的单元转换到正确的位置。最后，连接所有单元以完成整个模组。两个电池单元和其极耳与连接母线被网格化为连续固体区域，而液冷肋片和歧管的固体部分则被构建成连续单元格区域。液冷肋片的液体部分，包括冷却剂、微通道中的占用区域，以及两个流形，被指定为另一个连续的单元格区域。液冷肋片固体和液体区域之间的网格界面为保形性质，在电池单元和液冷肋片之间应用非保形界面。24 个单体电池的 Fluent CFD 模型的总单元格数约为 2300 万，其中主要是六面体单元格。

由于微通道尺寸相对较小且内部冷却剂流速较低，雷诺数相对较小，足以证明微通道内的流动为层流。进出口歧管中的流动可以是湍流，但初步研究表明，歧管中的湍流与层流之间没有显著差异。

在 24 个电池组成的模组验证中采用的电池子模型是六参数等效电路模型，如图 4.23 所示。经验参数从电池测试数据中提取，并作为 SOC 的函数进行拟合。充放电情况下均使用相同的参数。总计算模型大小约为 2300 万有限元，在场仿真过程中使用 64 个 CPU 的通用汽车公司高性能计算机系统，对于 2000s 的瞬态仿真需要计算 9.6h。

4.4.2.3 电气验证

经过 ANSYS Fluent 的改进，我们成功实现了几个与电池相关的新标量变量。用户可以通过 Fluent 的标准后处理菜单方便地访问这些标量字段。图 4.30 展示了 24 个电池组成的模组的电势等值线图。该模拟结果表明，我们对 24 个电池组成的模组的电势分布进行了准确建模，并且与实际测量结果相一致。

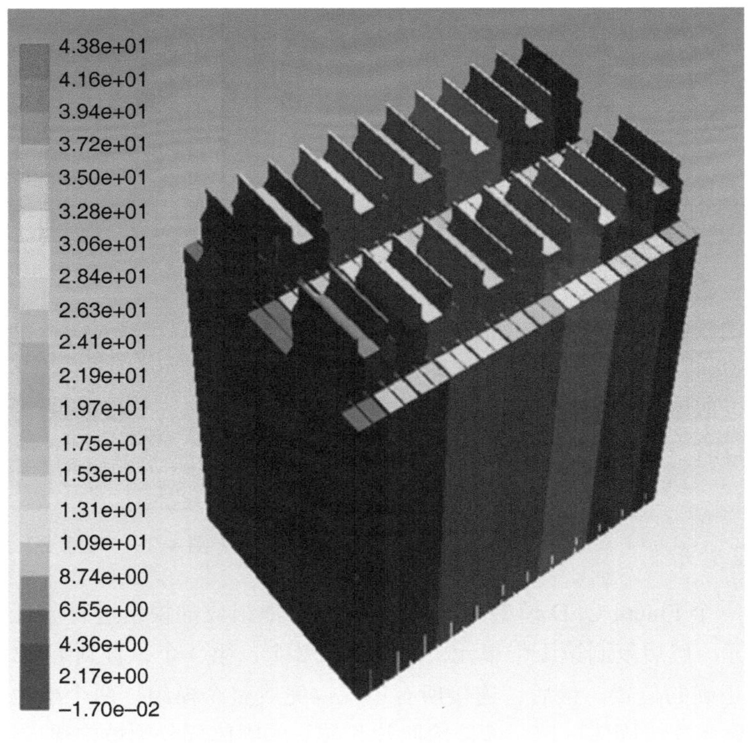

图 4.30 170A 脉冲电势分布等值线图

除了具备绘制电池标量场的能力外，ANSYS 还为 Fluent 添加了额外的电池相关向量场。用户可以通过 Fluent 的标准后处理菜单访问这些向量场。图 4.31 展示了在 170A 脉冲模拟期间 24 个电池组成的模组内部电流密度的 z 分量向量图。该向量图揭示了模组内部电流的流动方向。

在模型设置阶段，母线的电气连接由 ABDT 用户界面自动完成。用户只需指定正负极端子即可，ABDT 会自动识别出电池包的电气配置。

图 4.31　170A 脉冲电流密度向量图

图 4.32 显示了电压预测与 170A 脉冲测试的测量结果的比较。模拟和测量的电压非常一致。模拟和测量的电压差异小于 1%。

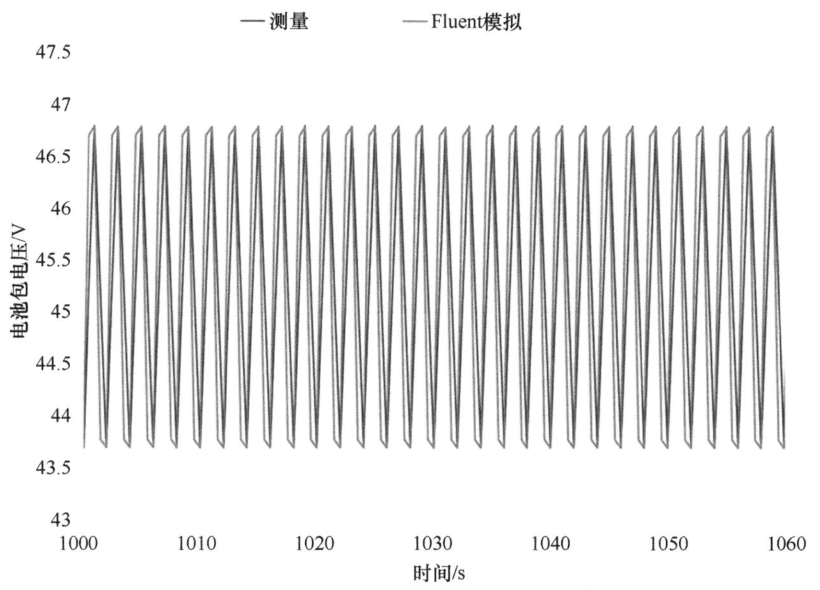

图 4.32　170A 脉冲测试时模组端电压对比

4.4.2.4 热验证

在恒定 SOC（50%）下的 170A 脉冲测试中，电池包的总生热率基本保持稳定。由于冷却剂流速和冷却剂进口温度在测试期间始终保持不变，24 个电池组成的模组的温度经过初始瞬态后达到一个稳定值。图 4.33 展示了温度达到稳态后的分布情况。正如预期所示，在冷却剂进口侧附近，温度较低；而在出口侧极耳区域附近，温度较高。

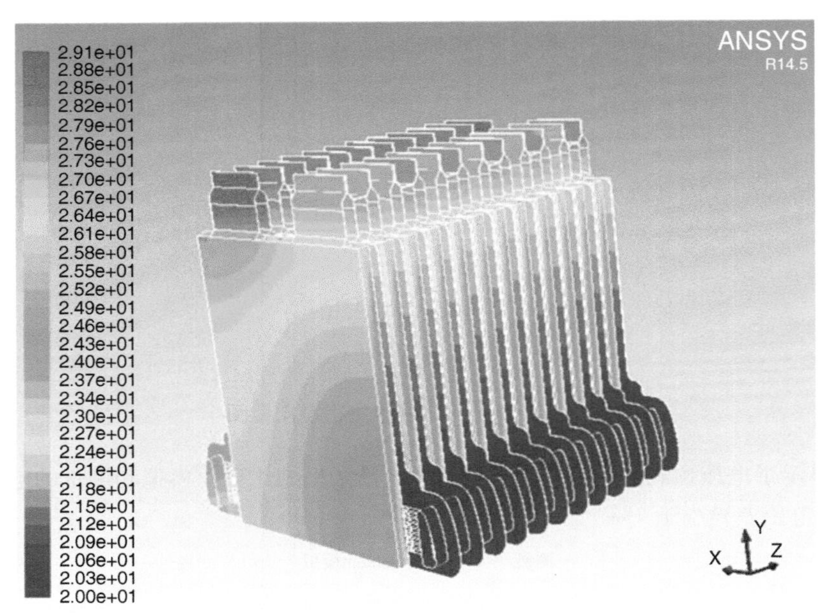

图 4.33　170A 脉冲测试时的稳态温度分布

电池表面温度分布的仿真和测量结果以相同的颜色标度进行对比，如图 4.34 所示。仿真结果与测量结果高度吻合。在测量结果中，黑点表示数据缺失。

图 4.35 展示了模拟中电池 5 的泡棉侧在 170A 脉冲结束时的温度分布。图 4.36 对比了电池 5 泡棉侧 3 个热电偶位置的温度 - 时间曲线。图 4.36 中的表格总结了模拟和测量结果之间的差异，最大偏差小于 0.3℃，呈现出良好的一致性。

图 4.37 显示了 170A 脉冲测试结束时模拟的电池 5 肋片侧稳态温度分布。它显示了冷却剂进口侧附近的最低温度，而右上侧靠近极耳处为最热点。图 4.38 显示了电池 5 泡棉侧 3 个热电偶的测量和模拟温度 - 时间曲线（平滑线）。图 4.38 中的表格总结了模拟和测量结果之间的差异。最大差异约为在 TC04 处的 0.4℃。场模拟方法成功由 24 个电池组成的原型模块进行了验证。模拟和测试结果之间的良好一致性完成了场模拟方法的电池包级验证。

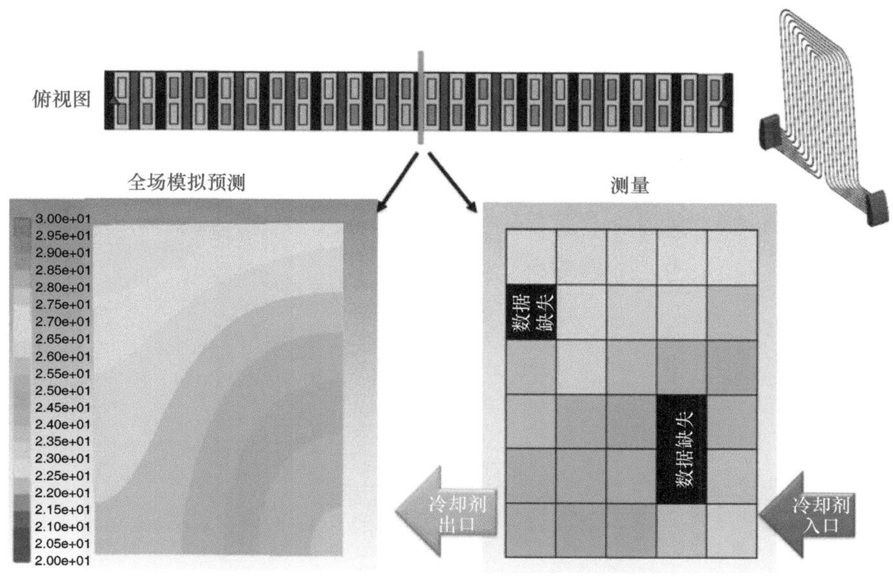

图 4.34　位于模组中间（电池 13）的电池表面温度分布对比

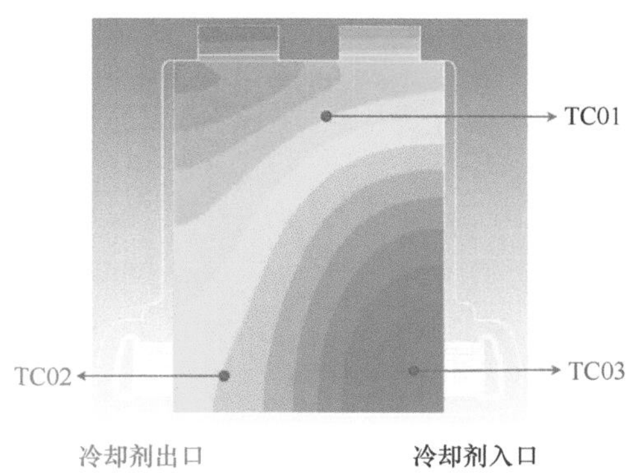

图 4.35　电池 5 的泡棉侧温度分布

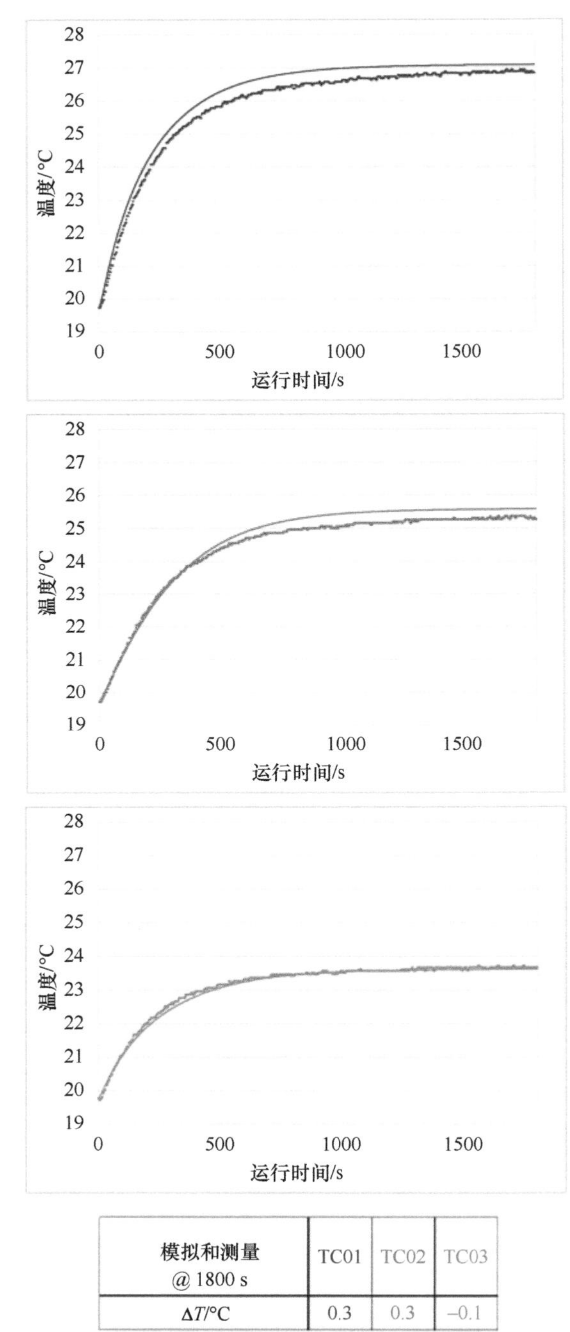

模拟和测量 @ 1800 s	TC01	TC02	TC03
ΔT/°C	0.3	0.3	−0.1

图 4.36　电池 5 中 3 个位置的泡棉侧温度随时间的变化及模拟结果与测量结果的差异

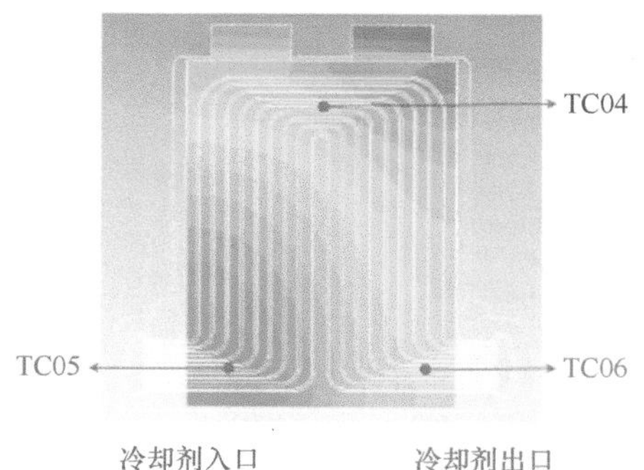

图 4.37　电池 5 的肋片侧温度分布

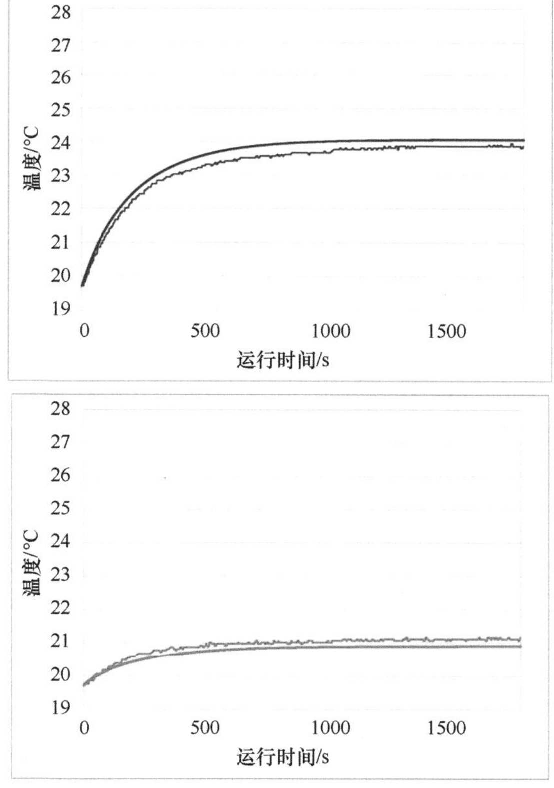

图 4.38　电池 5 的肋片侧温度曲线

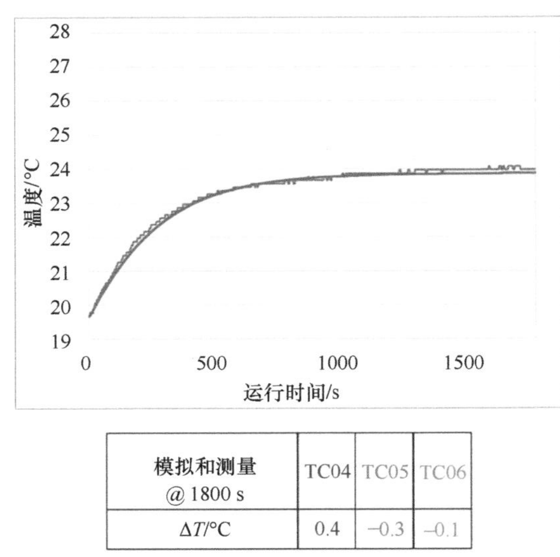

模拟和测量 @1800 s	TC04	TC05	TC06
ΔT/°C	0.4	−0.3	−0.1

图 4.38　电池 5 的肋片侧温度曲线（续）

4.4.2.5　系统仿真

系统仿真方法对于各种车辆驱动循环的电池包瞬态仿真非常实用。我们选择了 ANSYS Simplorer 作为系统仿真方法的基础软件。Simplorer 是一款多领域、多物理仿真软件，集成了多种基于系统的建模技术和建模语言，并可以在同一架构中并发使用。这使得 Simplorer 成为进行电池包仿真的理想系统建模工具。ANSYS 还开发了专门用于电池包建模的脚本，该脚本拥有友好的用户界面，能够收集用户对电池包配置的输入，并自动生成定制化的电池包仿真模型。此外，用户还可以从内置的电池单元模板库中选择或创建自己所需的电池模板库。为了验证不采用 ROM 方法时的系统级模型，通用汽车公司的工程师通过自动 ABDT 用户界面构建了一个系统级模型。

1. 170A 脉冲验证案例

图 4.39 展示了在 170A 脉冲测试期间，24 个电池组成的验证模组的电池包电压曲线。在该图中，系统模型的模拟结果用蓝线表示，而测试数据则以红色虚线呈现。由于采样率限制，在峰值处才能获取到可用的测试数据。灰色虚线代表电流负载，并位于图的右侧轴上。从图中可以观察到，系统方法模型估计得到的电池包电压与实际测量值相吻合。

图 4.40 是 170A 脉冲下系统建模仿真预测的电池温度与测量值的对比。瞬态响应被系统建模准确捕捉，同时略微高估稳态值，但最大差异仅为 0.3℃。

在电池热模拟中，生热率的重要性不可忽视。图 4.41 展示了基于冷却剂进口和出口焓差的模拟结果与实测值之间的生热率比较。总体而言，总生热率与实测值的一致性令人满意。系统建模能够准确捕捉到具有代表性的生热率时间平均值。系统级模拟结果显示，与使用 64 处理器高性能计算机进行高频充放电脉冲情况下的场模拟需要 4 ~ 5 天相比，总 CPU 运行时间不到 1min（戴尔 Z800 PC）。

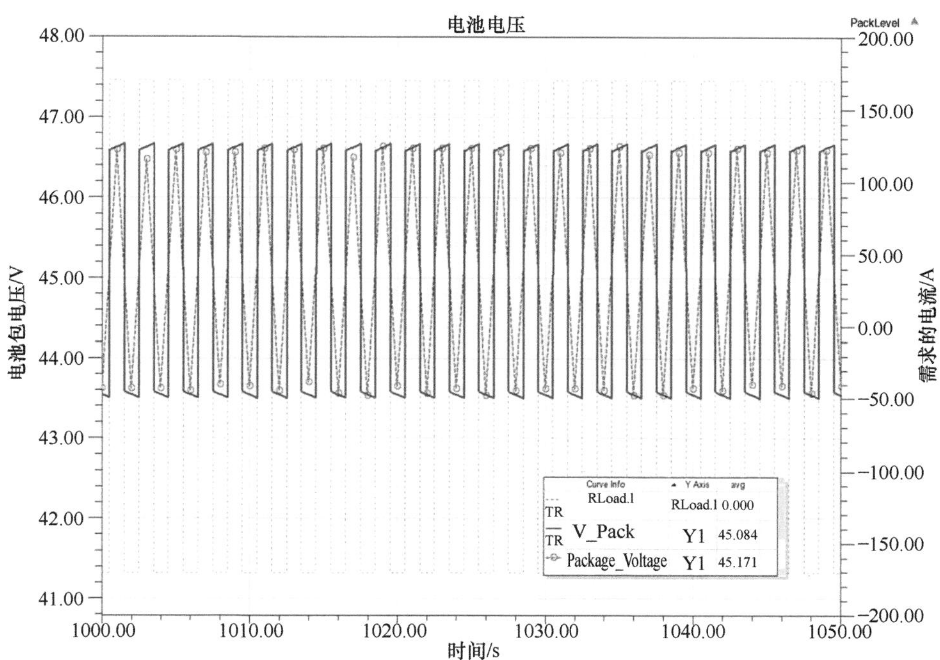

图 4.39　脉冲电流为 170A 时 24 个电池组成的模组的端电压

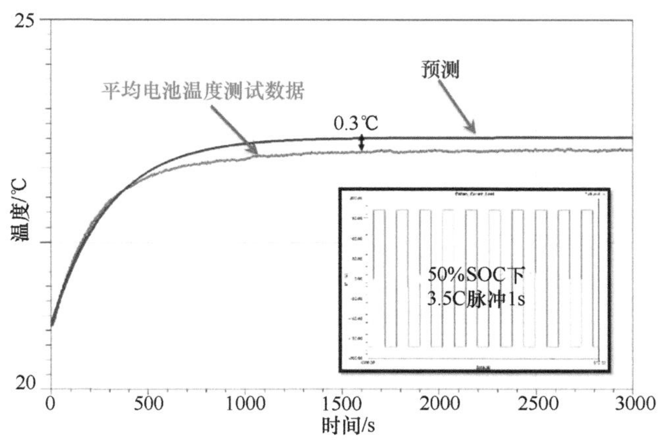

图 4.40　170A 脉冲测试过程中的电池温度

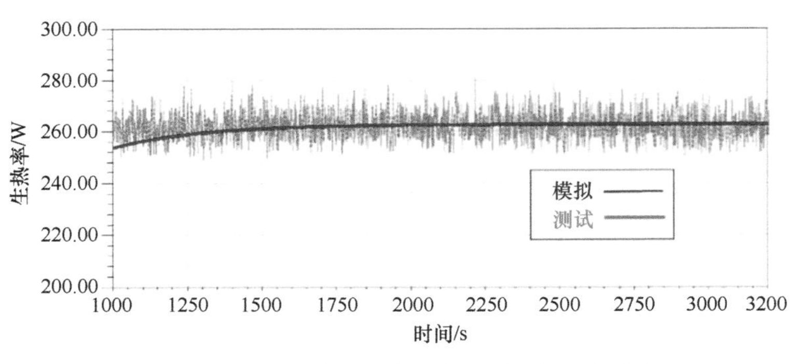

图 4.41　170A 脉冲测试时验证模组的总生热率

2. US06 驱动计划验证

通用汽车公司团队还开发了一套程序，该程序能够从 HPPC 测试数据中提取经验参数，并准确预测各种驱动循环下的负载电压，以此来预测 US06 驱动循环中电池包的总生热率。同时，通用汽车公司工程师还验证了针对实际 US06 驱动循环的系统级方法。图 4.42 展示了仿真结果（蓝色）与测试结果（红色）之间电池包电压的对比情况。除接近 US06 驱动循环结束时稍有差异外，仿真和测试数据在大部分情况下非常一致。图 4.43 显示了 24 个电池组成的验证模块在 US06 循环中系统模型（蓝色）与实际测试（红色）所测得 SOC 之间的对比情况。系统仿真模型对于 US06 驱动循环下 SOC 进行了准确预测。相较于通过冷却剂质量流量和进出口温差测量得到的总生热量，电池包总生热率在图 4.44 中呈现令人满意的一致性。对 24 个电池组成的模块的系统仿真验证令人满意，与图 4.44 所示的测试数据相比，预测温度偏差在 0.5℃以内。值得注意的是，在整个 30min 驱动循环仿真过程中，5 个连续背靠背进行 US06 驱动循环仿真只需不到几秒钟计算时间。我们证明了系统仿真能够精确地描述模块内单个电池的热行为。

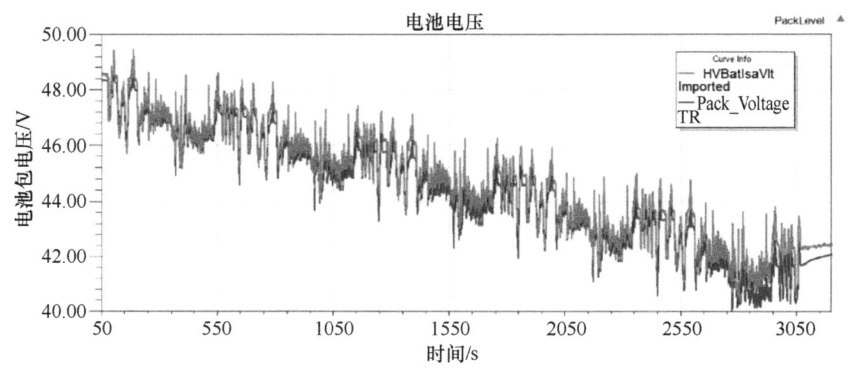

图 4.42　US06 循环中 24 个电池组成的模组的电压

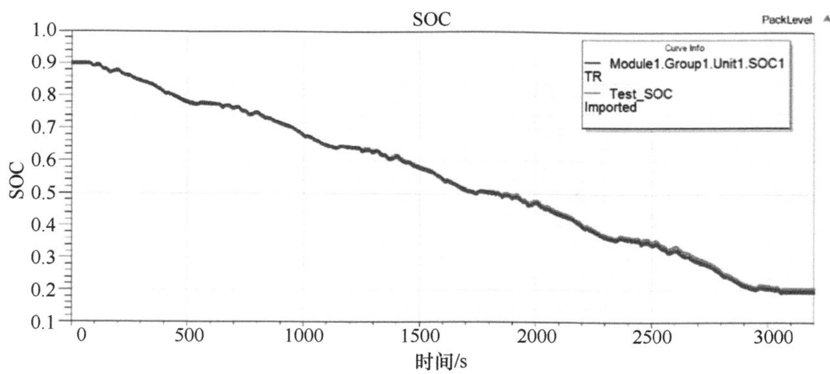

图 4.43　US06 循环中 24 个电池组成的验证模组的 SOC

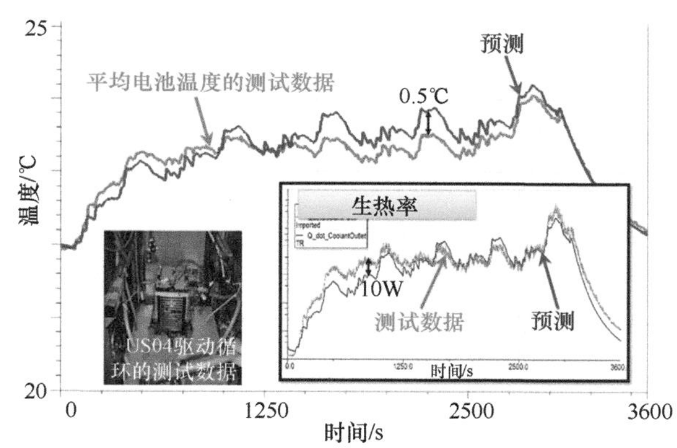

图 4.44　US06 驱动循环期间电池温度与生热率的测试与预测结果的对比

4.4.2.6　ROM 验证和确认

降阶模型（ROM）是一种数学技术，通过在不牺牲准确性的情况下降低数量级来利用原始全阶模型中的冗余。基本上有两种类型的 ROM：①直接；②间接或黑盒。在直接 ROM 中，顾名思义，应用于每个有限体积 / 微元（全阶模型）的原始控制方程组首先使用 Krylov 子空间投影技术进行降阶。得到的 ROM 与原始模型相比数量级更小，然后在其位置上使用，从而提供实质性计算加速。在黑盒或间接 ROM 中，原始全阶模型主要作为黑盒使用，并采用成熟的系统识别技术生成所需输入和输出以表征系统性能，而没有尝试在控制方程级别降低原始模型的阶数。顾名思义，黑盒或间接 ROM 由系统输入输出行为隐式编码组成。在此技术中，需要注意确保正确地对输入输出行为进行编码并充分激发系统（模型），以产生具有最大信噪比的响应。

1. 验证测试设置

在本节中，我们将对 24 个电池组成的 2P/12S 液冷模组上的黑盒 LTI ROM 的性能进行验证和确认，如图 4.45 所示。

图 4.45　24 个电池组成的 2P/12S 液冷模组测试装置

图 4.46 展示了测试中使用的模组示意图：单体电池（浅灰色）、冷却肋片（蓝色）、绝缘泡棉（黑色）以及正负极耳（橙色和灰色）。从图中可以观察到，每两个电池都配备有一个冷却肋片。绝缘泡棉有效地阻止了从一个电池（两个电池和一个冷却肋片）到下一个电池的热量传递。这一特性以及每个冷却肋片上冷却剂流速几乎相同的事实使得我们能够仅使用一个单元电池 CFD/Thermal 模型。该模型通过温度响应提供与时间相关的阶跃信号，用于对电池进行恒定热激励。此外，模组内部的冷却流速也是恒定不变的。这种恒定流速特性对于状态空间线性时不变（LTI）黑盒系统辨识建模技术来说是必要条件。当冷却流速随时间变化时，我们采用了一种名为 LPV（线性参数变化）的数学建模技术。在该技术下，通过提取各离散冷却流速下局部 LTI 模型，并利用 LPV 方法，在不同温度下获取电池温度信息。因此，在这种情形下，每个电池温度可通过 LPV 方法得到，在最小和最大水平之间适当选择并插值组成一个统一的 LPV 模型，能够处理时变冷却剂流量。

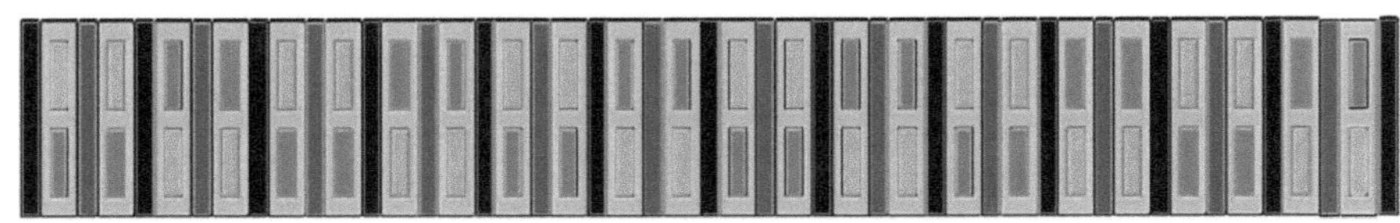

图 4.46　24 个电池组成的模组布局

如前所述，为了表征该 24 个电池组成的模组的热性能，在此特定情况下，仅需使用一个双电池和一个冷却肋片单元模型，而非整个 24 个电池组成的模组模型。导致这一假设的原因有两个关键因素：①绝缘泡棉上没有发生显著的传热；②从一个冷却肋片到另一个冷却肋片之间没有明显的冷却流速变化。如果第一个假设不成立，则应用分治策略就无法成立，此时需要使用完整的 24 个电池 CFD/Thermal 模型来创建 ROM。在违反第二个假设的情况下，则需要采用 LPV 建模技术，而非仅限于 LTI。

在物理测试中，24 个电池组成的模组的外部负载相当于一辆紧凑型汽车标准 US06 驱动循环曲线。基于该模组使用的电池行为等效电路模型（ECM），每个 US06 循环产生时间平均

227W 的废热。这相当于每个电池约 9.4W 的生热率。然而，从冷却剂整体能量平衡来看，模组拒绝了总共 267W（包括进口和出口冷却剂焓差）。因此，额外 40W（267W－227W）可以归因于极耳和母线中的生热率，在每个极耳中产生约 1.7W 的生热率。使用 50% 水 +50% 乙二醇混合物作为冷却剂，以 20℃的进口温度和 1.23L/min 的恒定流速，可以将电池温度控制在 32℃以下。

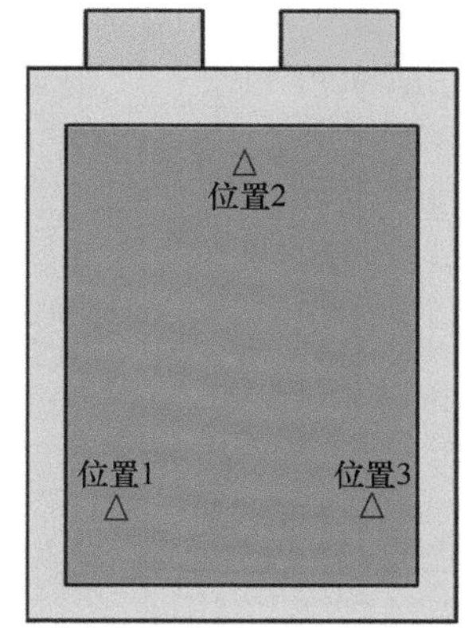

图 4.47　电池表面的热电偶位置。3 个在肋片侧，3 个在同一电池的另一侧（泡棉侧）

电池 5、13 和 20 上的肋片侧和泡棉侧各有 3 个热电偶，用于测量电池的温度。图 4.47 展示了这 3 个位置在电池一侧的情况。在同一电池的另一侧，还有 3 个额外的热电偶位于相似的位置。两侧中，其中一侧与冷却肋片接触，另一侧与绝缘泡棉接触。

2. LTI 模型验证结果

在对黑盒 LTI ROM 性能进行测试数据验证之前，我们将基于在双电池单元模型上进行的全场 CFD/ 热模拟来验证其准确性，如图 4.48 所示。

该模型共有 6 个热源（输入）：2 个电池和 4 个极耳以及 16 个输出通道，其中包括 6 个热电偶位置温度、2 个电池平均温度、4 个极耳平均温度以及 4 个极耳之间的连接线平均温度。双电池单元的 CFD/ 热模型总计约含有 190 万个单元（110 万流体单元和 80 万固体单元）。为了创建状态空间 LTI ROM 所需的输入输出数据，首先将模型运行至仅为流动的稳态。然后关闭流动方程并打开能量方程，在激活 6 个热源中的一个恒速热源时记录所有 16 个输出通道的步进响应。总体而言，将会得到 96 个步进响应（即 6 × 16），这些数据将用于自动生成适用于该双电池模型的 LTI ROM。此外，本节使用了 64 核通用汽车公司高性能计算机（HPC）进行运算。大约花费 7h 生成数据（即步进响应），以创建 ROM。为验证 LTI ROM 的准确性，我们与图 4.49a ~ f 中 CFD 全场仿真数据进行了对比。

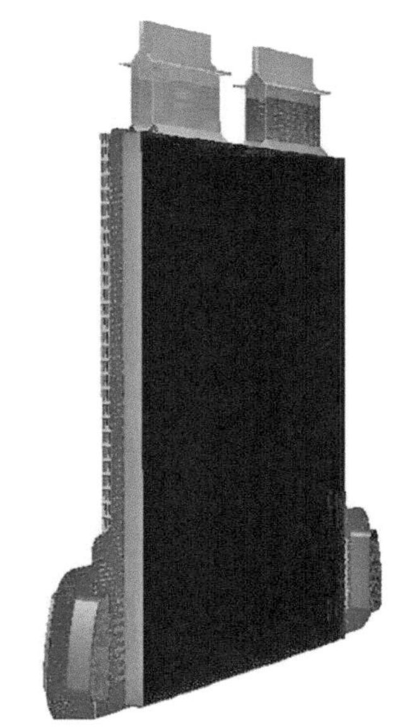
图 4.48　双电池单元模型，在两个电池、极耳和连接线之间夹有冷却肋片（蓝色）

如图 4.49a、b 所示，全场 CFD 与 LTI ROM 之间的匹配几乎是完美的。当其他 4 个热源被依次激发，并在图 4.49c ~ f 中将 CFD 生成的阶跃响应与基于 LTI ROM 的模型进行对比时，情况同样如此。

经过验证 LTI ROM 成功地重现了 CFD 的原始训练数据后，我们进一步利用相同的 LTI

ROM 模型验证了其对使用全阶 CFD/ 热模型获得的温度曲线的准确性。在此实验中，我们对 6 个输入热源施加：①在两个电池上施加恒定为 9.4W 的生热率以及 4 个极耳上施加恒定为 1.7W 的生热率；② 在电池上施加正弦形式的热源，即 $Q = A\sin(2\pi ft)$，其中 A 表示振幅为 9.4W，f 表示频率为 360Hz。对比 LTI ROM 和 CFD/ 热（Fluent）所得到的这两种不同类型热源下的温度响应，在图 4.50 和图 4.51 中呈现。

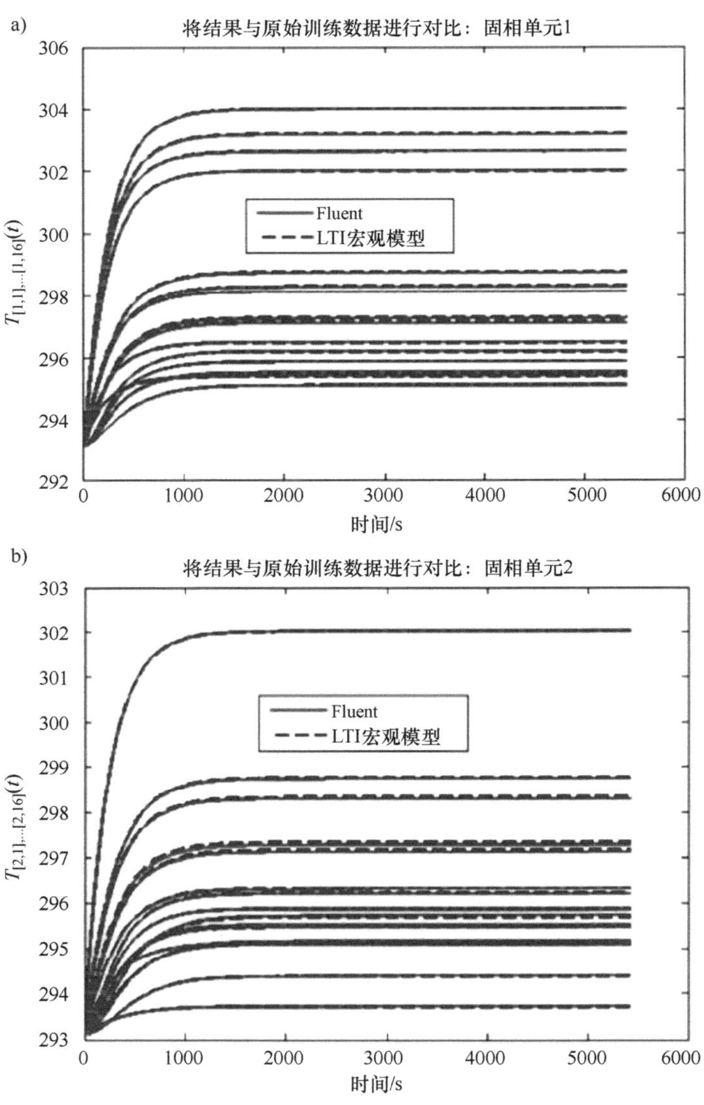

图 4.49 a，b）当电池 1（a）和电池 2（b）被激励时，LTI ROM 生成的 16 个响应与原始 CFD 生成的训练数据的对比——一次一个。c，d）当极耳 1（c）和极耳 2（d）被激励时，LTI ROM 生成的 16 个响应与原始 CFD 生成的训练数据的对比——一次一个。e，f）当极耳 3（e）和极耳 4（f）被激励时，LTI ROM 生成的 16 个响应与原始 CFD 生成的训练数据的对比——一次一个

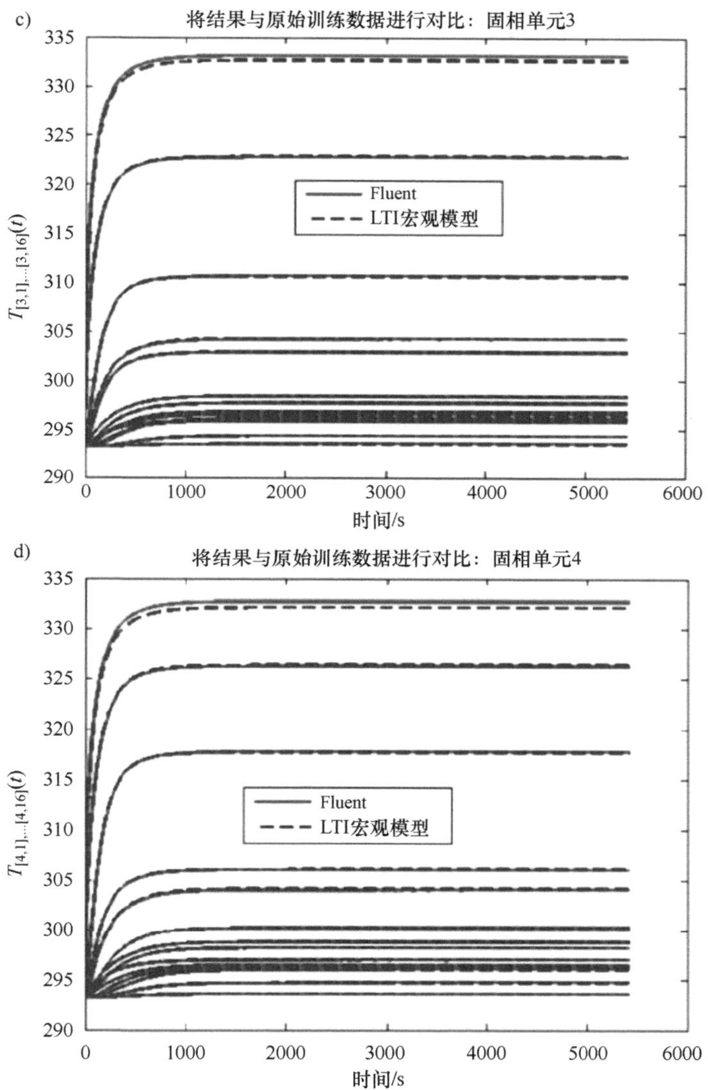

图 4.49　a，b）当电池 1（a）和电池 2（b）被激励时，LTI ROM 生成的 16 个响应与原始 CFD 生成的训练数据的对比——一次一个。c，d）当极耳 1（c）和极耳 2（d）被激励时，LTI ROM 生成的 16 个响应与原始 CFD 生成的训练数据的对比——一次一个。e，f）当极耳 3（e）和极耳 4（f）被激励时，LTI ROM 生成的 16 个响应与原始 CFD 生成的训练数据的对比——一次一个（续）

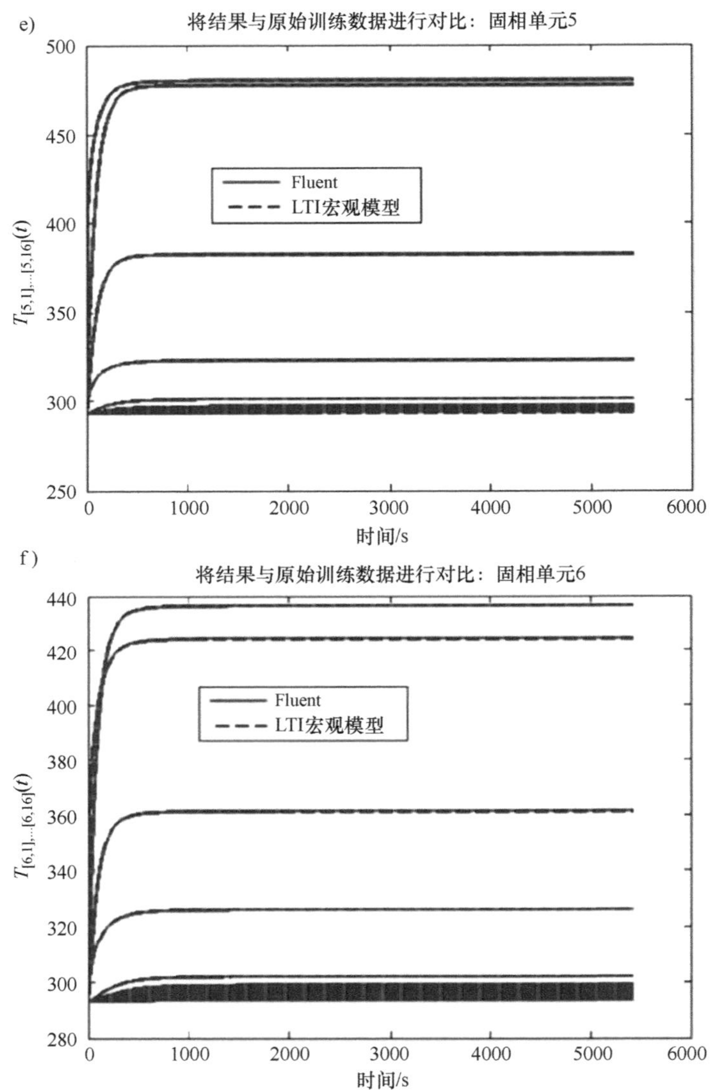

图 4.49　a，b）当电池 1（a）和电池 2（b）被激励时，LTI ROM 生成的 16 个响应与原始 CFD 生成的训练数据的对比——一次一个。c，d）当极耳 1（c）和极耳 2（d）被激励时，LTI ROM 生成的 16 个响应与原始 CFD 生成的训练数据的对比——一次一个。e，f）当极耳 3（e）和极耳 4（f）被激励时，LTI ROM 生成的 16 个响应与原始 CFD 生成的训练数据的对比——一次一个（续）

如图 4.50 和图 4.51 所示，相较于全阶 CFD/ 热（Fluent）模型，LTI ROM 具有显著降低的计算成本，并且仍能保持高度准确性。为了说明这种计算成本的节省，在 64 核高性能计算机上运行全阶 CFD/ 热模型需要大约 1.5h，而 LTI ROM 模型只需几秒钟即可复现这些结果——速度提升了数个数量级，同时并未明显损失准确性。

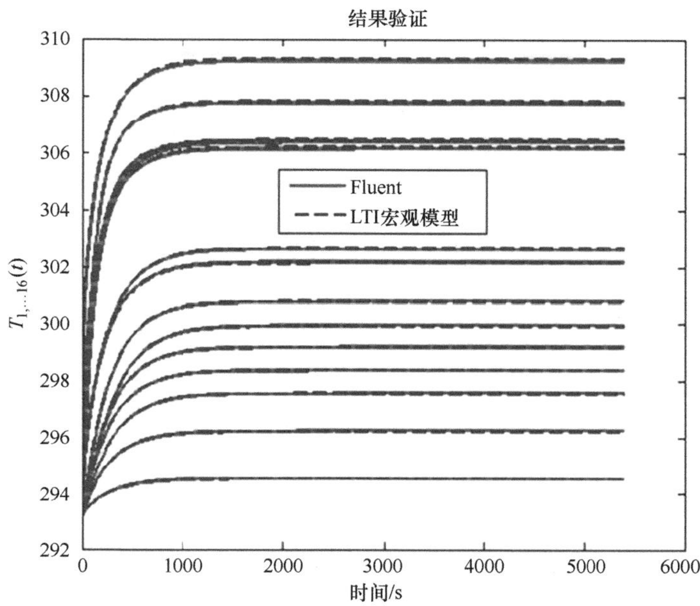

图 4.50 对两个电池上的 9.4W 恒定热源和所有 4 个极耳上的 1.7W 恒定热源的 16 个温度响应的 LTI ROM 和 CFD/ 热（Fluent）模型结果进行对比

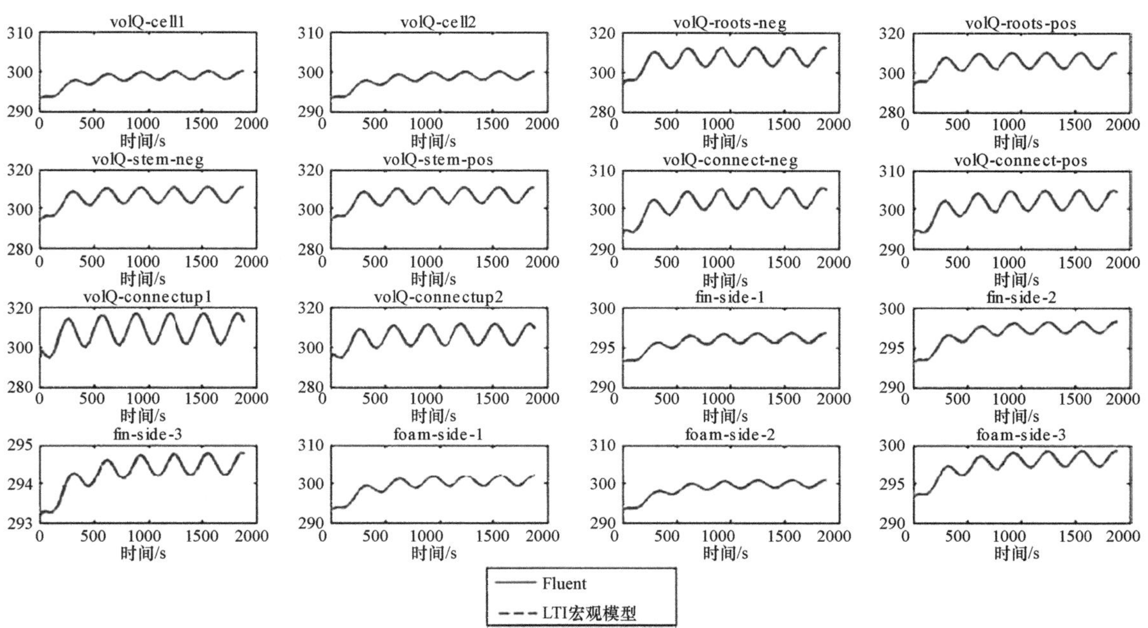

图 4.51 两个电池给定 $Q = 9.4\sin(2\pi 360t)$ W 正弦热源输入和 4 个极耳给定 1.7W 恒定热源的 16 个温度响应的 LTI ROM 和 CFD/ 热（Fluent）模型结果对比

3. US06 的 LTI 模型验证结果

测试设置部分详细描述了模组的布局，包括电池、极耳、连接线、母线、冷却肋片以及为其提供液体冷却介质的管道，还有电池表面热电偶的位置。为验证 LTI ROM 在测试数据中的性能，我们采用了前文针对 CFD/ 热 Fluent 模型验证所使用的相同 LTI ROM。在测试过程中，该模组经受了 5 个连续的 US06 驱动循环曲线，其中一个曲线如图 4.52 所示。

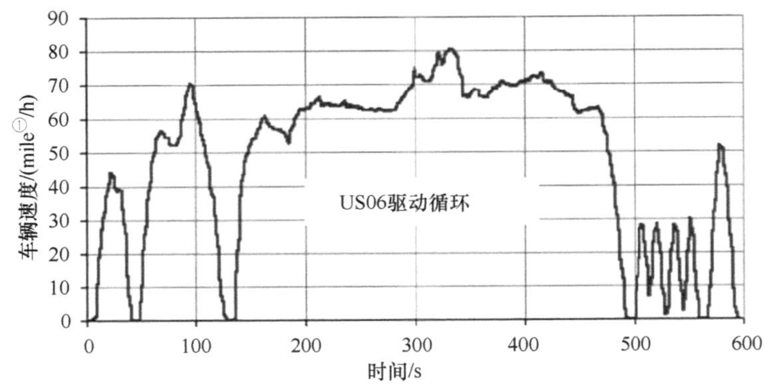

图 4.52　US06 驱动循环

图 4.52 展示了 US06 驱动循环中车辆速度随时间变化的情况。样本周期约为 10min，平均速度为 48.4mile/h。根据车辆质量、滚动阻力和空气动力学特性，可以轻松估计所需功率。所需功率转换为给定电池包的电流，并作为电池包 ECM 的输入。该 ECM 提供与时间相关的生热率，以满足 CFD/ 热全阶模型和 LTI ROM 的输入要求。图 4.53 展示了 24 个电池组成的模组在相当于雪佛兰 Volt 等紧凑型汽车连续进行 5 次 US06 驱动计划时的生热率。

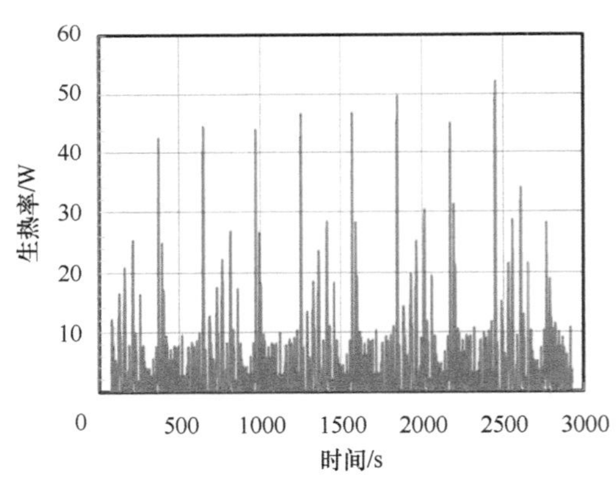

图 4.53　使用 ECM 在模组（2P-12S）中的电池连续 5 个 US06 驱动循环时的生热率

通过对模组中使用的电池进行标准的 HPPC（混合脉冲功率表征）测试，生成了 ECM。为验证 ECM 的电气性能，我们将其端电压与 5 个连续进行的 US06 驱动循环记录的电压进行对比，具体如图 4.54 所示。

如图 4.54 所示，ECM 预测的端电压表现令人满意。ECM 和测试结果端电压之间的不匹配直接影响到对电池内生热进行准确预测。由于无法直接测量电池或模组中的生热，下一个最佳方法是比较 ECM 预测的生热率与模块进出冷却剂焓变速率之间的差异。通过模组入口和出口处冷却剂流量和温度，我们可以精确计算整个模组向冷却剂散发的热量（见图 4.55）。尽管我们无法

㊀ 1mile = 1609.344m。

直接比较这两种生热率，因为与系统相关联的热时间常数很大，但我们可以比较测试期间的平均值。ECM 产生了 2.88W 的平均值（见图 4.53），而测试结果为 2.86W（见图 4.55）。因此，在预测电池（模组 / 包）生热率方面，ECM 表现良好——至少从时间平均角度来看。

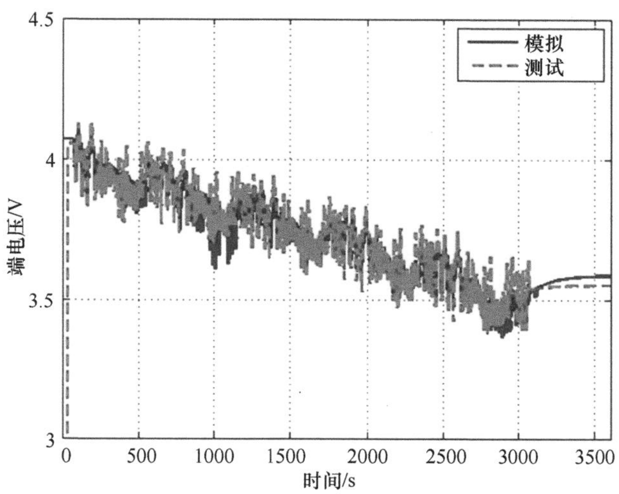

图 4.54　模组中电池的 ECM 计算端电压与连续 5 个 US06 驱动循环测试中记录的电压的对比

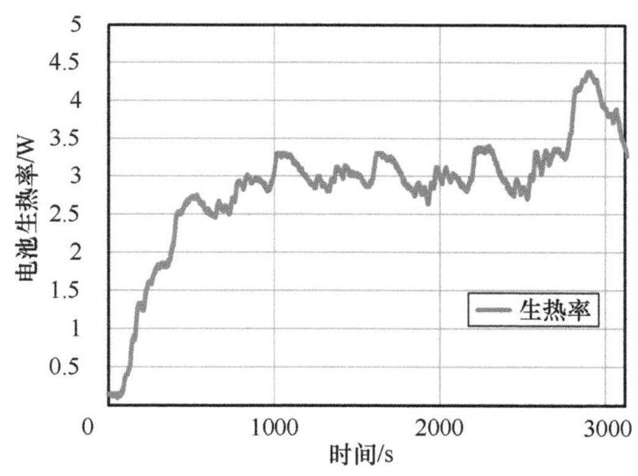

图 4.55　间接使用测试数据中模组入口和出口的焓变率差异来估计电池的生热率

通过将连续进行 5 次 US06 循环中电池的 ECM 生热率（见图 4.53）应用于 LTI ROM 模型，我们能够预测基于双电池模型的 6 个预定义位置上的温度曲线。这些由 LTI ROM 生成的温度结果与图 4.56a ~ f 中对应位置上的实际测试数据进行了对比。

根据图 4.56a ~ f 所示，热特性的 LTI ROM 模型在预测模组电池温度上展现出优异的能力，可以准确地预测 6 个热电偶位置的温度曲线。再次强调，正如之前提到的那样，这些由 LTI ROM 生成的 5 个连续进行的 US06 循环（50min 实时驱动）的温度分布可以在几秒钟内得到。

总之，与测试数据相比，间接或黑盒 ROM 表现出高效且相当准确的特点。与由全阶 CFD/

热 Fluent 生成的数据相比，它们在 ROM 验证部分展示了非常准确的结果。

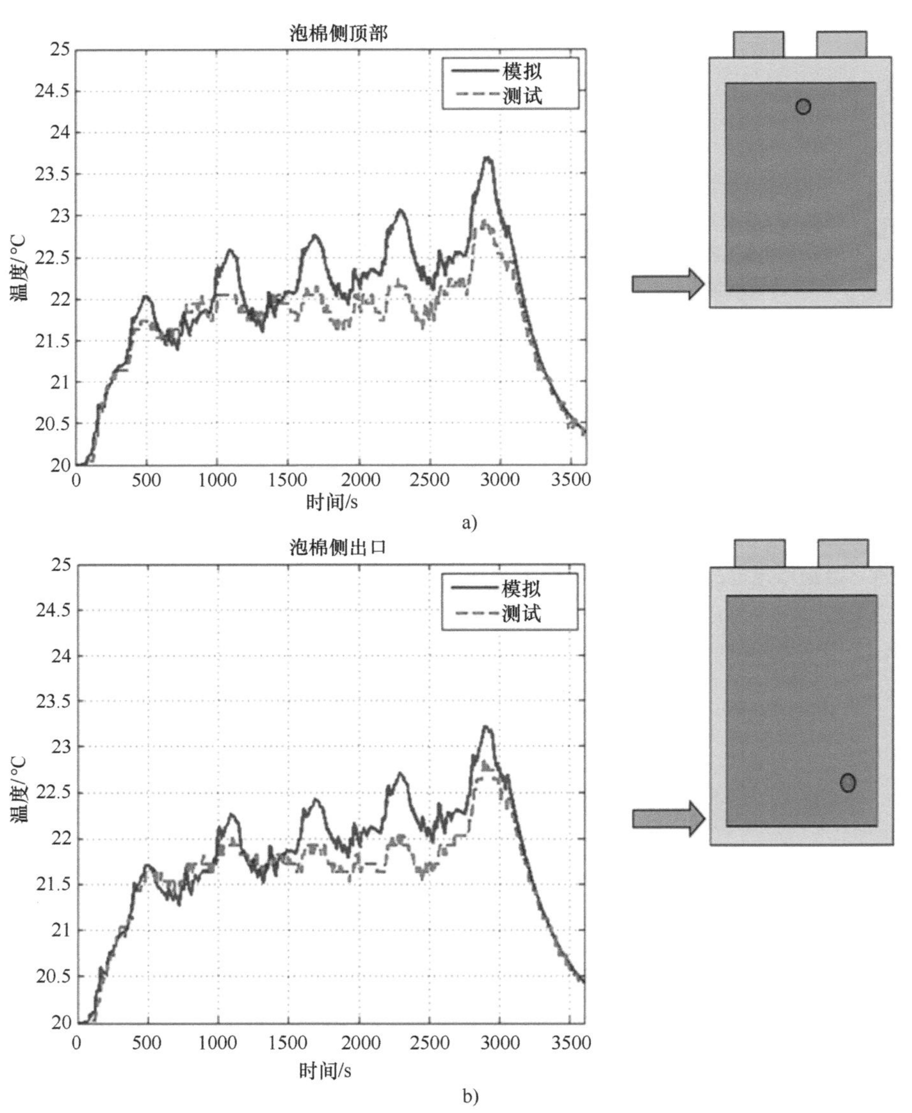

图 4.56　a）LTI ROM 生成的电池表面泡棉侧顶部（红点）的温度与测试数据的对比。b）LTI ROM 生成的电池表面泡棉侧出口（红点）的温度与测试数据的对比。c）LTI ROM 生成的在电池表面泡棉侧入口（红点）的温度与测试数据的对比。d）LTI ROM 生成的电池表面肋片侧顶部（红点）的温度与测试数据的对比。e）LTI ROM 生成的电池表面肋片侧出口（红点）的温度分布与测试数据的对比。f）LTI ROM 生成的电池表面肋片入口（红点）生成的温度分布与测试数据的对比

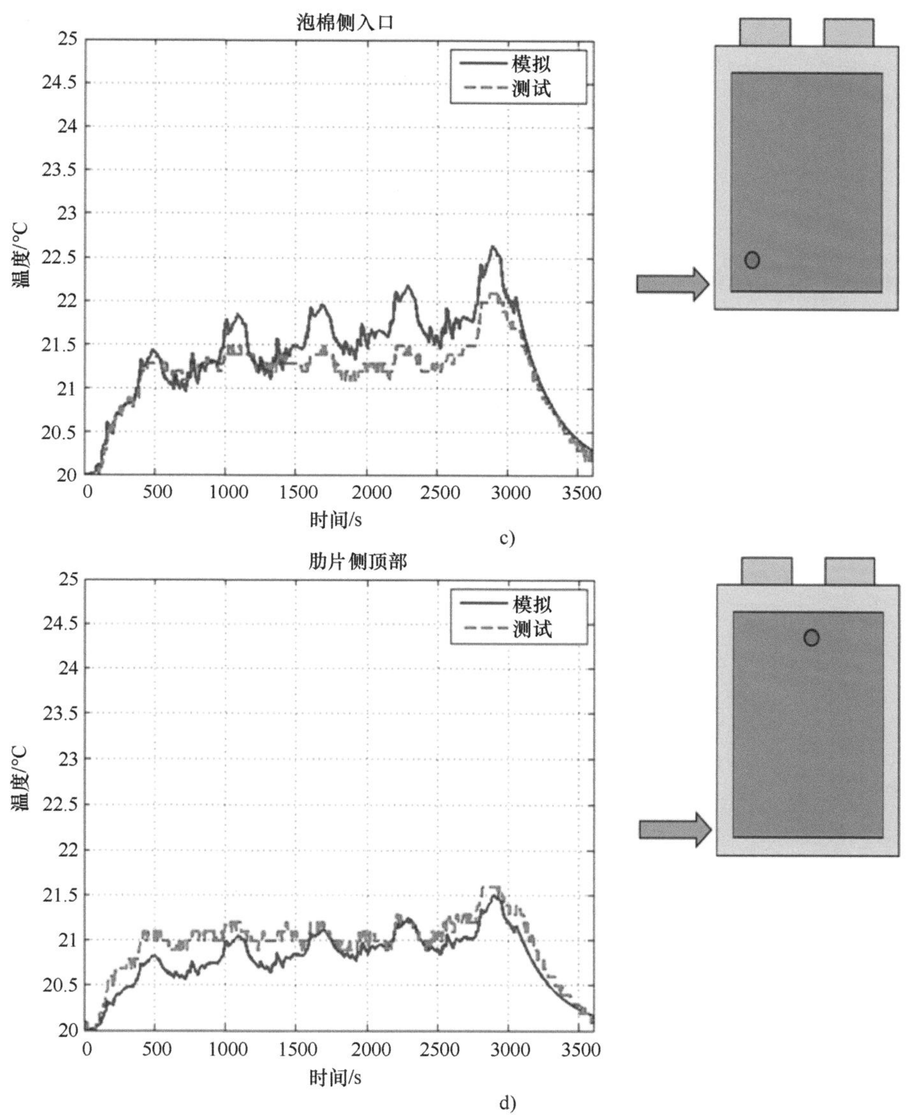

图 4.56　a）LTI ROM 生成的电池表面泡棉侧顶部（红点）的温度与测试数据的对比。b）LTI ROM 生成的电池表面泡棉侧出口（红点）的温度与测试数据的对比。c）LTI ROM 生成的在电池表面泡棉侧入口（红点）的温度与测试数据的对比。d）LTI ROM 生成的电池表面肋片侧顶部（红点）的温度与测试数据的对比。e）LTI ROM 生成的电池表面肋片侧出口（红点）的温度分布与测试数据的对比。f）LTI ROM 生成的电池表面肋片入口（红点）生成的温度分布与测试数据的对比（续）

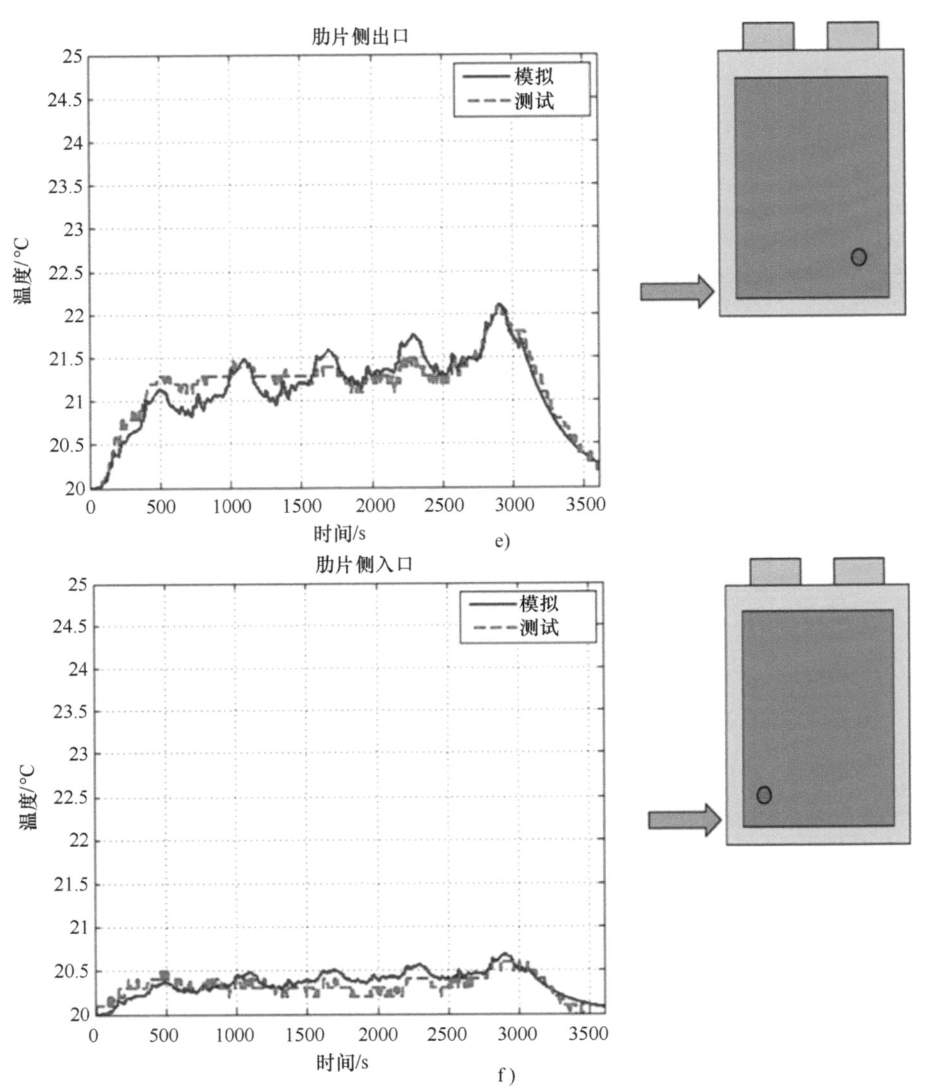

图 4.56 a）LTI ROM 生成的电池表面泡棉侧顶部（红点）的温度与测试数据的对比。b）LTI ROM 生成的电池表面泡棉侧出口（红点）的温度与测试数据的对比。c）LTI ROM 生成的在电池表面泡棉侧入口（红点）的温度与测试数据的对比。d）LTI ROM 生成的电池表面肋片侧顶部（红点）的温度与测试数据的对比。e）LTI ROM 生成的电池表面肋片侧出口（红点）的温度分布与测试数据的对比。f）LTI ROM 生成的电池表面肋片入口（红点）生成的温度分布与测试数据的对比（续）

4.5 后续计划

经过 ANSYS 引领新开发技术向工业转移，我们可以推荐几个逻辑上的后续研发活动，以进一步提升软件能力和吸引力。一个明显的例子是将电池老化模型发展为通用且集成的特性，将目前在 ABDT 中强调的确定性单驱动循环模拟与设计所需的随机使用寿命预测相连接。另一个例子是整合更复杂的模型来解决颗粒形态、尺寸分布、表面修饰、接触电阻和活性颗粒混合成分等问题。虽然 ANSYS 现有商业产品系列中具备结构分析功能，并通过 Workbench 自动与新电池工具松散绑定，但在本项目中未得到充分利用；后续项目可以通过将 ABDT 概念扩展至分解电极的微观结构模型和 / 或电池宏观机械滥用场景来充分利用这一巨大投资。

MSMD 被视为一种有效的模块化架构模型框架，用于连接不同长度和时间尺度上跨学科电池物理。通过在 Fluent 中实现 MSMD，研究团队成功克服了电池系统高度非线性多尺度响应建模方面的挑战。然而，在原始的 MSMD 中，为确保每个层次级别的自洽性，嵌套迭代成为限制计算速度的因素。

在由 DOE 支持的另一个并行项目中，NREL 开发了一种新的准显式非线性多尺度多物理框架 GH-MSMD。该新框架采用时间尺度分离和变量分解方法来消除多层嵌套迭代，并保持模块化的 MSMD 结构，这对于电池行为模拟至关重要。快速电子电荷平衡与缓慢离子运动相关联的过程是不同的。通过在电极域模型（EDM）级别进行初步基准测试，GH-MSMD 相较于原始 MSMD 显示出明显的计算速度改进。因此，在这个项目成果基础上，将 GH-MSMD 实现到商业部署的 ABDT 工具中是一个有前景的候选方案，可能会将电池包级模拟计算速度提高 100 倍。

致谢　该研究在分包项目号 ZCI-1-40497-01 下进行，项目编号为 DEAC3608GO28308。如果缺乏充分的支持和指导将使得这项工作难以实现。作者对美国能源部车辆技术项目的 Brian Cunningham 提供的资金支持和指导表示感谢。我们还要感谢 NREL 的 Gi-Heon Kim 和 AhmadPesaran 担任本项目的技术监督员，并为 CAEBAT 项目提供了宝贵咨询意见。最后，我们衷心感谢以下同事对此研究所做出的贡献：Saeed Asgari，Steve Bryan，Jing Cao，Kuo-Huey，Chen，Lewis Collins，Erik Ferguson，Amit Hochman，Sameer Kher，Genong Li，Shaoping Li，Justin McDade，Sorin Munteanu，Ramesh Rebba，Victor Sun，Dimitrios Tselepidakis，Michae，Tsuk，Jasmine Wang，Erik Yen。

论文发表和会议报告

1. *Taeyoung Han, Gi-Heon Kim, Lewis Collins, "Multiphysics simulation tools power the modeling of thermal management in advanced lithium-ion battery systems," ANSYS Quarterly magazine "Advantage", 2012.*
2. *Taeyoung Han, Gi-Heon Kim, Lewis Collins, "Development of Computer-Aided Design Tools for Automotive Batteries-CAEBAT," Automotive Simulation World Congress (ASWC), Detroit, October 2012.*
3. *Xiao Hu, Scott Stanton, Long Cai, Ralph E. White, "A linear time-invariant model for solid-phase diffusion in physics-based lithium ion cell models.," Journal of Power Sources 214 (2012) 40–50.*

4. *Xiao Hu, Scott Stanton, Long Cai, Ralph E. White, "Model order reduction for solid-phase diffusion in physics-based lithium ion cell models," Journal of Power Sources 218 (2012) 212–220.*
5. *Meng Guo, Ralph E. White, "A distributed thermal model for a Li-ion electrode plate pair," Journal of Power Sources 221 (2013) 334–344.*
6. *Ralph E White, Meng Guo, Gi-Heon Kim, "A three-dimensional multi-physics model for a Li-ion battery", Journal of Power Sources, 2013.*
7. *Saeed Asgari, Xiao Hu, Michael Tsuk, Shailendra Kaushik, "Application of POD plus LTI ROM to Battery Thermal Modeling: SISO Case, to be presented in 2014 SAE World Congress.*
8. *Xiao Hu, Scott Stanton, Long Cai, Ralph E. White, "A linear time-invariant model for solid-phase diffusion in physics-based lithium-ion cell models.," Journal of Power Sources 214 (2012) 40–50.*
9. *M. Guo and R. E. White, "Mathematical Model for a Spirally-Wound Lithium-Ion Cell," Journal of Power Sources 250 (2014), also presented at the ECS meeting, spring 2014, Orlando, FL.*
10. *R. Rebba, J. McDade, S. Kaushik, J. Wang, T. Han, "Verification and Validation of Semi-Empirical Thermal Models for Lithium Ion Batteries," 2014 SAE World Congress, Detroit, MI.*
11. *G. Li, S. Li, "Physics-Based CFD Simulation of Lithium-Ion Battery under a Real Driving Cycle", Presentation at 2014 ECS and SMEQ Joint International Meeting, Oct 5–9, 2014, Cancun, Mexico.*
12. *G. Li, S. Li and J. Cao, "Application of the MSMD Framework in the Simulation of Battery Packs", Paper IMECE2014–39882, Proceedings of ASME 2014 International Mechanical Engineering Congress & Exposition, IMECM 2014, Nov 14–20, 2014, Montreal, Canada.*
13. *Y. Dai, L. Cai, and R. E. White, "Simulation and Analysis of Inhomogeneous Degradation in Large Format LiMn2O4/Carbon Cells," Journal of The Electrochemical Society, 161 (8), 2014.*
14. *T. Han, G. Kim, R. White, D. Tselepidakis, "Development of Computer Aided Design Tools for Automotive Batteries," ANSYS Convergence conference, Detroit, MI, June 5, 2014.*
15. *T. Han, M. Fortier, L. Collins, "Accelerating Electric-Vehicle Battery Development with Advanced Simulation," Aug 21, 2014, Webcast seminar organized by SAE International,* http://www.sae.org/magazines/webcasts.

参考文献

1. Kim GH et al (2011) Multi-domain Modeling of lithium-ion batteries encompassing multi-physics in varied length scales. J of Electrochem Soc 158(8):A955–A969
2. ANSYS (2014) Fluent 15.0 user's guide. Ansys Inc.
3. Kwon K, Shin C, Kang T, Kim CS (2006) A two-dimensional modeling of a lithium-polymer battery. J Power Sources 163:151–157
4. Kim US, Yi J, Shin CB, Han T, Park S (2011) Modeling the dependence of the discharge behavior of a lithium-ion battery on the environmental temperature. J Electrochem Soc 158(5):A611–A618
5. Kim US, Shin CB, Kim C (2008) Effect of electrode configuration on the thermal behavior of a lithium-polymer battery. J Power Sources 180(2):909–916
6. Chen M, Rincon-Mora GA (2006) Accurate electrical battery model capable of predicting runtime and I–V performance. IEEE Trans Energy Convers 21(2):504–511
7. Doyle M, Fulle T, Newman J (1993) Modeling of Galvanostatic charge and discharge of the lithium/polymer/insertion cell. J Electrochem Soc 140(6):1526–1533
8. Cai L, White RE (2009) Reduction of model order based on proper orthogonal decomposition for Lithium-Ion battery simulations. J Electrochem Soc 156(3):A154–A161
9. Smith K, Wang CY (2006) Solid-state diffusion limitations on pulse operation of a Lithium ion cell for hybrid electric vehicles. J Power Sources 161:628–639

10. Li G, Li S (2014) Physics-based CFD simulation of Lithium-ion battery under the FUNS driving cycle. In: ECS transactions, October 5–9, Cancun, Mexico
11. Guo M, White RE (2013) A distributed thermal model for a Li-ion electrode plate pair. J Power Resour 221:334–344
12. Thomas K et al (2001) Measurement of the entropy of reaction as a function of state of charge in doped and undoped lithium manganese oxide. ECS J 148(6):A570–A575
13. Holman J (1976) Heat transfer. In: Section 4.2, “lumped heat capacity system”, 4th edn. McGraw-Hill
14. ANSYS Battery Design Tool User’s Manual, ANSYS, Inc., Version 1.0, 2014
15. Grimme EJ (1997) Krylov projection methods for model reduction, Doctoral dissertation, University of Illinois at Urbana-Champaign
16. Hatchard TD et al (2001) J Electrochem Soc 148:A755–A761
17. Kim GH, Pesaran A, Spotnitz R (2007) J Power Sources 170:476–489
18. Spotnitz RM et al (2007) J Power Sources 163:1080–1086
19. Smith K et al (2010) Int J Energy Res 34:204–215
20. Santhanagopalan S, Ramadass P, Zhang J (2009) J Power Sources 194:550–557
21. MacNeil DD, Dahn JR (2001) J Phys Chem A 105:4430–4439
22. Bayarri MJ et al (2007) Technometrics 49:138–154
23. Bayarri MJ et al (2007) Ann Stat 35:1874–1906
24. ASME PTC 60 (2006) ASME V&V 10 guide, New York
25. Han T, Tselepidakis D, White RE (2015) Development of computer aided design tools for automotive batteries. GM CAEBAT Project – Final report, prepared for subcontract No. ZCI-1-40497-01 under DE-AC36-08GO28308, October 2015

第 5 章 场致机械损伤条件的实验模拟

Loraine Torres-Castro，Sergiy Kalnaus，HsinWang，Joshua Lamb

摘要　电池组件的机械故障是理解电池在外部负载下安全结果的重要组成部分。本章讨论了几个关键参数，这些参数控制着从组件到模组级别的机械响应。具体而言，我们仔细研究了与这些性能相关的实验测量细节，包括测试方法开发、测试样品安装、最小化测量误差和提高某些实验可重复性等方面。

5.1 引言

机械测试在滥用实验中已经得到广泛应用，以评估电池对变形或侵入的敏感性。最常见的方法是采用针刺和挤压测试，主要观察电池对机械破坏的响应 [1，2]。这些测试最初旨在确定电池在发生失效时的响应 [3-6]。后续研究努力将机械破坏作为内短路测试的替代方案，主要原因是缺乏公认的内短路测试方法 [7-10]。此外，在这些测试中，第二个关注点是详细观察电池的机械行为，并确定引发失效所需的机械破坏程度。

最早的机械测试是针刺测试，主要由于制造过程中的意外穿孔（例如，钉枪的意外穿孔）[2]。然而，由于缺乏公认的内短路测试方法，该技术被广泛用作确定内短路敏感性的替代方法。许多研究人员详细介绍了以这种方式使用针刺所存在的重大缺陷 [9-17]。导电钉针侵入会导致广泛损坏和通过多个单体电池极片层发生短路 [15]，与其他方法相比，并不典型地代表了内短路机制 [17]。然而，该测试方法仍在广泛使用，部分原因是仍然存在制造或道路事故中机械侵入引起内短路的担忧，并且与其他方法相比较容易进行。已有一些研究人员包括 Greve 和 Fehrenbach[18]、Sahraei 等人 [19] 以及摩托罗拉公司的研究人员 [7，8] 使用机械变形这种方法，发现在这些条件下失效通常是由于电极宏观破坏引起的，如电极卷绕上出现大裂缝或电极层分层。虽然这些条件可能比针刺更接近实际情况下发生的短路，但它们仍无法形成真实场景的失效条件。与尖锐针刺引起的失效相比，这导致失效具有相对较高的阻抗（至少在最初阶段），并将相关生热集中在一个非常小的体积中 [10-12，14]。虽然内短路测试的发展曾经困扰着我们，但结合这些方法提供了更好的工具来更好地理解锂离子电池的机械力学行为。

在电动汽车中使用电池意味着需要深入理解电池在道路事故中所带来的风险。许多记录在案的汽车电池火灾都与某种形式的碰撞或电池损坏有关 [20]。为确保车辆在碰撞场景中具备相当高的安全性，必须建立强大而全面的机械模型。这些模型开发需要对电池的机械性能和自身行为进行综合理解，因其属于一种复合材料，无法仅通过现有材料性能描述其特点。本章详细介绍了用于更好地理解锂离子电池机械行为和触发热失控阈值的机械测试，并提供数据以支持其他章节中介绍的机械行为模型开发和验证。

5.2　实验设计

所有测试均在 5Ah $LiCoO_2$-石墨商用现货（COTS）电池上进行。在 100% SOC 下进行测试，机械测试前，以 1C 恒定电流速率充电，在全电压下将电流逐渐减小到 0.25A。除非另有说明，大多数测试均在环境温度条件下进行。

使用圆柱形挤压头对单个电池进行机械测试。根据图 5.1、图 5.2 和图 5.3 所示的测试方向进行实验。在初始阶段，以 100% SOC 下的条件进行测试，以确定引发热失控失效所需的变形程度。随后，在 0% SOC 下对电池进行测试和分析，直至观察到引发失效的变形。

图 5.1　单体电池挤压方向显示平行于电池极耳（左）和电池极耳对角线（右）的挤压

图 5.2　单个电池进行三点弯曲试验

图 5.3　12 个电池挤压，测试夹具用于限制挤压冲击方向。圆柱形挤压头挤压电池极耳（左）和挤压电池表面 / 电极层夹具（右）

测试采用半径为 24.4mm 的圆柱形挤压头，在应变速率为 0.01 ~ 10mm/s 时进行。数据采集频率取决于所使用的应变速率，当应变速率为 0.01mm/s 时，数据采集频率为 1Hz；当应变速率为 10mm/s 时，数据采集频率达到 100Hz。选择合适的数据采集频率是确保在主动挤压期间实现至少 10 点 /mm 的应变数据采样频率。测试涵盖了室温和高达 120℃的高温环境。由于电解质和其他电池材料的失效可能会影响机械测试结果，因此未在更高温度下进行机械测试。

在受限的夹具中对 12 个电池组成的电池组进行测试，如图 5.3 所示。约束夹具在电池挤压试验期间使侧向变形最小化。如图 5.3（左）所示，在挤压电池极耳期间使用了半圆柱形的挤压头，而在图 5.3（右）中，则采用扁平的挤压头对电池表面进行挤压。所有电池组的挤压均以 2mm/s 的速度进行，并以 10Hz 的频率记录数据。

首先，在 100% SOC 下对电池组进行测试，以评估触发电池组热失控所需的变形水平。一旦确定了这一点，在 0% SOC 下对电池组进行评估，以提供机械变形的测试后检查。在挤压后，使用目视检查和计算机断层扫描（CT）成像进行评估。所有 12 个电池的电池组的测试均在环境温度条件下进行。

5.3　单个电池接近热失控时的力学行为

图 5.4 展示了温度对完全充电的 5Ah 软包锂离子电池的影响。尽管锂离子电池在机械性能方面通常变化不大，但这项初步研究评估了高于正常工作温度下的电池表现。我们以 0.1mm/s 的速度使用 24.4mm 半径圆柱形挤压头对电池进行挤压测试，测试包括 100% SOC 和 0% SOC 下的电池。100% SOC 电池被挤压至观察到热失控时，而 0% SOC 电池则被挤压至产生热失控的平均变形时停止测试。目前结果显示，在 100℃以下，整体机械性能变化不显著；然而，在 120℃时，我们观察到使得电池发生变形所需力量明显降低，并且我们还观察到在高温下发生热失控之前略微更高的位移。

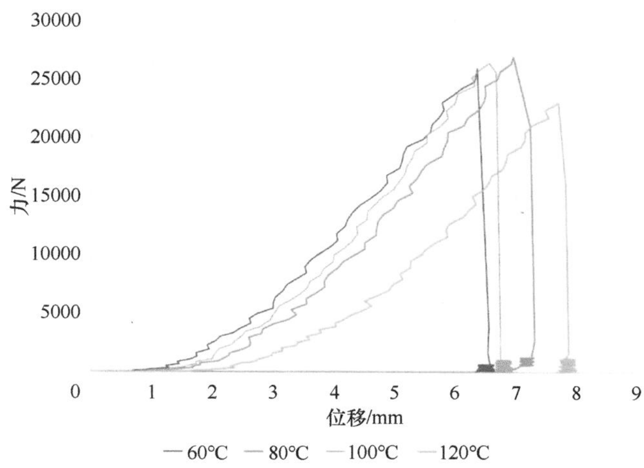

图 5.4　完全充电 5Ah 软包电池的挤压力与位移的关系。在 60℃以下观察到的变化很小；但在 120℃时观察到电池的显著软化。所有试验均在观察到电池热失控时停止挤压

这里的观察结果表明，在较温和的温度下，电池对机械变形的弹性受到温度影响很小。这暗示在较低温度下，机械性能行为几乎没有明显变化，也就是说，直到 120℃之前我们不会预期机械挤压敏感性发生显著变化。后续的测试旨在研究高温条件下不同速率和方向上的情况，以提供关于该敏感性的完整情况。

下一组测试检查了挤压力的方向和应变速率对机械性能的影响，结果如图 5.5 所示。图 5.5 展示了沿着与极耳平行轴以及电池对角线方向上的挤压的变化情况。在最低速率下，这两个方向显示出极少有效变化，在任何一个方向上从 0.01mm/s 到 0.1mm/s 之间的变化都很小。然而，在较高速率下，与极耳平行的挤压表现出更显著的位移，并且当速率为 1mm/s 和 10mm/s 时，力在等效位移处下降。对角线方向也观察到了一些变化；然而，这些变化不如其他观察到的结果有系统性。在较高挤压力水平下，还发现了对角线方向内部断裂失效，电极可能断裂导致力突然下降的证据。

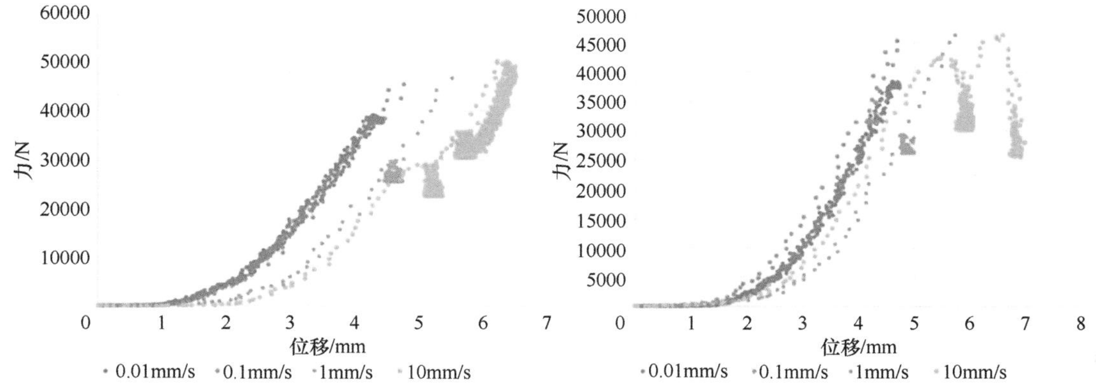

图 5.5　应变速率对平行于电池极耳（左）和电池极耳对角线方向（右）的影响

在实践中观察到的许多机械变形事件都是由于机械屈曲引起的。我们在 100% 和 0% SOC 下进行了电池三点弯曲夹具测试，以评估这一点，图 5.6 和图 5.7 展示了这些测试数据。第一次测试是在充满电的电池上进行的，旨在确定当电池遭受极端机械变形时可能发生灾难性故障的临界点。图 5.6 显示了从充满电的电池测试中选取出来的结果。

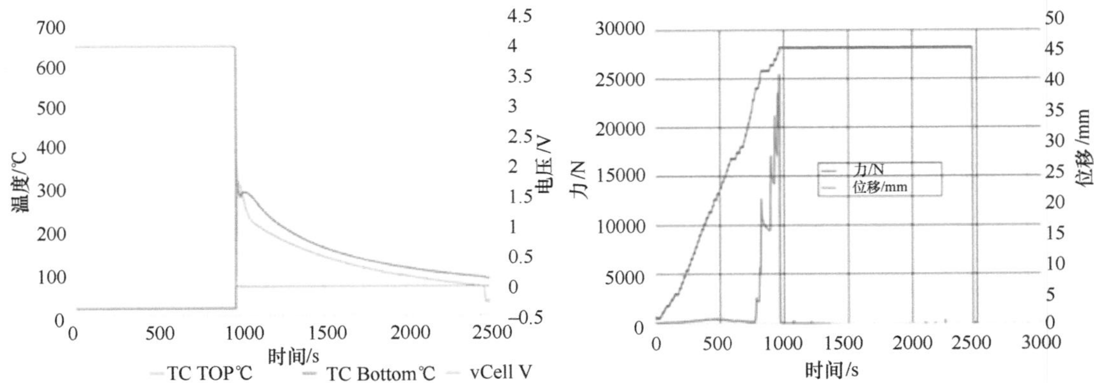

图 5.6　对充满电的电池进行三点弯曲测试。没有观察到电池因弯曲而失控。当发生足够的位移并开始以显著的力量压缩电池时，就会发生失控

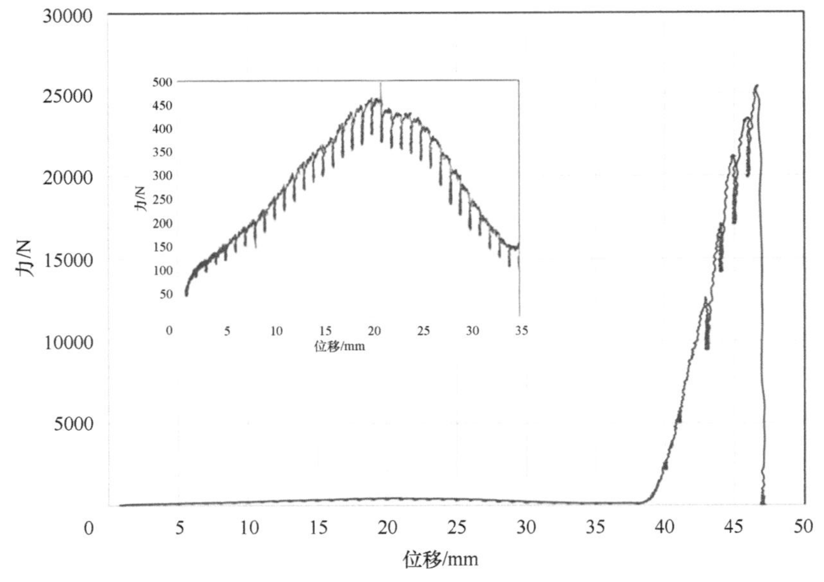

图 5.7　图 5.6 所示测试的力与位移曲线

在图 5.6 中，以 1mm 的增量施加变形，并同时监测电压和温度，以确定热失控发生的位移水平。图 5.6 展示了随时间变化的电压、温度、力和位移结果，而图 5.7（右）展示了测试中力与位移曲线。在初始弯曲阶段未观察到失控现象。当足够的变形开始将电池挤压在夹具底座上

时，可以观察到热失控发生，导致电池失效是由于对电极层的压缩而非弯曲力造成的。最终，在这次评估中始终需要通过对电池进行挤压来引发热失控；仅靠电池本身的弯曲无法造成足够损坏来引起其失效。

下一步工作是确定这些条件下电池的机械性能行为。弯曲试验应变速率从 0.01mm/s 到 10mm/s，观察变形受应变速率的影响，图 5.8 显示了相关数据。结果表明，在低水平的变形下，应变速率影响不显著；然而在电池屈服点处出现一些改变，此时达到最大力并且呈现出不可逆塑性形变。数据还表明，随着应变速率增加，屈服应力向较低的变形水平转移，并且在屈服之前观察到更高整体挤压力。

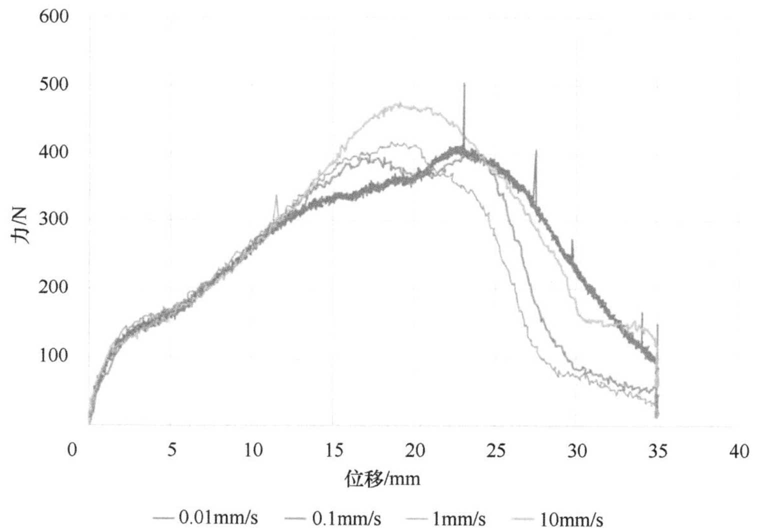

图 5.8　在增加应变速率下对电池进行三点弯曲试验的结果

在经过多种变形和失效模式测试后，单个电池在所测试的应变速率下几乎没有表现出弹性的特点。实验结果显示，电池及其组成层的弯曲 / 屈曲也不足以引发自身热失控。最终，只有对电极进行挤压才能触发热失控。

5.4　12 个电池组成的堆叠模组的圆柱形变形

对具有代表性的 12 个电池组成的电池组进行了挤压试验，为研究电动汽车电池在碰撞中的响应提供了实验基础。同时结合 CT 成像技术，以深入探究电池组在经历大规模变形后内部构造的变化情况。本研究得出了一些重要结果，详见图 5.9、图 5.10、图 5.11 和图 5.12。

12 个电池组成的电池组是通过将商用的 5Ah 软包电池以紧密的配置堆叠在一起而构建的。这些电池组经过机械测试，其中包括垂直于电极层对电池组最长的外形尺寸进行严格压实，同时包括通过圆柱形挤压头对 4 个电池施加与电极层平行的力进行测试。这些配置旨在覆盖第一种情况下对电极层进行压实和第二种情况下对电极层进行弯曲以模拟可能出现的失效。测试分别在完全充电的电池上进行，以确定电池组水平的失效响应，同时在完全放电的电池上进行，以更好地理解机械变形过程。完全充电的电池组进行测试的结果如图 5.9 和图 5.10 所示，图 5.9 显示了通过电池组进行压实的结果，图 5.10 显示了圆柱形屈曲测试的结果。

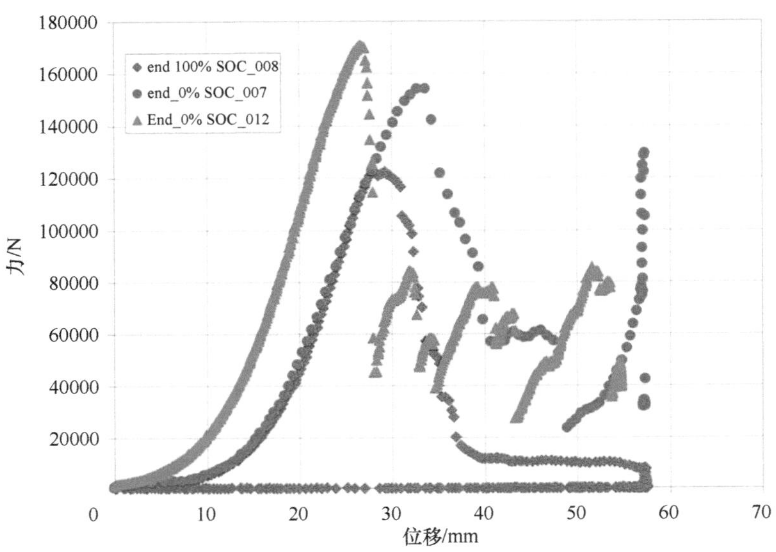

图 5.9　对在 100% SOC 和 0% SOC 下的 12 个电池组成的电池组的极耳进行圆柱形挤压，对比相关结果。0% SOC 的电池被保留用于 CT 评估，以确定热失控变形时的变形行为

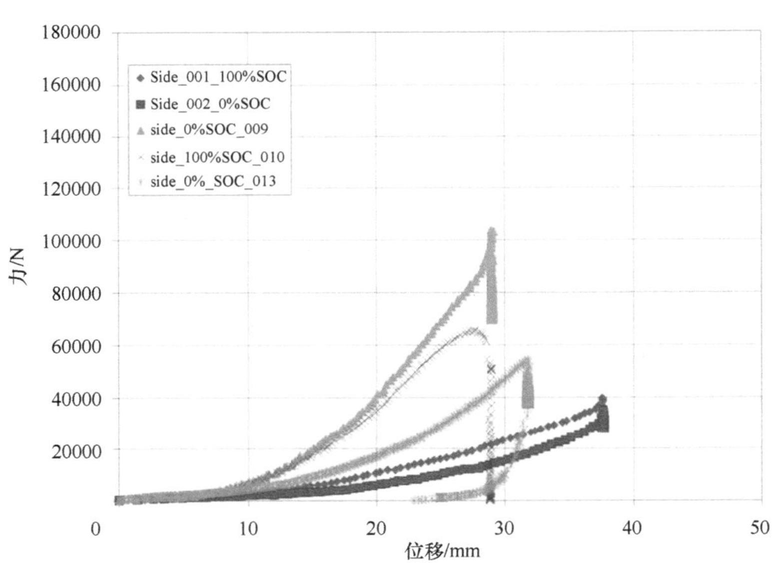

图 5.10　在 100% SOC 和 0% SOC 下，12 个电池组成的电池组的表面力和位移

图 5.11　0% SOC 圆柱形挤压电极极耳。插图（右）显示使用 CT 成像发现的内部切片

这项测试显示了导致电池组失效所需的不同力。通过对放电电池进行 CT 扫描，我们评估了不同的机械性能。图 5.11 展示了圆柱形挤压头如何使电池发生屈曲，并显示出在某些情况下，由于这种屈曲导致电极层严重损坏，在某些情况下则导致电极被拉开，在其他情况下电极则被压紧。这说明在该模式中存在着明显位置将电极层互相压实在一起，并进一步加强上述观察结果，即电池内部的压实是导致热失控失效所需的条件。

图 5.12　0% SOC 挤压到电池表面，显示出失效行为。这些电池在失效时通过电池体发生剪切断裂，在破坏点切割多个电池。这需要明显更大的力才能实现

图 5.12 0% SOC 挤压到电池表面，显示出失效行为。这些电池在失效时通过电池体发生剪切断裂，在破坏点切割多个电池。这需要明显更大的力才能实现（续）

图 5.12 展示了从图 5.9 所收集数据中代表性电极层在垂直方向上的压实结果。这一发现表明应力突然下降可能是由于观察到的尖锐的断裂穿过多个电池导致的剪切断裂引起的。在这种完全受限制的情况下，由于材料成分具有一定刚性，在电池被压缩时，电极层变形空间非常有限。最终导致了电池层的断裂，这似乎与 100% SOC 下热失控中出现的变形点相吻合。

5.5 总结

该研究是作为美国能源部 CAEBAT 项目的一部分进行的，旨在探究锂离子电池在机械变形条件下的行为，并为项目中的合作者开发碰撞模型提供输入。最直接的结果表明，在典型使用条件下，锂离子电池材料的机械性能基本保持不变，因其运行温度远高于正常或从 SOC 观察到的变化很少。尽管未考察超过 120℃以上的温度范围，但这并不相关于此情况，因更高温度会因温度升高本身导致高风险热失控问题。

在圆柱形电池的机械测试中，只有当对电池施加显著压缩时才观察到失效现象。这种失效现象在三点弯曲测试中表现得尤为明显，在作用力较低时即仅发生弯曲时，并未观察到热失控的情况。作用力较高时则会驱动电池失效，因为此时电池经历了足够的变形以导致受到显著压缩。

在电池组测试中，这种失效模式显而易见。因为圆柱形挤压头必须使电池发生明显的变形才能观察到热失控。圆柱体对电池极耳的压缩变形只有当变形超过原始电池的 50% 时，才会引起热失控。在这一点上，可能存在电极层的显著压缩，从而导致高能失效。对电池表面的压缩完全仅仅是一种压缩；然而这表明当完全受限时，随着电池组上施加的力增加，这些电池组也容易发生剪切断裂。

致谢　美国 Sandia 国家实验室是一个多任务实验室，由 Sandia 国家技术和工程解决方案有限责任公司运营，该公司是 Honeywell 国际公司的全资子公司，为美国能源部的国家核安全管理局服务。Sandia 实验室在核威慑、全球安全、国防、能源技术和经济竞争力方面承担着主要的研发责任，其主要设施位于美国新墨西哥州的 Albuquerque 和加利福尼亚州的 Livermore。本章描述了客观的技术结果和分析。

这项工作是由美国能源部能源车辆技术计划资助的 CAEBAT 项目的一部分。

参考文献

1. Orendorff C, Lamb J, Steele LAM (2017) SNL abuse testing manual. Sandia National Laboratories, Albuquerque
2. Doughty DH, Crafts CC (2006) Freedom CAR electrical energy storage system abuse test manual for electric and hybrid electric vehicle applications. Sandia National Laboratories, Albuquerque
3. Balakrishnan PG, Ramesh R, Kumar TP (2006) Safety mechanisms in lithium-ion batteries. J Power Sources 155(2):401–414
4. Wu K et al (2011) Safety performance of lithium-ion battery. Prog Chem 23(2–3):401–409
5. Xia L et al (2011) Safety enhancing methods for Li-Ion batteries. Prog Chem 23(2–3):328–335
6. Scrosati B, Garche J (2010) Lithium batteries: status, prospects and future. J Power Sources 195(9):2419–2430
7. Cai W et al (2011) Experimental simulation of internal short circuit in Li-ion and Li-ion-polymer cells. J Power Sources 196(18):7779–7783
8. Maleki H, Howard JN (2009) Internal short circuit in Li-ion cells. J Power Sources 191(2):568–574
9. Orendorff CJ, Roth EP, Nagasubramanian G (2011) Experimental triggers for internal short circuits in lithium-ion cells. J Power Sources 196(15):6554–6558
10. Hyung YE et al (2011) Factors that influence thermal runaway during a nail penetration test Abstract 413. In: 220th ECS Meeting, Boston, MA
11. Jones HP, Chapin JT, Tabaddor M (2010) Critical review of commercial secondary lithium-ion battery safety standards. In: Proceedings 4th IAASS conference making safety matter, p 5
12. Loud J, Nilsson S, Du YQ (2002) On the testing methods of simulating a cell internal short circuit for lithium ion batteries. In: Das RSL, Frank H (eds) Seventeenth annual battery conference on applications and advances, proceedings. IEEE, New York, pp 205–208
13. Santhanagopalan S, Ramadass P, Zhang J (2009) Analysis of internal short-circuit in a lithium ion cell. J Power Sources 194(1):550–557
14. Wei H-B et al (2009) The comparison of li-ion battery internal short circuit test methods. Battery Bimonthly 39(5):294–295295
15. Lamb J, Orendorff CJ (2014) Evaluation of mechanical abuse techniques in lithium ion batteries. J Power Sources 247:189–196
16. Barnett B et al (2016) Successful early detection of incipient internal short circuits in Li-Ion batteries and prevention of thermal runaway. Meeting Abstracts MA2016-03(2):257
17. Finegan DP et al (2019) Modelling and experiments to identify high-risk failure scenarios for

testing the safety of lithium-ion cells. J Power Sources 417:29–41
18. Greve L, Fehrenbach C (2012) Mechanical testing and macro-mechanical finite element simulation of the deformation, fracture, and short circuit initiation of cylindrical Lithium ion battery cells. J Power Sources 214:377–385
19. Sahraei E, Campbell J, Wierzbicki T (2012) Modeling and short circuit detection of 18650 Li-ion cells under mechanical abuse conditions. J Power Sources 220:360–372
20. Sun P et al (2020) A review of battery fires in electric vehicles. Fire Technol 56(4):1361–1410

第 6 章　电池受机械冲击时的滥用响应

Jinyong Kim, Anudeep Mallarapu, Shriram Santhanagopalan

摘要　在文献中已经广泛报道了模拟锂离子电池正常工作性能以及滥用响应的电化学和热模型。然而，关于电池组件机械失效以及这些失效如何与电化学和热响应相互作用的研究相对较少。本章总结了一个框架，在该框架下开发了计算机辅助工程程序，将外部机械负载导致的失效模式与随后发生的触发和扩展的电化学和热特性耦合起来。我们从基于热、机械和电化学阈值的可扩展方法实现故障标准开始，并强调这些模型对于单个电池或整个模组级别的实用重要性。此外，本章还指出我们对于如下方面的解析还存在一些缺陷，包括碰撞事件下的综合响应，某些失效事件具有随机性质，以及通过捕获不同缓解策略下一些关键设计参数对生热率进行灵敏度分析构建安全地图，并提高电池设计鲁棒性的有效方法。

6.1　引言

随着电池尺寸和体积在各种应用中尤其是在电动汽车中的增加，电池设计工程师对于电池组件的机械完整性和冲击耐受性阈值非常重视 [1-3]。由于可能存在于电池外壳内部或外部的多种因素，导致对机械负载敏感性增强，这可能引入局部阻抗和 / 或短路变化。一旦机械失效阈值被突破，通常会触发高倍率放电。紧接着是快速分解反应（即热失控），以及随之而来的电池排气和能量迅速消耗。解析影响机械负载结果的因素以及随后发生在电池组件之间的相互作用，在制定缓解策略以预防局部失效蔓延方面起到关键作用。多年来，已经为各种应用提出了几项标准 [4]。明显微小变化可以导致机械故障阈值 [5] 在电和热响应中呈指数差异。例如，在压痕后位移增加 60μm 可导致数量级上的短路电流增加，并且这些结果预示着失控事件后控制失效的响应时间急剧减少。

卷绕结构失效的进展是决定内部失效模式和短路后电极如何在电学和热学方面反应的关键第一步。实验结果 [6] 显示了多种失效模式的组合，包括构成集流体的金属箔断裂、铝熔化、多层机械剪切以及碎片二次短路或活性材料脱落。同时，这些因素也会影响到短路电阻。同样重要的是①理解各个相互独立的失效模式以及②不同电池组件之间在电、热、电化学和机械方面的相互作用。例如，Marcicki 等人 [7] 指出，在预测高速冲击期间，机械压头与电池之间接触时间起着关键作用，并且他们进一步得出结论，在较大的电压降之后，热蔓延的倾向更高。

即使在考虑安全响应之前，几个因素使模拟复合电池电极的机械响应变得复杂。研究发现，电极（和隔板）在压缩过程中的响应与拉伸时不同[8]。随着挤压测试进行，电极内部空隙体积逐渐消除[10]，导致刚度增加；而拉伸结果主要由集流体特性决定。因此，可以用泡沫材料来模拟电池组件的压缩响应，但必须像厚金属箔那样模拟拉伸响应。由于样品屈曲引起的并发变化，通常无法对机械特性进行平面测量；然而 Lai[11,12] 已报道了石墨 /$LiFePO_4$ 型电池板中剪切带的形成，并对平面压缩和非平面压缩下的电池组件响应进行了对比。正极和负极集流体的拉伸失效应变低于各自金属（即相同厚度铝或铜薄片）所能承受的失效变形，这是由活性颗粒侵入金属箔引起损伤所致[13]。电池组件在干态和湿态下也存在着特性差异[9,14]。Wierzbicki 等人广泛表征了软包和圆柱形电池的机械特性。一些研究小组报道过根据荷电状态（SOC）或化学成分线性变化的电极模量或失效应变[17,18]，但在我们的工作中发现机械性能对老化条件[19]或操作温度[20]更为敏感。类似地，使用伸缩仪类型的准稳态测量，隔膜[9,14,21,22]和电极[23]的应变速率依赖性已经被报道。正如我们在后续章节中所示，在高速撞击下（对应于车辆碰撞场景）电池组件的响应与文献中报道的基于准稳态测量的趋势有很大差异。

在本章中，我们从实验测量中的一些模型参数的校准开始，回顾了将电池组件的机械响应纳入电化学模型的不同方法。我们强调了电池领域在开发一个全面的能够可靠地捕获各种不同负载场景下的失效结果的模型时面临的一些关键挑战，详细讨论了这些模型的数值实现以及对传统电池模型开发流程所做出的相关修改。我们比较了不同失效模式与实验结果，并分析它们对失效从产生点蔓延到多个电池时产生的影响。最后，我们探讨了实验方法存在的局限性，并提出了替代方法来制定失效分析标准。

6.2 机械建模框架

早期的一些机械失效建模工作如下。在电池组件方面，Sahraei 和 Wierzbicki[2,15,24-26] 首先进行了机械失效建模。此外，Avdeevand Mehdi[27,28] 采用了集总的宏观模型来描述锂离子电池的变形。正如前文所述，Xu 等人[17,29] 考虑了动态响应和应变率效应。电池的宏观机械响应在确定结构负载能力方面具有重要意义，但仅此还不足以理解不同失效机制或机械失效与电气短路之间的相互作用。同样地，单纯发生机械失效并不会导致电气或热失效。为了系统地研究这些相互作用，我们需要全面了解电池组件（如活性材料涂层、隔膜和集流体）的本构特性和失效行为。该框架应考虑到多种触发机制，例如由于电池阻抗突然下降而引起的电压异常、由于机械失效而导致的物理接触，以及机械特性随温度变化而发生变形。因此，多孔结构的失效模式或多孔结构的本构特征还没有得到充分表征；但是，为堆叠或卷绕电池在外部负载下的渐进性失效建模提供一个框架势在必行。

我们提出了一种机械模型中电池组件的替代描述[30,31]，初步基于多孔电极表示[32]。在该模型中，单个电池组件被保留以显示其物理意义，但允许使用“有效性质”简化几何形状。代表性三明治模型[31,33-35]因此明确地考虑了每个电池组件，并预测了由机械挤压导致的电气短路和温度陡增。Sahraei 等人[36] 利用代表性三明治模型在不同的负载场景下模拟了各种电池组件的失效顺序。通过实验和数值研究发现，结构失效主要起始于电极活性材料涂层的变形驱动，因为它们具有较低的拉伸失效应变阈值；随后是集流体断裂（尤其是负极），从而导致应力在隔膜层一侧积累。

6.2.1　机械模型的本构特性

正如我们之前的研究[31]中的详细阐述，预测由机械失效引起的短路取决于对电池组件的渐进式失效的准确描述。这项任务要求明确建模每个电池组件的响应。因此，电池中挤压的机械建模需要为电池组件开发具有代表性的本构模型。先前报道[8]已初步探讨了在组件水平上如电极和隔膜特性方面的拉伸和压缩性能。下一步是验证这些组件模型是否适用于预测电极和隔膜在堆叠中相互交替出现的多级变形，并作为验证这些模型有效性的一部分。本节概述了我们估计活性材料层孔隙率机械参数的方法，并提出描述多孔涂层应力 - 应变响应和失效特性的表达式。我们总结了本构特性，并提出合适的材料模型及其在有限元模拟中的实施方式。

我们使用来自单个电池组件堆叠的拉伸和压缩的测试数据校准了模型，利用这些模型预测了堆叠配置的响应。该配置模拟了实际电池在受到挤压诱导失效条件下的情况。除了之前文献中提供的均匀化模型外，我们还讨论了在电池挤压模拟中实现的组件级别建模方法，明确地考虑了由于电池环境产生的内部应力而引起的电极变形和破坏行为。这些实验和数值结果为改善锂离子电池结构强度以及优化电池结构安全设计提供了深入见解，并将在后续章节中详细讨论。

6.2.1.1　机械表征的样品制备和实验装置

我们从一个容量为 15Ah 商用石墨 /NMC 电池中获取样品，化学成分和厚度信息汇总在表 6.1 中。电池在一个充满氩气的手套箱中打开，在不同负载条件下测试前后，采取适当的措施防止电极短路或磨损。

表 6.1　电池组件的化学和厚度信息①

组件	材料	厚度 / μm
负极集流体 + 涂层	石墨	123
负极集流体	铜	14
正极集流体 + 活性材料	$LiNi_{0.33}Mn_{0.33}Co_{0.33}O_2$(NMC)	92
正极集流体	铝	20
隔膜	PP/PE/PP	20

① 数据摘自参考文献 [35]。

经过破坏性物理分析，我们得到了图 6.1 所示的电池组件。在电池拆解后，每个组件都被隔离并储存在溶剂（碳酸二乙酯）中。该电池的长度和宽度分别为 190mm 和 210mm。在进行测试之前，我们对测试样品进行了清洗、取出并切割成符合机械测试所需尺寸的形状。图 6.1b ~ d 展示了样品的代表性图像。

图 6.1　a）对软包锂离子电池进行破坏性物理分析（DPA），以获取用于评估电池组件机械性能的样品。b）用于测量压缩性能的电极样品：每个电极的多层被堆叠，以避免基质干扰的影响。结果表明，电极上的涂层在集流体之前失效。c）用于测量拉伸下机械响应的电极样品：通过样品中间部分的失效，以确保夹具造成的边缘效应最小。隔膜样品显示缩颈变形，然后是塑性变形。d）用于压痕的电极样品的尺寸使样品尺寸至少大于压痕尺寸的 6 倍，以避免边缘效应。压痕试验结果用于验证组件级模型，其中包含了在压缩和拉伸下测量的机械性能。所有样品尺寸列在 6.2.1.1 节

在准静态表征中，使用了一个 5kN 负载限值的万能试验机。在试验过程中，监测了力和位移数据以获取样品的本构特性和失效应变。拉伸试验时，采用试样模具将电池组件切割成 4in × 0.4in㊀ 的矩形，使用虎钳在每个末端标注 1in，每个量规截面设置为 2in。恒定位移率试验在 0.2 ~ 2mm/min 之间重复进行，使样品受单轴拉力直至断裂。此外，在不同方向下对样品施加拉力并进行多轴拉力实验（未显示）。电极的机械特性与方向无关，而隔膜沿机器方向的拉伸强度高于横向强度。这些是保持机械强度和热诱导收缩之间适当平衡所需的膜基本特性。

压缩试验样品为直径为 0.25in 的圆形件，通过管冲孔冲出。为了避免基底板的干扰，在每次试验中，同一电池组件（如正极涂层箔）按厚度方向进行多层堆叠，并安装在连接到测试夹具的两个钢板之间。每个负极样品由 20 层堆叠组成，而隔膜样品总共包含 96 层。为消除低初始载荷下的不一致性，由于每个样品内各层之间存在气隙，施加了 10N 的预加载。一旦样品断裂或达到载荷极限，则结束压缩试验。

6.2.1.2　拉伸响应

每个电池组件（图 6.2a、c 和 e 分别对应负极、正极和隔膜）的拉伸响应在曲线斜率和最终失效应变方面展现出了良好的可重复性。测试结果揭示了电池组件的弹塑性拉伸行为，并捕捉到了电极的脆性断裂以及聚合物隔膜的顺应性。根据 Sahraei 等人 [8] 和 Lai 等人 [11,12] 早期的研究，我们对电极采用了各向异性线性硬化弹塑性模型：

㊀　1in=0.0254m。

$$\sigma=\begin{cases}E\varepsilon & \sigma<\sigma^y\\ \sigma^y+E_t\left(\varepsilon-\dfrac{\sigma^y}{E}\right) & \sigma\geqslant\sigma^y\end{cases}\tag{6.1}$$

式中，σ、ε 和 E 分别是拉伸应力、拉伸应变和拉伸模量；E_t 和 σ^y 分别是切向模量（定义为材料在过渡到塑性变形后的刚度）和屈服应力（塑性变形开始发生的临界应力值）。图 6.2 还显示了使用式（6.1）拟合各自集流体上的正极和负极涂层的应力 - 应变曲线。Fink 等人 [19] 随后对屈服应力准则进行了经验修正，以提高拟合质量，特别是在老化电极样品中。

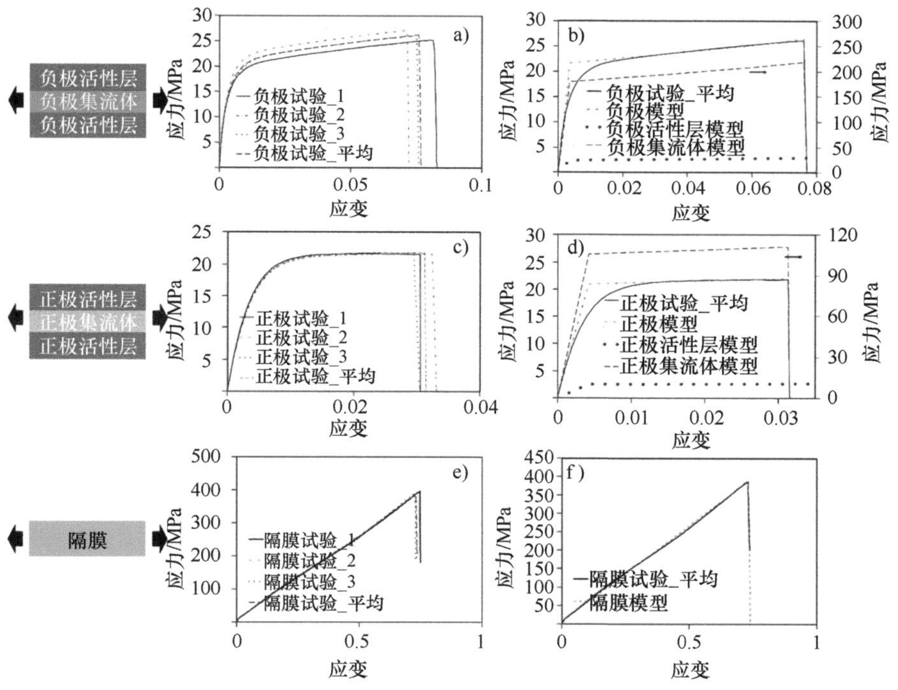

图 6.2　使用拉伸试验数据进行组件级材料特性校准：a）、c）和 e）分别显示复合负极、复合正极和隔膜实验数据的可重复性；b）、d）和 f）显示模型方程的拟合和活性材料特性的提取，这些特性不能在实验中直接测量（经许可根据参考文献 [35] 进行修改）

电池电极是金属箔上活性材料涂层的层状薄膜复合材料。涂层是活性颗粒和聚合物粘结剂的多孔复合材料，涂层对电极的拉伸强度贡献较小。多孔层内部结构不连续导致机械载荷主要通过单轴拉伸下的集流体传递；然而，涂层变形（即活性材料涂层剥落或解体）主要归因于涂层与金属箔之间强度差异所引起的剪切应力通过界面转移。实验测量涂层数值具有挑战性，但从箔的强度来描述涂层的强度以理解电池的安全响应非常重要。为了评估涂层的强度对集流体的贡献，我们采用线性关系将组件贡献与电极的有效响应相关联：

$$F_e = \alpha F_a + (1-\alpha) F_c \tag{6.2}$$

式中，F_e、F_a 和 F_c 分别代表电极、活性材料和集流体所承受的拉力。参数 α 用于表示活性材料涂层对拉伸阻力的贡献程度，并可指定为应变的函数关系，以进行局部线性化响应模拟。已知样品截面积（即宽度乘以厚度），我们生成了每个电极涂层和集流体的应力 - 应变曲线（见图 6.2b、d）。

电极的拉伸失效与集流体的拉伸失效一致。涂层或活性材料具有比集流体更高的韧性值（从图 6.2b、d 中较高的拉伸失效应变推断）。这些结果已在参考文献 [33] 中进行了综述，Wang 等人也报道了类似的结果[38]。在他们的研究中，尽管活性材料基本完好，但集流体仍然发生断裂。这是由于涂层呈多孔结构且粘结剂聚合物具有良好顺应性所导致。据报道，金属箔相对脆弱（$\varepsilon_f \leqslant 10\%$）[23,39,40]。压延过程进一步削弱了箔片强度，并导致与同等厚度薄金属相比，集流体出现早期失效。

6.2.1.3 压缩响应

与金属不同，层压多孔复合材料在压缩和拉伸载荷条件下展现出差异化的机械性能。不同载荷下的失效模式也呈现出多样性。我们采用相同特性设置对电流集流体和多孔层在拉伸和压缩情况下的性能进行了评估。同时，假设压缩响应是各向同性的，因为压缩下的平面测量不切实际。图 6.3a、c 和 e 显示了组件级别上的压缩响应。两个电极均表现出两阶段变形，起初对应于初始孔隙率致密化导致有效模量逐渐降低，然后呈线性响应[11,12]。

测量所得的压缩数据如图 6.3 所示。我们采用了两阶段模型来模拟活性层和隔膜在压缩过程中的响应。该模型假设刚化阶段的杨氏模量 E 以指数形式随着应变 ε 变化，从初始模量 E_0 逐渐增加至完全压实值 $E_{\max}$。

$$E = \begin{cases} E\beta(\varepsilon - \varepsilon_p)_{\max} & \varepsilon < \varepsilon_p \\ E_{\max} & \varepsilon \geqslant \varepsilon_p \end{cases} \tag{6.3}$$

$$E_0 = E_{\max} \mathrm{e}^{-\beta\varepsilon_p} \tag{6.4}$$

在式（6.3）和式（6.4）中，ε_p 代表材料完全压实时的应变。它可以近似为相应层的初始孔隙率。拟合参数 β 决定了在刚化阶段杨氏模量对应变的增加梯度（见图 6.3a、c）。随着应变的增加，模量的增长速度会逐渐减缓，这一趋势可以通过 β 值来衡量。利用式（6.3）积分，我们能够计算出相应的应力 - 应变曲线：

$$\sigma = \int_0^{\varepsilon} E \mathrm{d}\varepsilon = \begin{cases} \dfrac{E_{\max}(\mathrm{e}^{\beta\varepsilon} - 1)}{\beta \mathrm{e}^{\beta\varepsilon_p}} & \varepsilon < \varepsilon_p \\ \dfrac{E_{\max}(1 - \mathrm{e}^{\beta\varepsilon_p})}{\beta} + E_{\max}(\varepsilon - \varepsilon_p) & \varepsilon \geqslant \varepsilon_p \end{cases} \tag{6.5}$$

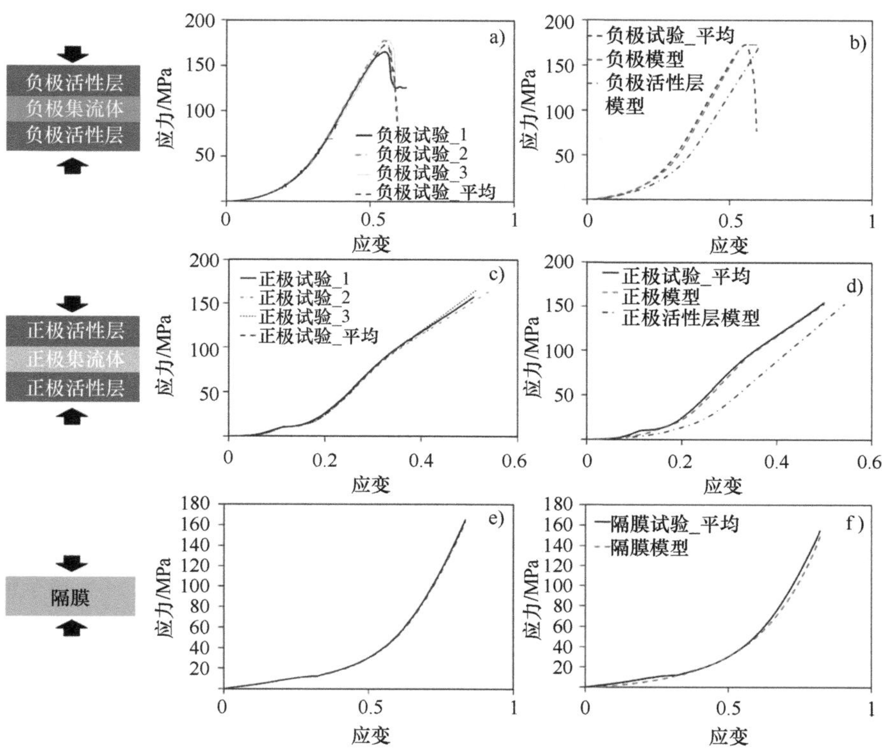

图 6.3　使用压缩试验数据进行组件级材料特性校准：a）、c）和 e）分别显示复合负极、复合正极和隔膜实验数据的可重复性；b）、d）和 f）显示模型方程的拟合和活性材料特性的提取，这些特性不能在实验中直接测量（经许可根据参考文献 [35] 进行修改）

对于电极而言，其由覆盖在集流体两侧的活性材料涂层构成。我们认为三层的有效贯穿厚度应力（σ_{eff}）相同：

$$\sigma_{eff} = \sigma_{active\ mat} = \sigma_{collector} \tag{6.6}$$

为了模拟活性材料涂层的机械性能，β 和 E_{max} 是仅有的两个未知参数。厚度上的有效应变（ε_{eff}）通过对每个组分进行体积加权平均得到：

$$\varepsilon_{eff} = v_{active\ mat}\varepsilon_{active\ mat} + v_{collector}\varepsilon_{collector} \tag{6.7}$$

式中，$v_{active\ mat}$ 和 $v_{collector}$ 分别表示各组分的比例分数。推导参数以模拟电池组件的压缩响应的程序以及相应的参数值详见参考文献 [33]。

6.2.1.4 失效响应

对于预测电池的机械失效，准确的材料断裂准则和组件损伤演化模型是必不可少的。相较于活性材料，集流体和隔膜具有更高的失效强度和压缩比。假设正极和负极活性材料具有相似的损伤行为，选择了基于应变的失效准则。根据以下损伤方程，在应变超过初始阈值（ε_f^0）之后，损坏将发生：

$$D=\left(\frac{\varepsilon}{\varepsilon_f}\right)^{\phi} \tag{6.8}$$

随着损伤的累积，材料的响应往往导致应力降低。受压损伤活性材料的应力状态可能会发生改变：

$$\sigma^*=\sigma\left(1-\left(\frac{D-D_c}{1-D_c}\right)^{\varphi}\right)\forall D>D_c \tag{6.9}$$

6.2.2 机械模型的数值实现

所有机械模型均在 LS-DYNA 中实现，因为这是原始设备制造商（OEM）在车辆级碰撞安全模拟中首选的工具。此外，还有其他类型和商用显式有限元模拟工具可供选择。对于电池组件，我们从 LS-DYNA 库中选择了 MAT_HONEYCOMB 材料模型[15,34,41-44]，其中包含隔膜的各向异性特性。集流体采用弹塑性各向同性进行建模，并将实验数据集导入 MAT_HONEYCOMB 中。通过应用 MAT_EROSION 将来自测试的压缩失效应变 ε_f 转换为体积应变，并在达到失效阈值时使用该模型删除网格微元。由于对称性，只对实验装置响应的四分之一进行了模拟。在实验中未观察到分层的情况下实现了完美粘接；因此，在活性材料和集流体接口上使用共享节点进行建模。挤压头是一个指定速度的刚性球体。动能损失最小；因此，采用时间缩放方式来模拟不同的冲击速度。

6.2.3 组件级验证

验证研究使用直径为 4mm 的冲裁刀对电极层进行压痕试验。压痕试验样品为 30mm × 30mm 的正方形，由 5 对极板组成，分别包括隔膜 / 正极复合层 / 隔膜 / 负极复合层。冲头位于样品中心位置，并施加 2N 的负载，测试过程采用恒定位移速率 0.2mm/min。测试结束标准为样品断裂，并以测量力连续下降作为记录指标。裂纹图样需通过光学显微镜进行检测。

图 6.4 中的实验结果展示了载荷 - 应变曲线上不同峰值所代表的单个电池组件失效情况。当超过第二个峰值时，试样完全断裂，作用力随后持续下降。第一个峰值载荷对应于负极的压缩损伤，紧接着是正极类似的响应。在此之后，径向拉伸裂纹直接从压头下方开始扩展。这些裂纹模式与实验观察一致。因此，这些模拟不仅预测了不同失效机制的发生，还解释了堆叠内部损伤传播现象。Zhang 等人提供了关于损伤演化的详细讨论[45]。

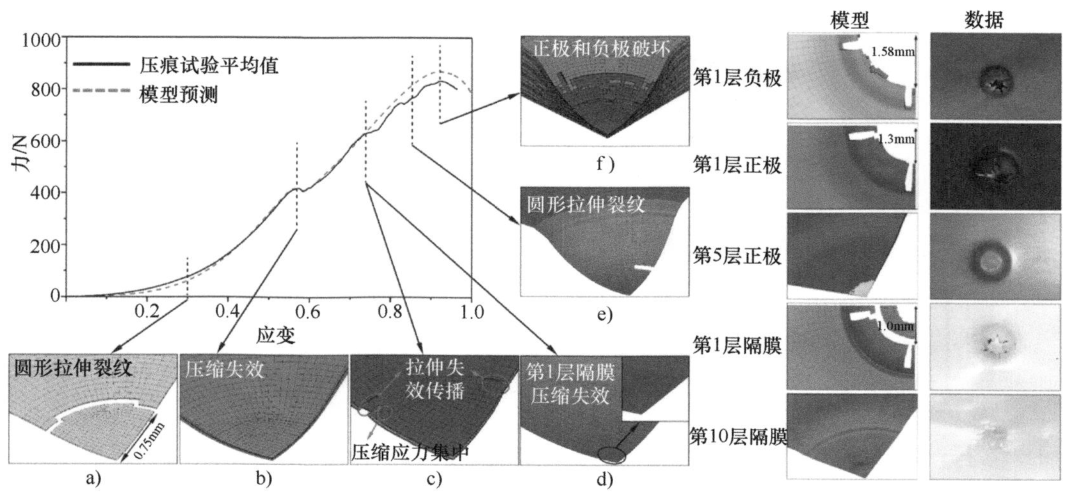

图 6.4　机械模型的组件级验证：使用电池组件的压缩和拉伸数据，采用直径 4mm 的冲裁刀进行压痕模拟，并与实验结果进行对比。除了与数据进行合理的对比外，模型结果还能够捕获每个电池组件内触发每层机械失效内的失效模式（经许可摘自参考文献 [45]）

6.2.4　扩展至电池和电池包级模拟

下一步是将模拟电池在机械负载下的滥用响应结果，从单层或多层堆叠扩展到单体电池级和更高的长度尺度。在高长宽比条件下，保持合理的时间步长以跟踪变形是维持计算负载合理和模拟稳定之间正确平衡的关键。如 6.2.3 节所述，在 65h 内对多对极板进行压痕响应的模拟需要简化几何形状，同时不损失每个组件各种失效模式的准确性。已经成功地进行了电化学热模拟能力在模组和 / 或电池包尺度上的有效仿真 [46]。

6.2.5　代表性三明治模型

在完全均匀的卷绕和具有超过 5 个数量级宽高比的网格单元之间存在一个权衡，用于高保真地表示单个电极或集流体。我们引入了一个代表性三明治（RS）结构，如图 6.5 所示，来定义一个重复模块。每个 RS 包含正极活性材料层、正极集流体层、负极活性材料层、负极集流体层以及隔膜。

在这个示例中，整个软包电池由大约 165 层（或 40 个 RS）组成。为了简化表示，我们将 40 个 RS 视为一个等效的单一 RS，该 RS 具有与层数成比例增加的失效应变。这是通过每层具有成比例的厚度来实现的（如图 6.5 右侧所示）。另一种方法是有选择地改变 RS 层的数量和厚度以捕捉局部损害。不同简化方法及模型阶数降低对机械精度和计算效率的影响已详细讨论 [45]。

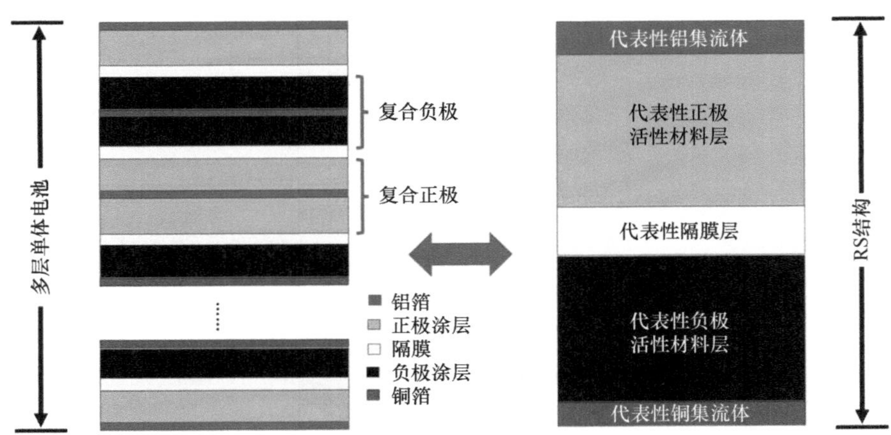

图 6.5　RS 模型几何发展：为了克服受机械变形影响的网格元件的长宽比较差的困难，并提高数值效率，电池的不同层被等厚度的单个 RS 结构近似，同时保留各层的单独破坏准则

使用均匀模型面临的一个关键挑战是确保模型对单个组件变形和失效标准的材料特性具有可靠性。接下来，我们概述了一个计算复合卷绕有效特性的程序，例如基于单层应力 - 应变测量得到的刚度矩阵中的模量组。为了达到说明目的，这里采用了单一固体各向异性线性弹性受压矩形单元进行分析。平面在笛卡儿坐标系（x，y，z）中位于正 z 区域。均匀弹性材料遵循如下的线性本构方程：

$$\sigma_{ij} = C_{ijkl}\varepsilon_{kl} \tag{6.10}$$

式中，σ_{ij} 和 ε_{kl} 分别为应力和应变分量；C_{ijkl} 为弹性刚度矩阵。应力 / 应变分量可进一步细分为平面内向量和平面外向量（对应于下标 || 和 ⊥）。举例来说，考虑到应力分量：

$$\sigma_{\perp} = \{\sigma_{33},\sigma_{23},\sigma_{13}\}^{\mathrm{T}} \quad \sigma_{\parallel} = \{\sigma_{11},\sigma_{22},\sigma_{12}\}^{\mathrm{T}} \tag{6.11}$$

式中，上标 T 表示矩阵转置；下标 1、2 和 3 分别代表平面 x 和 y 方向以及垂直平面的 z 方向（见图 6.6）。因此，式（6.10）可以等价地写成以下简洁的矩阵形式：

$$\sigma_{\parallel} = C_{\parallel}\varepsilon_{\parallel} + C_{\times}^{\mathrm{T}}\varepsilon_{\perp} \tag{6.12}$$

$$\sigma_{\perp} = C_{\times}\varepsilon_{\parallel} + C_{\perp}\varepsilon_{\perp} \tag{6.13}$$

式中，$C_{\perp}$、$C_{\parallel}$ 和 $C_{\times}$ 是广义 Voigt 矩阵，由下式给出：

$$C_{\parallel} = \begin{bmatrix} C_{11}C_{12}C_{16} \\ C_{12}C_{22}C_{26} \\ C_{16}C_{26}C_{66} \end{bmatrix} C_{\perp} = \begin{bmatrix} C_{33}C_{34}C_{35} \\ C_{34}C_{44}C_{45} \\ C_{35}C_{45}C_{55} \end{bmatrix} C_{\times} = \begin{bmatrix} C_{13}C_{23}C_{36} \\ C_{14}C_{24}C_{46} \\ C_{15}C_{25}C_{56} \end{bmatrix} \tag{6.14}$$

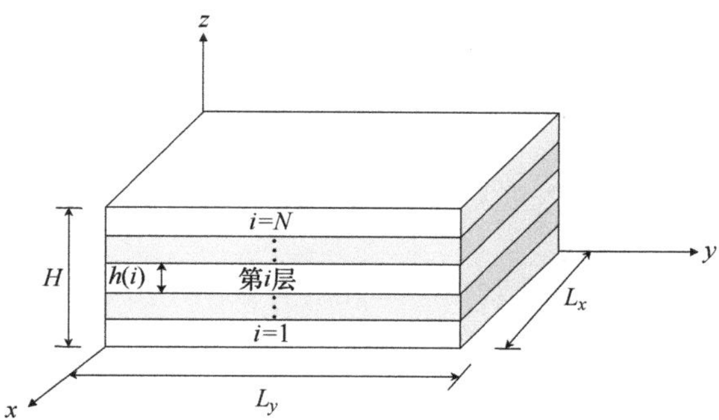

图 6.6　用于 RS 模型的有效本构特性开发的坐标系（经许可摘自参考文献 [34]）

现在考虑到由 N 层组成的卷绕，每一层都是由均匀材料构成。我们假设①每个界面上的位移和牵引力是连续的，②板的总厚度（H）远小于平面尺寸（L_x，L_y）。因此，可以近似认为每一层的平面应变是有效的：

$$\bar{\varepsilon}_{\parallel}=\varepsilon_{\parallel}^{(1)}=\varepsilon_{\parallel}^{(2)}=\cdots=\varepsilon_{\parallel}^{(N)} \tag{6.15}$$

式中，上横线表示分层复合材料的有效性质；上标（i）表示与第 i 层相关的量（$i=1,2,\cdots,N$）。这些层中的每一层都可以代表同一电池组件或不同物理电池组件（负极、隔膜、正极等）中的多个计算微元。有效贯穿平面应变通过 N 层中应变的体积（厚度）平均值计算：

$$\bar{\varepsilon}_{\perp}=v^{(1)}\varepsilon_{\perp}^{(1)}+v^{(2)}\varepsilon_{\perp}^{(2)}+\cdots+v^{(N)}\varepsilon_{\perp}^{(N)} \tag{6.16}$$

式中，$v^{(i)}=h^{(i)}/H$ 为第 i 层的体积分数，而 $H=h^{(1)}+h^{(2)}+\cdots+h^{(N)}$ 为总高度。类似地，有效平面应力为各层应力的平均值：

$$\bar{\sigma}_{\parallel}=v^{(1)}\sigma_{\parallel}^{(1)}+v^{(2)}\sigma_{\parallel}^{(2)}+\cdots+v^{(N)}\sigma_{\parallel}^{(N)} \tag{6.17}$$

在此情况下，各层面外应力与有效面外应力之间存在一定关系：

$$\bar{\sigma}_{\perp}=\sigma_{\perp}^{(1)}=\sigma_{\perp}^{(2)}=\cdots=\sigma_{\perp}^{(N)} \tag{6.18}$$

经过代入本构方程 [式（6.10）~ 式（6.14）] 并按照参考文献 [47] 中所述的程序，我们能够明确地计算出有效刚度矩阵：

$$\bar{C}_{\perp}=\left[\sum_{i=1}^{N}v^{(i)}\left(C_{\perp}^{(i)}\right)^{-1}\right]^{-1} \tag{6.19}$$

$$\bar{C}_{\times}=\bar{C}_{\perp}\left[\sum_{i=1}^{N}v^{(i)}\left(C_{\perp}^{(i)}\right)^{-1}C_{\times}^{(i)}\right] \tag{6.20}$$

$$\bar{C}_{\times}^{\mathrm{T}}=\left[\sum_{i=1}^{N}v^{(i)}C_{\times}^{(i)\mathrm{T}}\left(C_{\perp}^{(i)}\right)^{-1}\right]\bar{C}_{\perp} \tag{6.21}$$

$$\bar{C}_{\parallel}=\sum_{i=1}^{N}v^{(i)}C_{\parallel}+\sum_{i=1}^{N}v^{(i)}C_{\times}^{(i)\mathrm{T}}\left(C_{\perp}^{(i)}\right)^{-1}\left(\bar{C}_{\times}-C_{\times}^{(i)}\right) \tag{6.22}$$

迄今为止，我们已成功推导出宏观均匀单元的有效刚度分量。对于电池挤压的显式模拟，我们根据负载和边界条件计算了增量应变，并利用其计算了有效应力和应变演化过程。通过将有效应力、应变以及本构方程式（6.10）和式（6.11）代入式（6.12）~式（6.22），我们能够计算每个单层的应力和应变历史。

这种方法有多个优势：

1）可以将组件的变形历史与其电热特性相耦合，例如结合层厚 / 体积的导电性和孔隙率的演变。

2）可以根据每个组件的机械响应为其定义特定的失效标准，从而预测变形过程中短路电阻的变化。

3）通过将经塑性变形处理过的组件纳入本构方程式（6.11），可以扩展这种均匀化方法到非线性材料模型，并且式（6.15）~式（6.18）所假设的条件仍然适用。

6.3　与电化学和热模型的耦合

我们需要一个框架来分析机械变形与电化学电池内发生的电化学和热（ECT）过程之间的相互作用。一种明显的解决方案是先进行机械模拟，然后使用变形的几何形状进行电化学和热模拟[48]。这种单向耦合方法对于机械事件具有非常小的时间常数，并能有效地从电化学和热模拟中解耦，因此在实例中非常高效。然而，该模型也存在缺点，无法分析几何上的连续变形，并且不能将电化学和热模拟结果融入机械响应中。

6.3.1　电化学建模框架

6.2.5 节概述的均匀化技术已被扩展应用于电化学、热和电模型的耦合[49]。利用前文所述方法计算了卷绕的有效机械性能。针对电化学问题，我们采用了一个伪二维模型[50-52]。此外，我们还引入了来自参考文献 [53-55] 中提出的替代实现途径。模型方程和参数的详细信息可参考文献 [52]。当几何形状发生变形时，不同相的体积分数、孔隙率和孔径会同时发生变化。这些变化在实验中很难解耦。

基于压缩加载条件背后的假设，孔隙率与厚度呈线性变化，并可用来反映电解质扩散系数等传输性质随加载条件变化的情况。我们未明确模拟 Bruggeman 系数的变化，这需要在复杂加载条件下逐项评估。然而，在机械模拟中捕获了孔隙率的时间变化，并在实施电化学模型时予以考虑。

6.3.2　数值实现

LS-DYNA 针对机械更新（umat）、热（thumat）和微元公式（usrsld, usrshl）变量有单独的 FORTRAN 子程序 [42]。为了说明目的，我们在固体微元中使用这些方法。在每个固体机械微元上，电化学模型通过单独的几何求解（见图 6.7）。需要注意的是，这种方法允许电化学和热模型指定与机械模型无关的独立网格和 / 或时间步进方案，尽管这并非强制要求。通过电化学子程序读取的厚度应变组件用于更新相应的尺寸。

使用多尺度建模方法，力学已经采用大变形宏观模型进行建模。宏观尺度温度（T_{macro}）的变化由每个网格微元中集总热源（$\dot{q}_{local}$）控制，每个网格单元都嵌入了一个电热模型。通过热传导来调节单元之间的热传递，从而满足热方程 [式（6.23）]。集总热源（$\dot{q}_{local}$）包括了短路热、焦耳热和反应热三者的总和。局部温度（图 6.7 中的 T_{local}）为厚度的函数并按下式计算：

$$\frac{\partial(\overline{\rho c_p} T_{macro})}{\partial t} = \nabla \cdot (\bar{\kappa} \nabla T_{macro}) + \dot{q}_{local} \tag{6.23}$$

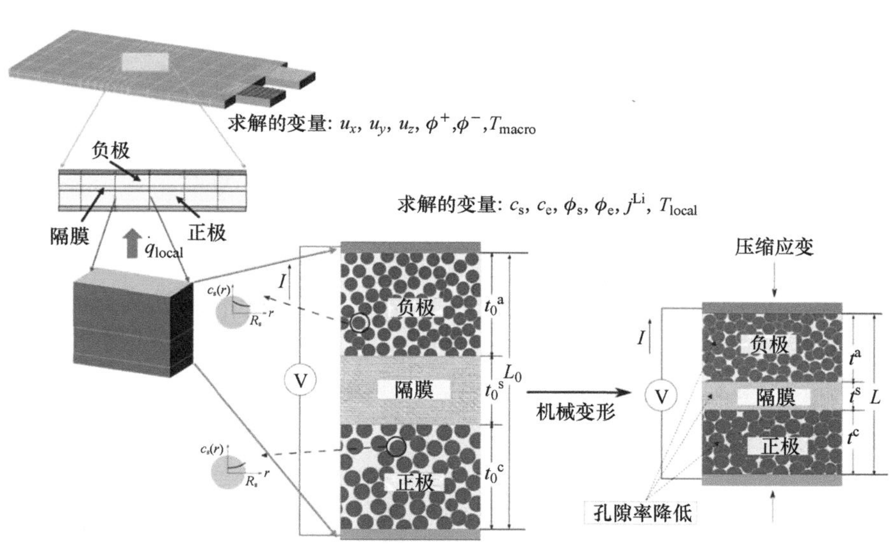

图 6.7　机械变形过程中锂离子电池建模的多尺度方法。内部各层厚度的减少影响孔隙率和有效传输特性。同时耦合机械、电化学和热模型捕获变形过程中电化学行为的演变（经许可摘自参考文献 [49]）

机械模型提供了每个时间步长下单个电极和隔膜的压缩应变值，以便更新电化学模型中的瞬时层厚度。当前时间步长下每层厚度为

$$\frac{t^i}{t_0^i} = \exp(\epsilon'^i_{zz}) = 1 + \epsilon^i_{zz} \tag{6.24}$$

式中，$\epsilon^i_{zz} = \Delta L/L_0$ 为第 i 层工程应变的透射厚度分量。每层的孔隙率和厚度的参考状态用下角标 0 表示。厚度的变化导致组件内部孔隙率的变化。电解质的有效电导率和扩散系数参数是局

部孔隙率的函数，当孔隙率发生变化时，根据式（6.24）自动更新。孔隙率（ε）与厚度的相关性采用下式描述：

$$\varepsilon^{i} = \varepsilon_{0}^{i}\left(\frac{t_{0}^{i}}{t^{i}}\right) \tag{6.25}$$

电池模型所产生的热量被视为源项，并传递给热子程序。在热求解器中应用时间缩放，使用参数 TSF（热加速因子）($=10^3$)，该参数在 LS-DYNA 软件中通过 *CONTROL_THERMAL_SOLVER 关键字进行设置；而在使用显式求解器时，在机械仿真过程中采用类似的伪时间，以避免计算步骤的复杂性。电化学模型作为用户自定义函数调用实现于机械子程序中，并且经过几个机械时间步骤后一次性求解，以提高计算效率。

6.3.3 几何和网格化

通常使用 Hypermesh 进行三维几何网格处理。在定义计算几何以消除高宽比差异的微元时，这些修改被用于验证简化对后续热模拟结果的影响是否合理。网格质量的灵敏度分析常用于解决数值伪影问题。网格和微元类型的选择应与所解决物理问题相一致。同时，机械和电化学及热响应求解工具的选择允许微元类型组合和匹配。在某些情况下，机械模型可有效地采用壳微元实现，而与电化学和热模型相关联的 CFD 模拟则基于固体微元进行。在单个电池内部，连续导电区域（如卷绕、极耳和端子）通过共形网格离散化并共享节点来表示。*CONTACT_AUTOMATIC_SINGLE_SURFACE 选项可在 LS-DYNA 中定义剩余表面之间的接触关系。对于单向耦合的模型，完成机械仿真后，在 ANSYS Fluent® 中导入变形网格进行电化学热仿真，并将应变场作为几何坐标的函数考虑进去。在变形几何中，每个相互接触的表面对之间手工定义了不一致网格接口。在稍后章节中将讨论稳定同步仿真方案（包括双向耦合）。

6.4 电气短路的描述

模拟电池在机械挤压后的电气结果和随后的热响应中，纳入电气短路是一个关键方面之一。对于单个电池以及模组或更大规模上外部短路的模拟相对较简单：通过施加边界条件将端子与电阻器分离，并根据并联电阻值指定放电电流，这是两种常见方法[56,57]。然而，实现内部短路模型则更为复杂。过去提出了几种方法，但相关文献数量有限。在本节中，我们回顾了其中几种方法。

6.4.1 固定几何形状的内部短路

在这种方法下，内部短路由高电导率的模型域所表示，并指定为初始几何形状的一部分（见图 6.8）。该模型域通常具有规则的几何形状（例如半径固定的圆柱体，连接正极堆叠和相应负极的一部分）。一个典型例子是针刺测试的仿真，在此测试中，导电钉针用于提供电池内部短路路径。该模型通常通过施加电压连续性准则来描述钉针与相邻电极和/或集流体层之间的关系。单个电极被初始化为与发生短路前相同 SOC 下的电极和电解质电位值，以保持其充放电历史记录一致。这些仿真对于分析电池内部电阻和短路电阻之间的权衡方面具有重要洞察力。当短路电阻较高或者短路区域能够覆盖较小比例的电极几何形状时，局部温度往往会引起局部化的短路现象。因此，当仿真不同大小的电池时，使用相同电阻值进行建模将产生截然不同的结果。这些模型还善于识别二次加热区域（通常在正极片周围），因为与正常放电情况相比，在发生内部短路时，同样的极耳区域会产生更高的电流密度，从而导致二次加热。

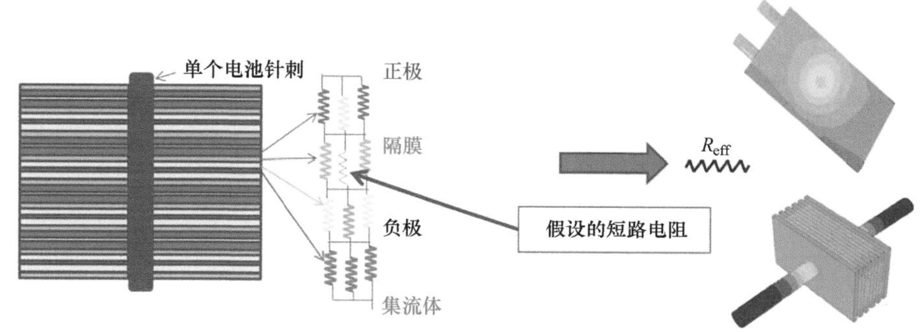

图 6.8　在单电池和多电池模型中，使用单个固定值电阻来近似短路是一种简单而有效的模拟硬短路（例如低电阻钉针穿刺）的方法

6.4.2　带几何演变的内部短路

随着时间的推移，短路逐渐演变，或者由于电池组件的缓慢机械变形，导致导电组件的接触面积可能会随时间发生变化。前文所述框架可以扩展以描述这些变化。我们在 6.2.1.4 节中详细描述了不同电池组件的机械失效标准，在耦合机械 - 电化学 - 热模拟中，这些标准构成了预测短路发生时间的基础。

失效标准所要求的通过短路的接触面积是各微元 i 的平面面积（$a_{s,i}$）加和计算而得：

$$A_{\text{Short}} = \sum_{i=1}^{n} a_{s,i} = \sum_{i=1}^{n} L_x^i\,(1+\epsilon_{xx}^i)\,L_y^i\,(1+\epsilon_{yy}^i) \tag{6.26}$$

需要注意的是，在每个时间步中，可以通过对每个微元进行失效判据评估来更新接触面积。下一步是计算短路电阻，该电阻根据受到短路影响的不同微元的电导率来确定：

$$\frac{1}{\kappa_s a_s} = \sum_{i=1}^{n} \frac{1}{\kappa_{s,i} a_{s,i}} \tag{6.27}$$

其他公式包括利用短路条件下的平均电导率值和 / 或引入可通过实验数据校准的界面电阻。这些方法可以与这里所提出的方法相互结合使用。这样短路电阻可按下式计算：

$$R = \frac{1}{2\kappa_s r} \tag{6.28}$$

式中，r 为该微元的等效半径，通过应用公式 $a_s = \pi r^2$ 计算得出。根据式（6.28）所获得的 R 数值代表了一种空间分布函数，并可导出为 ASCⅡ 格式文件，以供电化学和热模拟时作为输入使用。

组件的机械失效是诊断故障发生的标准之一。需要精确建立模型，以加入伴随机械失效发生时电气和热学特性变化的信息。例如，在导电层之间物理接触前，我们可以定义电阻下降作为局部应变沿平面方向的函数。同样地，可以将失效标准定义为局部温度函数（如隔膜熔化或收缩）。还有二次短路出现的情况，这是由于最初机械诱导短路引起过热。对于这些情况，指定组件热失效的标准也适用。

6.4.3 短路电阻的随机描述

短路电阻可以作为电池或卷绕的加载条件厚度的函数来测量，并用作电池级模拟的查找表。然而，任何机械冲击实验都面临着测试结果变化程度的持久挑战。即使在最受控制的实验组中，仍存在一系列测量电阻和失效阈值的值。我们旨在将这些变化降至最小限度，在允许范围内保持低于该范围时，其对电池安全性结果影响不会显著改变。例如，如果模型能够表明只要给定场景下的短路电阻变化不超过 ±30%，EUCAR 响应将保持一致，则此种变化可被视为可接受。

为了进行这些模拟，我们将短路定义为电阻网络（见图 6.9），其中包括发生短路的两层中的组件、隔离它们的任何屏障层以及电池内的任何外来物碎片。每个电阻都可以通过在组件级别进行一系列测量来确定。接触电阻可以计算为跨两层复合材料测量的电阻与单个组件的电阻之间的差值。需要注意，接触电阻是数据点集合而非单一数值。一旦这些结果被编译成查找表（或钟形曲线），我们对每个网络元件的单个电阻进行随机抽样（例如使用 Latin 超立方方案）。有效短路电阻（R）是从统计显著性模拟集估计出最可能值。

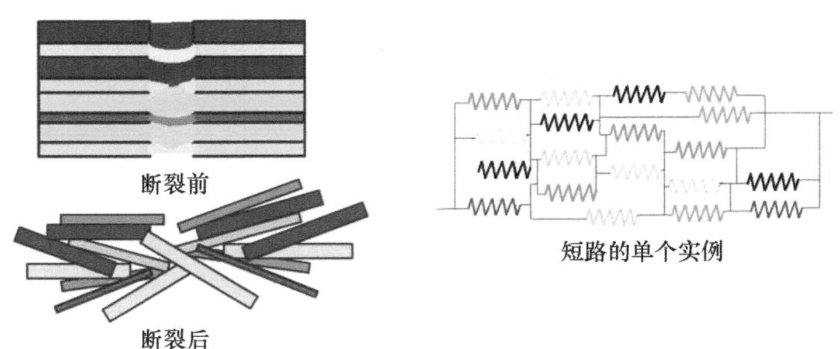

图 6.9 采用了电池组件的电子电导率的实验测量值对短路进行随机描述。单层的厚度变化解释了单层机械失效前电池内部电阻的变化。机械失效后的短路导致不同层接触，这由一系列电路来模拟，每个电路表示具有不同的概率。通过计算这些电路的有效电阻，可以得到短路电阻的分布和最大似然估计值

6.4.4　短路响应的电化学 - 热建模

一旦通过实验测量或上述方法之一确定短路电阻，接下来需要计算短路电流密度和生热率。为了探究不同孔隙率对短路的影响，在接触面积方面，我们采用如下关系描述体积接触电阻（r_c）和短路电阻（R）：

$$r_c = RA_{\text{Short}} \tag{6.29}$$

短路电流密度作为电化学和热模型的组成部分，按下式计算：

$$j_{\text{Short}} = \frac{a(\phi_+ - \phi_-)}{r_c} \tag{6.30}$$

式中，ϕ_j 为短路时固相 j 表面的电位；a 为体积平均比表面积（m^2/m^3）：

$$a = \frac{A_{\text{Short}}(1-\varepsilon_j)}{t^j a_s} \tag{6.31}$$

则短路的生热率可以表示为 [34]

$$\dot{q}_{\text{Short}} = \frac{(j_{\text{Short}})^2 r_c}{a} \tag{6.32}$$

变形网格通过使用 NASTRAN 批量数据文件（bdf）格式从机械模拟中导出，并导入电化学和热模型。每个时间步结束时，空间坐标函数的电阻值以 ASCⅡ文件形式导出，然后通过用户自定义函数映射到变形网格上。在将机械变形后的复杂几何形状导入时，需要进行额外的中间步骤通过网格化工具消除网格微元长宽比差异和 / 或负单元体积问题。

6.5　单电池模拟结果

本节展示了利用电流建模方法计算电化学 - 热响应的一些结果示例。为了改变实验中的短路电阻，可以通过调整机械压头尺寸来实现。在参考文献 [34] 中详细讨论了不同挤压头尺寸下的应力应变响应以及相应短路电阻的变化情况。为了探究单个电池响应与电池外部传热之间的相互作用，我们通过调节集流体表面的传热系数来改变冷却速率。

6.5.1　同时模拟与顺序模拟

在 6.2 节中，我们详细讨论了求解机械变形问题，并随后在变形网格上进行电化学和热模拟。此外，我们还简要介绍了同时耦合机械 - 电化学 - 热（MECT）方程的情况，以处理具有可比性时间常数的不同物理现象。这里给出一个例子来突显两种方法之间的差异。图 6.10 展示了在相同机械载荷下使用顺序模拟和同时模拟时所得到的电流分布，使用箭头图绘制于变形几何图形上。正如前文所述，采用 MECT 方法能更真实地捕获短路电流路径，并对热阻和温度差积累产生影响。

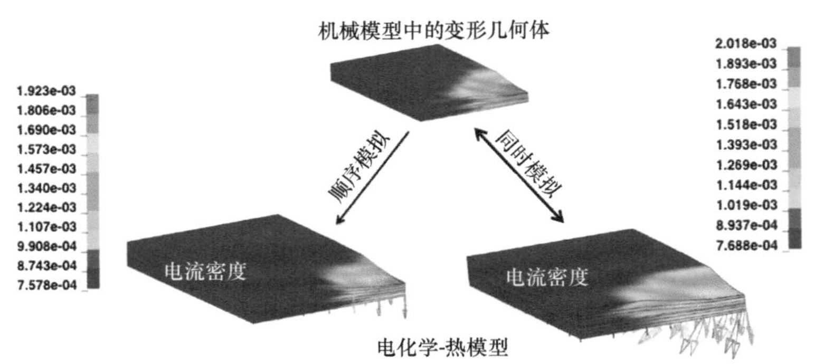

图 6.10　短路周围区域电流密度分布的对比：在给定负载条件下，当电化学 - 热模型参数相同时，机械仿真与电化学 - 热仿真同时耦合可准确表示电流密度，包括电流密度矢量的方向

例如，根据机械失效的阈值，电池内部引起的损伤类型可能导致不同导电层之间发生短路。因此，短路电流的大小以及产生的温度在很大程度上取决于引起短路的导电层。与通过两个金属集流体之间发生短路相比，正极中活性材料与负极涂层接触而引起的短路通常对电子流动具有相当高的阻力。

这些效应是通过上述 MECT 建模方法捕获的，如图 6.11 所示。这些仿真对于具备可靠机械、热和电气失效标准的电池组件设计而言具有实际意义，并且必须满足预期的操作和安全约束。

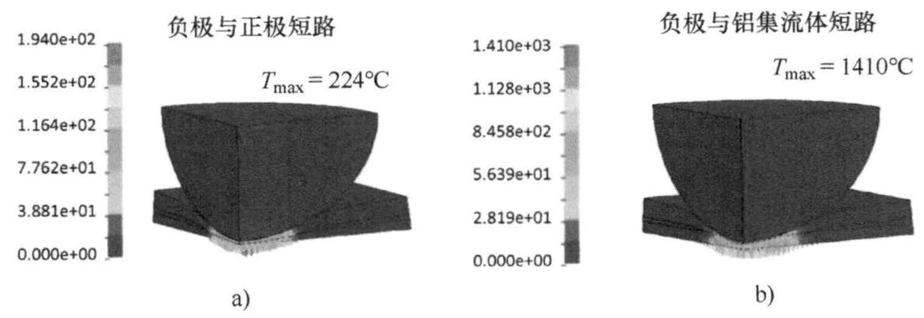

图 6.11　电池内部不同类型层的温度差异比较：当两个电极的活性材料接触（a），产生的短路具有相对较高的电阻，因此与高导电的碳负极和铝集流体之间的短路（b）相比，通过的短路电流较低。相应地，局部最大温度也不同。我们早先表明 [58]，虽然两个集流体的短路电阻与情况（b）相当，但由于铜集流体具有更好的热特性，有助于短路热量的散热，因此导致 T_{max} 较低

6.5.2　固液相中的物质组分分布

在短路发生时，短路区域周围的活性材料消耗速度更快。由于①通过短路产生高电流密度，②长宽比较差（电极厚度远小于平面尺寸），以及③较高温度促进了更快的动力学反应，在短路区域下方的活性材料浓度在厚度方向上呈不均匀分布。当我们远离短路时，电极上的浓度梯度会随着温度分布而变化。

电池的放电通常受限于通过液体电解质中 Li^+ 离子传输。因此，对内部短路条件下的电解质反应进行深入理解至关重要。图 6.12 展示了 Li^+ 在电解质中的分布情况。液态电解质中 Li^+ 沿厚度方向上的通量为

$$\vec{j}_{c_e} = -D_{c_e}^{\text{eff}} \nabla c_e \tag{6.33}$$

可以观察到锂离子消耗发生在活性材料远远早于阴极电流集电体短路区域界面（见图 6.12a）。这是因为锂离子迅速扩散到活性材料，并且由于高温和与可用电子的接近，该界面的电流密度得到增强。类似现象也在铜箔与短路区域之间的界面上被观察到。随后（见图 6.12b），锂离子通量变得相对均匀。对于这组参数而言，电解质浓度不均匀性持续存在较长时间才远离短路区域，在此过程中缓慢地影响着电池升温。

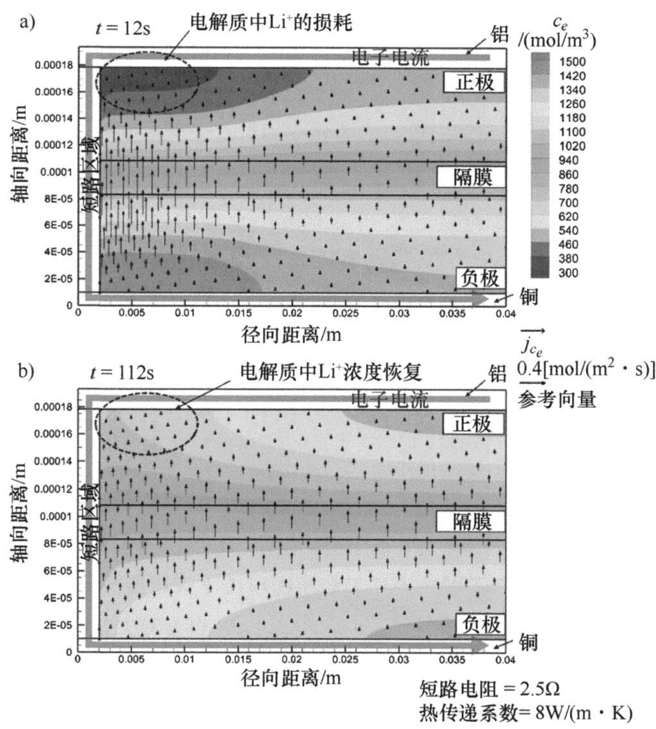

图 6.12 短路演变过程不同时间步电解液中 Li^+ 浓度和扩散通量的快照：对于一个相对较大的短路电阻（2.5Ω）来补偿电子流（瞬间发生），Li^+ 在几秒钟内（a）从负极迁移到正极，导致浓度（等值线）和扩散通量（箭头）的变化。这些变化随着时间的推移逐渐平缓（b）（经许可摘自参考文献 [59]）

6.5.3 短路电阻与电压和温度响应

图 6.13 展示了不同电阻短路时的电池级别的典型响应。图 6.13a 呈现了短路时的电压演变。正如预期，较低的短路电阻下由于放电电流更高，导致更大的电压下降。随着电阻的增加，电

压恢复也逐渐增加。电压恢复达到最大值的点与最大生热率一致（见图 6.13c）。此外，随着进一步降低短路电阻，由于正极动力学无法抑制 Li^+ 超过更高温度下对传输特性改善所带来的影响，因此会减少其电压恢复。

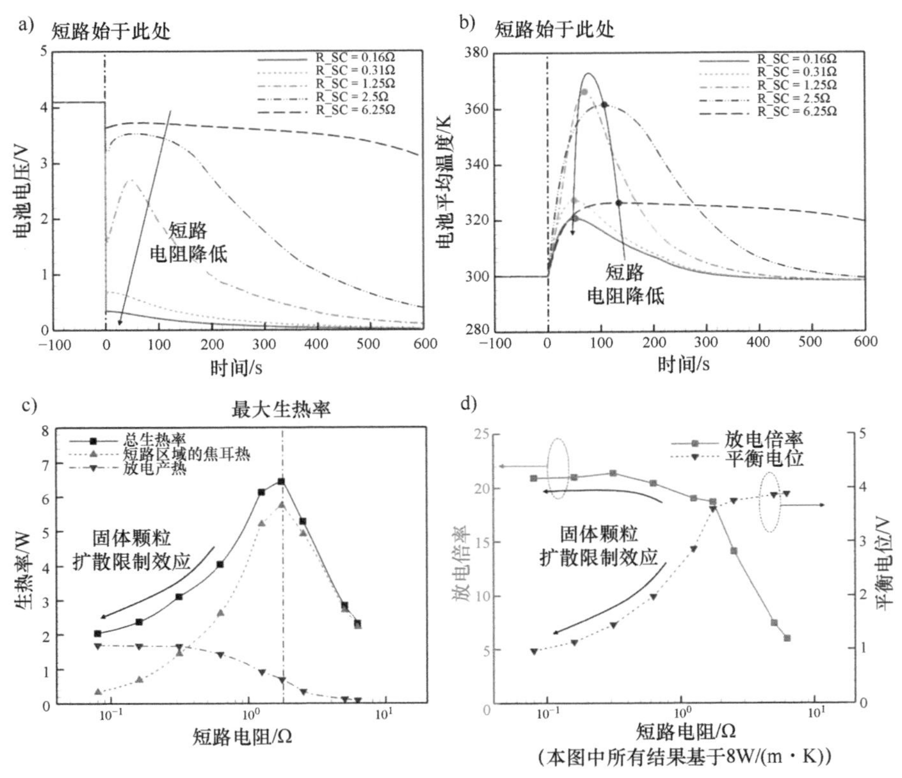

图 6.13　a）不同短路电阻下的电压响应。b）不同短路电阻下的温度响应。c）不同短路电阻下各种热产生机制的占比分析。d）不同短路电阻下的放电倍率和平衡电位（采用传热系数 8W/(m・K)；图 6.13c~d 中选取了 90% SOC 的数据）（经许可摘自参考文献 [59]）

在这些模型中，电压恢复与热条件明显相关：图 6.13b 显示了不同短路电阻下电池温度的时间演变。可以观察到最初随着短路电阻降低，峰值温度升高。当短路电阻为 1.25Ω 时，出现最大温度差（达到 365K），进一步降低短路电阻导致温度差减小。通过对生热率（在 90% SOC 或 4V 时）作为短路电阻函数进行的热占比分析结果表明，这种趋势是由于当短路电阻小于 1.25Ω 时焦耳热减少所引起的。由于短路区域的局部生热随着短路电阻的降低而降低，大部分生热贡献来自于电池放电，导致电池从“局部加热”转向“整体加热”模式。类似趋势也在参考文献 [56,60,61] 中也有报道。这一趋势还有助于解释图 6.12 所示的电解质浓度作为距离短路区域的位置函数的相对变化。因此，锂离子的可用性决定了电池局部短路到整体加热的过渡点。在没有明显输运限制的高功率电池中，浓度分布更加均匀，从而导致整体短路。这些电池总体上产生更多的热量。在具有输运限制的高能量电池中（类似于图 6.12），尽管最大生热率较低，但短路持续时间更长。

对于这组电化学参数，由于固体颗粒内的扩散限制，低短路电阻下电池内部生热率达到平台期。图 6.13d 显示了 90% SOC 时平衡电位和放电倍率随短路电阻变化的趋势。随着短路电阻降低，放电倍率增加直至 20C 左右，进一步降低则不再影响放电倍率。同时，有效电池平衡电位也逐渐降低，并在约 1.0V 处稳定。

6.6　多电池模拟

模拟大尺寸试件的机械 - 电化学 - 热响应的框架基本相同；然而，由于长宽比和大量组件而存在并发问题。此外，额外的机械约束、支撑夹具的热质量以及失效从一个电池传播到其他电池也造成了在实际配置下模拟电池故障的额外场景。

6.6.1　多电池失效响应的耦合 MECT 模拟

图 6.14 展示了电池模组和撞击头的几何形状。本研究中的模组由 20 个电池通过母线并联组成。每个电池具有平面尺寸为 224mm × 164mm，厚度为 5.4mm。其容量为 15Ah，标称电压为 3.65V，在每次测试前都会充电至 4.15V。每个电池包含 16 层正极和 17 层负极，这些层被周期性堆叠并由聚合物隔膜进行隔离。我们采用了一个代表性三明治（RS）模型来有效地模拟这些层的特性。并联使得多个电池可以同时放电，即使其中一个发生内部短路也能够通过母线传导电流。该电池模组的有限元模型包含超过 700000 个微元。

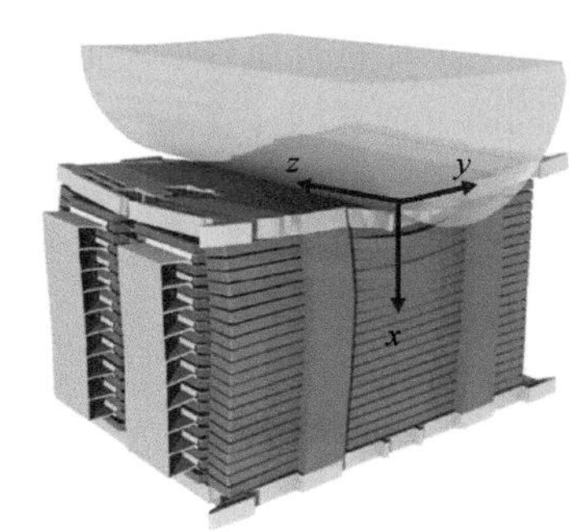

图 6.14　由 15Ah 软包电池组成的 20 个电池的模组，沿 *x* 方向受机械压痕

在撞击模拟中，初始速度设定为 6.3m/s。电池模组的背板被牢固固定，并通过适当定义接触来消除层间穿透现象。我们使用 MAT126 处理卷绕作为均匀固体，并利用各向同性硬化塑料材料重建其他封装组件。同时，采用 EM_MAT001 定义了各向同性电性质。我们在 NREL 的高性能计算系统 Peregrine[62] 求解了该案例文件。机械时间步长设置为 1×10^{-8}s，而 EM 时间步长则为 1×10^{-5}s。通过使用 60 个大内存（256GB）16 核节点，在 34h 内成功模拟了 3ms 的撞击测试。

6.6.2　多电池结果的可视化

在进行变形几何的三维模拟时，尤其是大尺寸的几何，例如一个完整的电池模块，涵盖各种物理变量的大型数据集的可视化可能会导致巨大的问题。机械、电气和热现象之间的耦合建模导致高度多元化结果中存在数百万个几何微元。不同电池组件中的电导率或热导率可以有数量级上的变化。例如，在机械撞击测试中，正极和负极上的电流密度约为 300A/m^2，但在电池极耳上可能高达 25000A/m^2。为了应对这种复杂性，我们使用 LS-PrePost（LSTC 默认预处理和后处理接口）将从几何图形到结果排序，并将它们导入 Blender[63] 和 ParaView[64] 进行可视化分析。自定义宏脚本可用于调用 LS-PrePost 处理多个数据集。ParaView 被应用于生成基于 STL 文件的模组几何表面和内部动画。OSPRay 是一种基于 Intel Embree[65] 的 CPU 渲染工具，提供了使用超标量加速的 CPU 光线追踪功能。LS-PrePost 生成的输出被导出为 VRML2 格式文件，然后通过 MeshLab[66] 转换为 PLY 格式。在剪辑中，单个帧是通过使用 ParaView 的 Python 脚本进行渲染而生成的。结果详见参考文献 [67]。对于研究内部短路从一层到另一层传播，活性材料层沿机械撞击方向的电流密度分布具有重要意义。为了实现正极和负极表面平面电流密度的可视化，我们采用了 Blender 的 Cycles 渲染系统和基于照明的表面光发射着色器制作了可视化效果。

在开路条件下，内部平面电流不存在。然而，在外部撞击期间，当一个或多个电池组件达到或超过各自的机械失效标准时，会导致电阻急剧降低。这将生成一个替代路径，使得电流能够从正极流向负极。在该模型中，众多可能的路径中，特定组件发生机械失效后导致电气短路的演变取决于以下因素：①导电层之间物理分离的程度；②层间电阻降低速率；以及③携带电荷的导电路径是否存在于发生机械失效的组件上。

同时，通过对多个场变量可视化，如 von Mises 应力组分和局部电流密度分布，可以准确确定机械失效或电气短路发生的位置。随着时间的推移追踪这些失效点，并提供对失效传播机制的深入见解。例如，在图 6.15a、b 中，我们观察到端板结构完整性显著降低了对电池内部组件的损害；然而，在图 6.16 中，我们注意到位于撞击头最远处的电池中发生的电气短路是由旁边支架引起的机械阻力所致。这些结果对电池包的设计具有重要意义，并为电池之间的间距和 / 或端板与电池之间的封装机械特性提供了衡量标准。

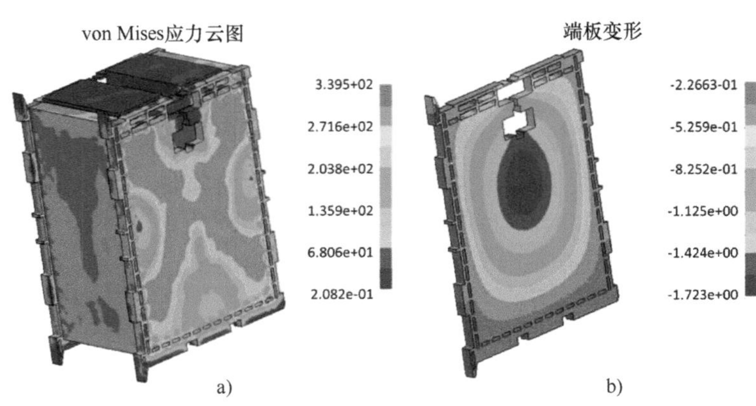

图 6.15　模拟正面撞击时，von Mises 应力（a）和前板变形（b）的云图：机械载荷沿 x 轴方向（见图 6.14）。端板的最大变形为 1.723mm。反过来，这防止了电池内的层在贯穿平面方向积累大量应力

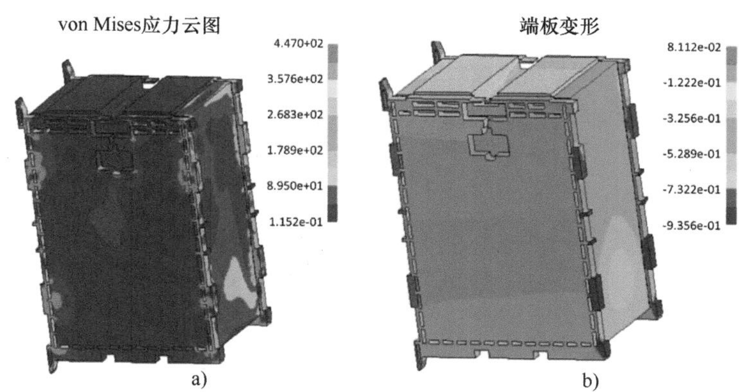

图 6.16　侧面撞击模拟时，von Mises 应力（a）和模块外壳（b）的云图：机械载荷沿着 z 轴方向（见图 6.14）。侧支架的最大变形为 0.9356mm。这个值远远低于图 6.15 所示的正面撞击情况。这种缺陷导致沿边缘出现多个次级短路（见参考文献 [67]）

6.6.3　使用机械 - 电化学 - 热模拟的设计权衡

经过机械 - 电化学 - 热模拟，我们展示了一个设计分析的实例。该实例模拟了同一电池组件在两种机械撞击情况下的响应：正面撞击和从电池厚度方向的侧面撞击（见图 6.14、图 6.15 和图 6.16）。在这些模拟中，对于给定区域，保持相同的撞击负载；总体目标是最小化电池的机械变形。正面撞击导致端板的较大面积显示出更高的 von Mises 应力和随后的变形。尽管侧面撞击对封装部分影响较小，但支架所受应力值更高。与正面撞击相比，另一个需要注意的区别是支架累积了更高的应力，在平面方向上有利于降低电池在平面方向发生变形。这对于阻止沿着电池边缘发生短路至关重要。这些计算有助于确定端板和支架的厚度和材料选择。

在这项研究中，我们对比了两种不同的冷却通道设计情况，如图 6.17 所示。我们进行了两

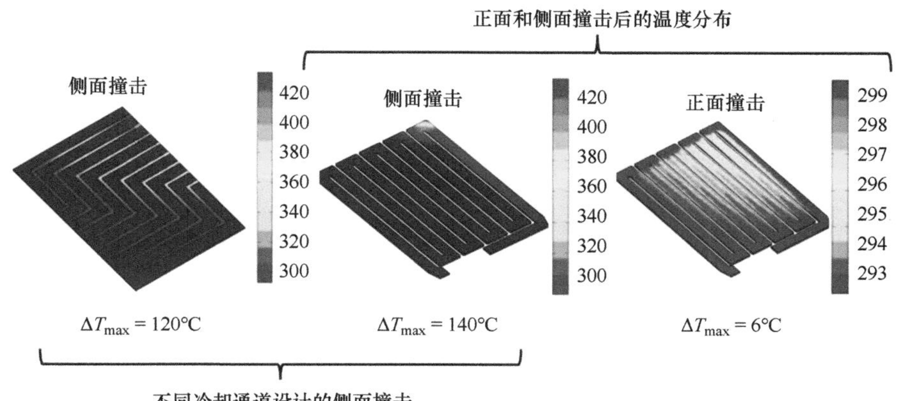

图 6.17　不同冷却通道设计对多方向机械撞击响应的对比：冷却通道的局部损坏导致高温裂纹，这可以通过冗余通道设计来减轻。封装设计必须具有应对多种失效模式的弹性

组模拟实验：第一组加载条件与之前的研究（正面撞击和侧面撞击）相同，用于连续通道冷却回路。在这种情况下，由于缺乏冗余设计，侧面撞击导致局部损坏并使流体因机械变形而收缩，从而导致局部温度较高。我们探索了一种替代设计，即采用多个冷却环路而不是单个环路；在这种情况下，对于相同的负载条件，整个电池的温度分布更加均匀。

6.7 影响电池安全的其他因素

以上各节详细概述了我们用于研究锂离子电池机械变形以及随后的电化学状态和温度变化演变的方法及详细的测试条件和模拟程序。这些结果表明，多个因素对特定电池的安全性均会产生影响。在本节中，我们总结了在实际场景下评估电池安全性时通常需要考虑的其他一些因素。

6.7.1 应变速率的影响

到目前为止，大多数结果都对应于从准稳态或低应变速率（$<1s^{-1}$）测量中提取的机械模型的材料特性。在这个应变速率范围内，所关注的机械特性（详见第 5 章）没有显著差异，因此电化学和热模拟的结果也一致。然而，在使用 Hopkinson 杆形装置进行高应变速率变形测试时，电极的机械响应与之前报道有所不同。当应变速率超过 $100s^{-1}$ 时，观察到更高的极限强度和失效应变（见图 6.18）。这些本构关系可以通过直接将实验数据作为 LS-DYNA 机械模拟输入中的负载曲线来提前纳入之前概述的建模框架。

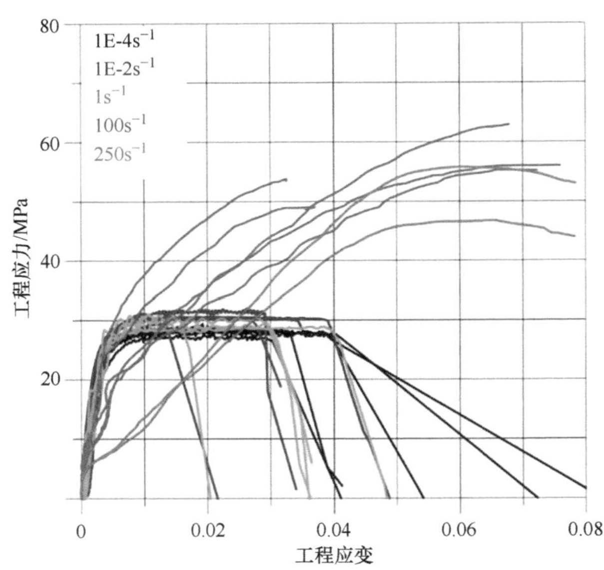

图 6.18 在有限范围内进行应变扫描时，通常不太明显地观察到应变速率的影响（例如，准稳态拉伸测量显示阴极的最大工程应力约为 30MPa 或更低），然而在动态加载条件下，最终应力要高得多，并且呈现出明显依赖于相对应变速率的差异

6.7.2　温度的影响

经过广泛报道，Arrhenius 型关系已被用于描述电化学和热参数（如扩散系数和电导率）的温度依赖性（例如,Gu 和 Wang[52]）。我们进行了多组测量以解释机械性能在不同温度下的变化。对于电池运行时环境温度的变化范围（例如 0 ~ 60℃），通过在 25℃下测量机械性能并进行线性外推是合理的 [68]。尤其值得注意的是，在接近热失控反应条件的高温情况下，机械性能发生了变化。初步结果显示，随着样品温度升高到120℃以上，涂层强度呈指数衰减趋势（见图6.19）。然而，在这个领域文献中仍存在空白，无法定量评估滥用反应温度对本构关系产生的影响。

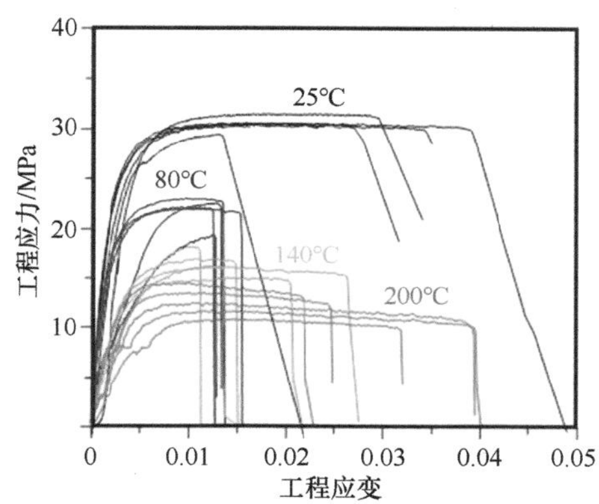

图 6.19　文献中的大多数数据集倾向于关注电池额定工作范围内机械（和电化学与热）特性的温度依赖性。接近热失控反应起始点的温度下的机械特性对电池组件的安全响应有显著影响。该图显示，与 25℃测量值相比，正极的拉伸强度在 200℃时倾向于降低 60% 以上

6.7.3　老化的影响

在参考文献 [69,70] 中已广泛记录了循环对电化学过程衰减的影响。此外，湿电极和干电极之间的热特性变化 [71] 以及接触压力的影响 [72,73] 也得到了研究。机械特性的变化以及其对安全结果的影响仍是一个活跃的研究领域 [19,74]。我们测量了相同老化条件下不同存储时间电极的机械特性，并通过图 6.20 展示了进行 10 年周期循环研究所获得的数据。其他团队已报道了在不同循环条件（如倍率、电压窗口等）下电池机械特性发生的变化。正如前述，这些变化可以通过将适当本构关系加载曲线纳入机械 - 电化学 - 热模型来描述。

经过老化，电池组件的热特性也会发生变化。图 6.21 给出了这种变化的一个实例。我们测量了从老化的 40Ah 软包电池中收集到的电极样品的热导率：体热导率是使用 ASTM 标准 D5470-12 测量得出的，而界面热导率则通过计算不同层堆叠结构中有效热导率与体热导率基线之差来推断。最初，正极具有最低的热导率，这对于电池热特性至关重要。随着老化程度增加，我们观察到负极电化学阻抗（EIS）增加，这进一步证实了负极及其相应界面在热贡献方面逐渐累积。

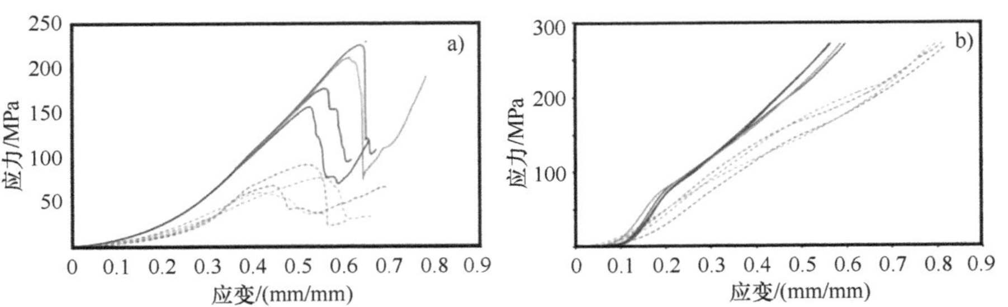

图 6.20　a）石墨负极和 b）NMC-111 正极的抗压强度变化：实线是在 40Ah 软包电池的不同层中提取的样品在压缩下测量的加载曲线，虚线对应于在 25℃下，3.0～4.1V 之间循环后的类似测量结果（经许可摘自参考文献 [74]）

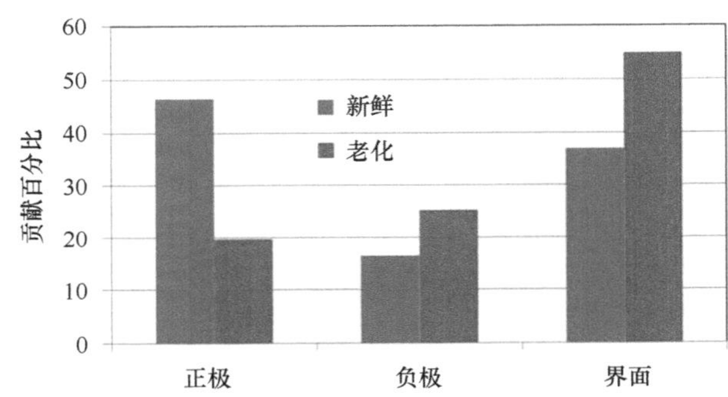

图 6.21　图 6.20 所示的老化研究样品被用来量化负极和正极的热阻变化和接触阻抗变化。随着电池老化，界面热阻成为电池内产生热量的重要来源。正极的热贡献虽然绝对值没有下降，但所占比例降低：随着负极表面电阻的增加，负极主体和界面的热阻主导了电池的测试热响应

6.7.4　SOC 的影响

迄今为止，只有一项研究 [17] 能够捕捉到 18650 型电池机械性能随内部锂含量变化的趋势；然而，在室内测量中，SOC 对机械性能的影响在实验误差范围内。因此，在我们的模型中，必须单独考虑更高 SOC 下的温度效应。

其他条件，如反应应力的非均匀分布，由于循环较高的倍率或热冲击，通过使用适当的边界条件进行电化学 - 热模拟，以及温度相关的机械性能，可以使用本章概述的建模框架进行模拟。

6.8　数值考虑

在进行耦合多物理模拟时，不同长度和 / 或时间尺度可能导致数值收敛问题。我们已经成功实现了本章所概述的框架，并独立控制了力学与电化学 - 热模拟中的时间步长。此外，我们

对这些模拟所使用的网格进行了进一步细化 [45,49]。其他研究团队也已经开发出无条件稳定的求解器 [75]，其中一些方法采用线性化选择源项 [76]，而其他方法则通过修改动力学表达式，在高倍率放电情况下基于质量转移限制来设定局部电流密度界限 [77]。最近，我们还报道了使用解析雅可比矩阵来施加物理约束以调整正在求解的局部电解质浓度 [59]。类似的方法可以应用于开发其他内部状态变量在电池中的表示方式 [78]。这些修改显著提高了我们研究中模拟结果的稳定性。

其他考虑因素包括在涉及体积变化的系统中仔细开发材料平衡 [53]。对于简单几何形状，变量转换提供了可靠选择；然而，当我们将这些模拟扩展到复杂的模组或电池包级几何形状时，定义微元删除标准 [34] 成为至关重要的有效方法，以消除长宽比较差的网格微元，并严格遵守物料守恒方程 [79]。在合理计算时间内，电池建模领域仍然基于逐个案例处理以准确捕获失效模式和获得具有物理意义温度演变曲线之间的数值权衡。

6.9　下一步工作

在过去的 10 年中，对汽车电池安全结果的模拟已经取得了进展，包括从设计电池故障安全外壳到理解滥用反应机制和控制从单个电池到相邻模组的失效传播的关键参数。然而，正如我们在前文所指出的，在开发和参数化这些模型方面仍存在一些差距。新兴实验能力使得可以在不同尺度精细测量电池内部状态，并且计算能力普及化使得物理现象可以进行详细模拟。本节中，我们强调了这些工具在持续改善我们对电池安全性认知方面所起到的作用。

6.9.1　气相反应

从设计和安全缓解的角度来看，电池内压力的累积以及随后机械排气一直是一个备受关注的话题。传统上，可控压力释放口的设计通过确定不会干扰正常电池运行的故障阈值来实现。详细气体生成 [80,81] 和气相反应机理 [82] 可以解释导致模组内继发性机械损伤冲击波累积的原因。虽然这些现象在实验文献中已经报道了很长时间，但由于缺乏可重复数据集，在数学框架中准确地表示仍具有挑战性。此外，已经报道了几个实验结果 [83-85] 表明初始电池排气阶段溶剂蒸汽释放事件，并且源于第一个排气口处电池排出物与周围氧气之间的反应，通常伴随着更具反应性的泄压。最近研究表明 [86] 在排气前存在谨慎权衡，在较低压力阈值下进行排出物释放可以控制任何继发性反应在气相中产生组成变化。同时，在发生失控事件的电池周围，可以观察到未直接与电池接触的电池表面上出现了溶剂凝结物。已经详细记录了对单个电池故障模式和其后续传播机制进行的详尽故障树分析 [87]。在大尺寸电池安装中，结合气相反应和流体模拟可能具有重要意义。

6.9.2　数据科学与电池安全

最近的几篇报告已开始研究模式识别作为预测故障的方法。最新文献报道了在不同测试条件下的较大规模重复集 [88]。一些关于整合大型数据库的倡议已被提出 [89,90]，但这些工具仍在开发中。我们迫切需要一个衡量标准来识别协方差矩阵误差棒，以区分实验数据中物理退化和变异性导致的趋势。数据质量一直是安全模拟面临的挑战，并且高质量的数据数量有限。因此，开发过滤背景噪声方法是基于物理模型发展的另一个重要领域。至少在可预见的未来，不太可能出现广泛的电池安全相关数据集（例如跨越数十年和数千个周期、包含各种电池型式和化学组成的电池级数据库）。解决这些局限性问题可以通过①显著改进有限实验设备以及②利用统计工具解释这些局限性来进行。目前正在进行基于全面数据分析的故障树开发[91]，对测试结果随机性质论证仍在完善中。第 7 章将更详细地讨论该问题。随着传感器能力增强和对实验变异性更加关注，不同研究小组正致力于提高安全测试的可重复性。

6.9.3 总结

鉴于解释安全测试结果的主观性，以及需要为不同应用中的电池制定实际的设计指标，已开发出构建响应曲面的方法，以对比模拟的相对安全结果。我们通过对设计变量进行敏感性分析来实现这一目标，这些设计变量可以在各种不同的故障场景下控制和监测生热率[92]。在“安全图”上绘制生热率与热量传递速率之间的关系图，可以对不同的电池设计和相关失效场景进行通用比较[93,94]。图 6.22 展示了一个安全图的示例。

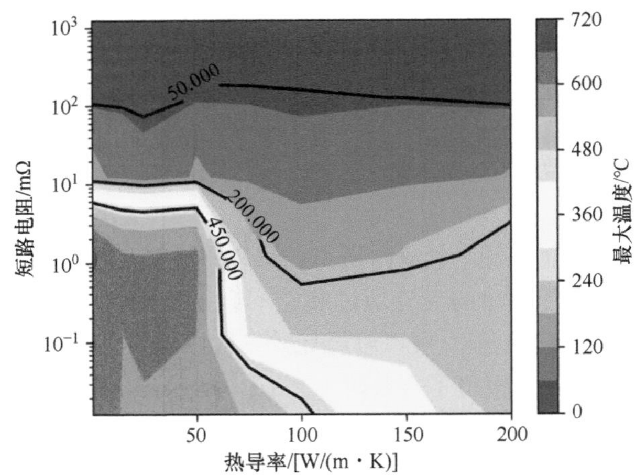

图 6.22 对比生热率与从电池传出的热量的通用图是对比不同设计方案的有力工具：生热率可以改变，如本例所示，通过改变短路电阻和不同设计方案下的电池响应，其中冷却剂的热导率改变，并通过跟踪最大局部温度进行监测。可以指定最大温度限制，以确定安全运行、缓解策略和先行设计的边界

安全设计的标准通常由系统级规范确定。例如，模组设计规范要求根据温度计量设定最大局部值以校准安全设计。电池工程师可以将不同测试样品的响应分为：①“固有安全区域”，即在所有操作 / 故障场景下无需任何工程变通即可满足指定的安全标准；②“设计为安全的操作区域”，即可以通过修改设计来确保符合指定的安全标准。已经提出了多种被动缓解策略[95]，例如增加电池之间的间距以防止模组内的过度温度积累，以及③“不安全区域”，在该区域内没有可行的设计变通措施，因此缓解策略是避免电池在该区域内运行。这种方法不仅能够确定绝对标准下的安全运行条件，还能评估误差范围在允许约束范围内所产生的影响。

本章概述的电池安全响应模型方法具有广泛适用性，可快速扩展至不同化学组成。已经确定了特定于化学组成的失效模式和衰减机制[96-100]，相关源项和本构关系已使用实验数据参数化。本章提出的综合框架可用于识别和缓解相关目标指标的问题。

致谢　本研究由美国能源部能源效率和可再生能源办公室车辆技术办公室的计算机辅助电池工程（CAEBAT）项目支持，合同号为 WBS1.1.2.406。该研究使用由美国能源部能源效率和可再生能源办公室（位于 NREL）赞助的计算资源进行。感谢 NREL 电化学能量存储组现任和前任成员的贡献。

参考文献

1. Hollmotz L, Hackmann M (2006) Lithium ion batteries for hybrid and electric vehicles – risks, requirements and solutions out of the crash safety point of view. EVS 22. Paper 11-0269, pp 1–9
2. Kermani G, Sahraei E (2017) Review: characterization and modeling of the mechanical properties of lithium-ion batteries. Energies 10(11):1730. https://doi.org/10.3390/en10111730
3. Bartolo M (2012) EV vehicle safety. Electric vehicle safety technical symposium, pp 6–15
4. Doughty DH (2012) Vehicle battery safety roadmap guidance, NREL Report No. SR-5400-54404
5. Deng J, Bae C, Marcicki J, Masias A, Miller T (2018) Safety modelling and testing of lithium-ion batteries in electrified vehicles. Nat Energy 3(4):261–266. https://doi.org/10.1038/s41560-018-0122-3
6. Sahraei E, Meier J, Wierzbicki T (2014) Characterizing and modeling mechanical properties and onset of short circuit for three types of lithium-ion pouch cells. J Power Sources 247:503–516. https://doi.org/10.1016/j.jpowsour.2013.08.056
7. Marcicki J, Zhu M, Bartlett A, Yang XG, Chen Y, Miller I, L'Eplattenier T, Caldichoury P (2017) A simulation framework for battery cell impact safety modeling using LS-DYNA. J Electrochem Soc 164(1):A6440–A6448
8. Zhang C, Santhanagopalan S, Sprague MA, Pesaran AA (2015) A representative-sandwich model for simultaneously coupled mechanical-electrical-thermal simulation of a lithium-ion cell under quasi-static indentation tests. J Power Sources 298:309. https://doi.org/10.1016/j.jpowsour.2015.08.049
9. Cannarella J, Liu X, Leng CZ, Sinko PD, Gor GY, Arnold CB (2014) Mechanical properties of a battery separator under compression and tension. J Electrochem Soc 161(11):F3117–F3122. https://doi.org/10.1149/2.0191411jes
10. Sahraei E, Campbell J, Wierzbicki T (2012) Modeling and short circuit detection of 18650 Li-ion cells under mechanical abuse conditions. J Power Sources 220:360–372. https://doi.org/10.1016/j.jpowsour.2012.07.057
11. Lai W-J, Ali MY, Pan J (2014) Mechanical behavior of representative volume elements of lithium-ion battery modules under various loading conditions. J Power Sources 248:789–808
12. Lai W-J, Ali MY, Pan J (2014) Mechanical behavior of representative volume elements of lithium-ion battery cells under compressive loading conditions. J Power Sources 245:609–623
13. Luo H, Juner Z, Sahraei E, Xia Y (2018) Adhesion strength of the cathode in lithium-ion batteries under combined tension/shear loadings. RSC Adv 8:3996–4005
14. Sheidaei A, Xiao X, Huang X, Hitt J (2011) Mechanical behavior of a battery separator in electrolyte solutions. J Power Sources 196(20):8728–8734
15. Sahraei E, Hill R, Wierzbicki T (2012) Calibration and finite element simulation of pouch lithium-ion batteries for mechanical integrity. J Power Sources 201:307–321. https://doi.org/

10.1016/j.jpowsour.2011.10.094

16. Sahraei E, Kahn M, Meier J, Wierzbicki T (2015) Modelling of cracks developed in lithium-ion cells under mechanical loading. RSC Adv 5(98):80369–80380. https://doi.org/10.1039/c5ra17865g
17. Xu J, Liu B, Hu D (2016) State of charge dependent mechanical integrity behavior of 18650 lithium-ion batteries. Sci Rep 6:1–11. https://doi.org/10.1038/srep21829
18. Xu J, Liu B, Wang X, Hu D (2016) Computational model of 18650 lithium-ion battery with coupled strain rate and SOC dependencies. Appl Energy 172:180–189
19. Fink K, Santhanagopalan S, Hartig J, Cao L (2019) Characterization of aged Li-ion battery components for direct recycling process design. J Electrochem Soc 166(15):A3775–A3783. https://doi.org/10.1149/2.0781915jes
20. Steele LAM, Lamb J, Gorsso C, Quintana J, Torres-Castro J, Stanley L (2017) Battery safety testing. In: 2017 vehicle technologies office energy storage annual merit review, p ES203
21. Dixon B, Mason A, Sahraei E (2018) Effects of electrolyte, loading rate and location of indentation on mechanical integrity of li-ion pouch cells. J Power Sources 396:412–420. https://doi.org/10.1016/J.JPOWSOUR.2018.06.042
22. Zhang X, Sahraei E, Wang K (Sep. 2016) Deformation and failure characteristics of four types of lithium-ion battery separators. J Power Sources 327:693–701
23. Luo H, Jiang X, Xia Y, Zhou Q (2015) Fracture mode analysis of lithium-ion battery under mechanical loading. In: ASME 2015 International mechanical engineering congress and exposition. Nov 13, 2015. https://doi.org/10.1115/IMECE2015-52595
24. Sahraei E, Kahn M, Meier J, Wierzbicki T (2015) Modelling of cracks developed in lithium-ion cells under mechanical loading. RSC Adv 5(98):80369–80380. https://doi.org/10.1039/C5RA17865G
25. Sahraei E, Wierzbicki T, Hill R, Luo H (2010) Crash safety of lithium-ion batteries towards development of a computational model. In: SAE technical paper. pp. 2010–01–1078
26. Xia Y, Wierzbicki T, Sahraei E, Zhang X (2014) Damage of cells and battery packs due to ground impact. J Power Sources 267:78–97. https://doi.org/10.1016/j.jpowsour.2014.05.078
27. Avdeev I, Gilaki M (2014) Structural analysis and experimental characterization of cylindrical lithium-ion battery cells subject to lateral impact. J Power Sources 271:382–391. https://doi.org/10.1016/j.jpowsour.2014.08.014
28. Kermani G, Keshavarzi MM, Sahraei E (2021) Deformation of lithium-ion batteries under axial loading: analytical model and representative volume element. Energy Rep 7:2849–2861
29. Liu B et al (2019) Safety issues and mechanisms of lithium-ion battery cell upon mechanical abusive loading: a review. Energy Storage Mater 24:85–112. https://doi.org/10.1016/j.ensm.2019.06.036
30. Zhang C, Santhanagopalan S, Sprague MA, Pesaran AA (2015) A representative-sandwich model for simultaneously coupled mechanical-electrical-thermal simulation of a lithium-ion cell under quasi-static indentation tests. J Power Sources 298:309–321. https://doi.org/10.1016/j.jpowsour.2015.08.049
31. Zhang C, Santhanagopalan S, Sprague MA, Pesaran AA (2015) Coupled mechanical-electrical-thermal modeling for short-circuit prediction in a lithium-ion cell under mechanical abuse. J Power Sources 290:102. https://doi.org/10.1016/j.jpowsour.2015.04.162
32. Newman J, Tiedemann W (1975) Porous electrode theory with battery applications. AICHE J 21(1):25–41
33. C. Zhang, S. Santhanagopalan, A. Pesaran, E. Sharaei, and T. Wierzbicki, Coupling of mechanical behavior of lithium ion cells to electrochemical-thermal models for battery crush, Presented at the Annual Merit Review of the Vehicle Technologies Office, Washington D.C., June 2015
34. Zhang C, Santhanagopalan S, Sprague MA, Pesaran AA (2016) Simultaneously coupled mechanical-electrochemical-thermal simulation of lithium-ion cells. ECS Trans 72(24):9. https://doi.org/10.1149/07224.0009ecst
35. Zhang C, Xu J, Cao L, Wu Z, Santhanagopalan S (2017) Constitutive behavior and progressive mechanical failure of electrodes in lithium-ion batteries. J Power Sources 357:126. https://doi.org/10.1016/j.jpowsour.2017.04.103

36. Sahraei E, Bosco E, Dixon B, Lai B (2016) Microscale failure mechanisms leading to internal short circuit in Li-ion batteries under complex loading scenarios. J Power Sources 319:56–65
37. S. Santhanagopalan, C. Zhang, C. Yang, A. Wu, L. Cao, and A. A. Pesaran, Modeling mechanical failure in lithium-Ion batteries, Presented at the Annual Merit Review of the Vehicle Technologies Office, Washington D.C., June 2017
38. Wang H, Simunovic S, Maleki H, Howard JN, Hallmark JA (2016) Internal configuration of prismatic lithium-ion cells at the onset of mechanically induced short circuit. J Power Sources 306:424–430
39. Sahraei E, Campbell J, Wierzbicki T (Dec. 2012) Modeling and short circuit detection of 18650 Li-ion cells under mechanical abuse conditions. J Power Sources 220:360–372. https://doi.org/10.1016/J.JPOWSOUR.2012.07.057
40. Wierzbicki T, Sahraei E (2013) Homogenized mechanical properties for the jellyroll of cylindrical Lithium-ion cells. J Power Sources 241:467–476
41. J. O. Hallquist, Livermore software technology corporation, LS-DYNA theory manual, 2006
42. Borrvall T, Erhart T (2006) A user-defined element interface in LS-DYNA v971, No 4, pp 25–34
43. Marcicki J et al (2016) Battery abuse case study analysis using LS-DYNA. In: Proceedings of the 14th LS-DYNA user conference, Dearborn, pp 12–14
44. Zhu J, Zhang X, Sahraei E, Wierzbicki T (Dec. 2016) Deformation and failure mechanisms of 18650 battery cells under axial compression. J Power Sources 336:332–340. https://doi.org/10.1016/J.JPOWSOUR.2016.10.064
45. Yin H, Ma S, Li H, Wen G, Santhanagopalan S, Zhang C (2021) Modeling strategy for progressive failure prediction in lithium-ion batteries under mechanical abuse. eTransportation 7:100098. https://doi.org/10.1016/j.etran.2020.100098
46. Coman PT, Darcy EC, Veje CT, White RE (2017) Modelling Li-ion cell thermal runaway triggered by an internal short circuit device using an efficiency factor and Arrhenius formulations. J Electrochem Soc 164(4):A587–A593. https://doi.org/10.1149/2.0341704jes
47. Zhang C, Waksmanski N, Wheeler VM, Pan E, Larsen RE (2015) The effect of photodegradation on effective properties of polymeric thin films: a micromechanical homogenization approach. Int J Eng Sci 94:1–22
48. Zhang C, Santhanagopalan S, Sprague MA, Pesaran AA (2015) Coupled mechanical-electrical-thermal modeling for short-circuit prediction in a lithium-ion cell under mechanical abuse. J Power Sources 290:102–113. https://doi.org/10.1016/j.jpowsour.2015.04.162
49. Mallarapu A, Kim J, Carney K, DuBois P, Santhanagopalan S (2020) Modeling extreme deformations in lithium ion batteries. eTransportation, p 100065. https://doi.org/10.1016/j.etran.2020.100065
50. Smith K, Wang C-Y (2006) Solid-state diffusion limitations on pulse operation of a lithium ion cell for hybrid electric vehicles. J Power Sources 161:628–639. https://doi.org/10.1016/j.jpowsour.2006.03.050
51. Doyle M, Newman J, Gozdz AS, Schmutz CN, Tarascon JM (1996) Comparison of modeling predictions with experimental data from plastic lithium ion cells. J Electrochem Soc 143(6):1890–1903. https://doi.org/10.1149/1.1836921
52. Gu WB, Wang C-Y (2000) Thermal and electrochemical coupled modeling of a lithium-ion cell, in lithium batteries. ECS Proc 99–25(1):748–762
53. Mai W, Colclasure A, Smith K (2019) A reformulation of the pseudo2d battery model coupling large electrochemical-mechanical deformations at particle and electrode levels. J Electrochem Soc 166(8):A1330–A1339. https://doi.org/10.1149/2.0101908jes
54. Kim G-H, Smith K, Lee K-J, Santhanagopalan S, Pesaran A (2011) Multi-domain modeling of lithium-ion batteries encompassing multi-physics in varied length scales. J Electrochem Soc 158(8):A955. https://doi.org/10.1149/1.3597614
55. Ramadass P, Haran B, Gomadam PM, White RE, Popov BN (2004) Development of first principles capacity fade model for Li-ion cells. J Electrochem Soc 151(2):A196. https://doi.org/10.1149/1.1634273
56. Zhao W, Luo G, Wang C-Y (2015) Modeling nail penetration process in large-format Li-ion cells. J Electrochem Soc 162(1):A207–A217. https://doi.org/10.1149/2.1071501jes

57. Zhao W, Luo G, Wang C-Y (2015) Modeling internal shorting process in large-format Li-ion cells. J Electrochem Soc 162(7):A1352–A1364. https://doi.org/10.1149/2.1031507jes
58. Santhanagopalan S, Ramadass P, Zhang JZ (2009) Analysis of internal short-circuit in a lithium ion cell. J Power Sources 194(1):550. https://doi.org/10.1016/j.jpowsour.2009.05.002
59. Kim J, Mallarapu A, Santhanagopalan S (2020) Transport processes in a Li-ion cell during an internal short-circuit. J Electrochem Soc.https://doi.org/10.1149/1945-7111/ab995d
60. Fang W, Ramadass P, Zhang Z (2014) Study of internal short in a Li-ion cell-II. Numerical investigation using a 3D electrochemical-thermal model. J Power Sources 248:1090–1098. https://doi.org/10.1016/j.jpowsour.2013.10.004
61. Kim G-H, Smith K, Pesaran AA (2009) Lithium-ion battery safety study using multi-physics internal short-circuit model
62. NREL High Performance Computing (2015) http://hpc.nrel.gov/users/systems/peregrine
63. Blender (2016) Blender – a 3D modelling and rendering package, 2016. www.blender.org
64. Ayachit U (2015) The ParaView guide: a parallel visualization application, Kitware
65. Wald I, Woop S, Benthin C, Johnson GS, Ernst M (2014) Embree – a kernel framework for efficient CPU ray tracing. ACM Trans Graph, pp 1–8
66. Cignoni P, Callieri M, Corsini M, Dellepiane M (2008) MeshLab: an open-source mesh processing tool. In: European Italian conference, pp 129–136
67. No Title. https://www.youtube.com/watch?v=Hb5JWbcrVEY&feature=youtu.be
68. Santhanagopalan S (2017) Efficient simulation and abuse modeling of mechanical-electrochemical-thermal phenomena in lithium-ion batteries. In: Vehicle Technologies Office, Annual Merit Review, p ES298
69. Zhang Q, White RE (2008) Capacity fade analysis of a lithium ion cell. J Power Sources 179(2):793–798. https://doi.org/10.1016/J.JPOWSOUR.2008.01.028
70. Dai Y, Cai L, White RE (2014) Simulation and analysis of stress in a Li-ion battery with a blended LiMn2O4 and LiNi0.8Co0.15Al 0.05O2 cathode. J Power Sources 247:365–376. https://doi.org/10.1016/j.jpowsour.2013.08.113
71. Maleki H, Al Hallaj S, Selman JR, Dinwiddie RB, Wang H (Mar. 1999) Thermal properties of lithium-ion battery and components. J Electrochem Soc 146(3):947–954. https://doi.org/10.1149/1.1391704
72. Zhang YC, Briat O, Deletage J-Y, Martin C, Gager G, Vinassa J-M (2018) Characterization of external pressure effects on lithium-ion pouch cell. In: 2018 IEEE international conference on industrial technology, pp 2055–2059, https://doi.org/10.1109/ICIT.2018.8352505
73. Mohtat P, Lee S, Siegel JB, Stefanopoulou AG (2021) Reversible and irreversible expansion of lithium-ion batteries under a wide range of stress factors. J Electrochem Soc 168(10):100520. https://doi.org/10.1149/1945-7111/ac2d3e
74. Wu Z, Cao L, Hartig J, Santhanagopalan S (Jul. 2017) (Invited) effect of aging on mechanical properties of lithium ion cell components. ECS Trans 77(11):199–208. https://doi.org/10.1149/07711.0199ecst
75. Pathak M, Sonawane D, Lawder MT, Subramanian V (2015) Robust fail-safe iteration free solvers for battery models. ECS Meet Abstr MA2015-02, 172. https://doi.org/10.1149/ma2015-02/2/172
76. Rodríguez A, Plett GL, Trimboli MS (2017) Fast computation of the electrolyte-concentration transfer function of a lithium-ion cell model. J Power Sources 360:642–645. https://doi.org/10.1016/J.JPOWSOUR.2017.06.025
77. Mao J, Tiedemann W, Newman J (2014) Simulation of temperature rise in Li-ion cells at very high currents. J Power Sources 271:444–454. https://doi.org/10.1016/j.jpowsour.2014.08.033
78. Kim J, Mallarapu A, Santhanagopalan S, Newman J (2023) Efficient numerical treatment for solid-phase diffusions for simulations of Li-ion batteries. J Power Sources 556:232413. https://doi.org/10.1016/j.jpowsour.2022.232413
79. Hutzenlaub T, Thiele S, Paust N, Spotnitz R, Zengerle R, Walchshofer C (Jan. 2014) Three-dimensional electrochemical Li-ion battery modelling featuring a focused ion-beam/scanning electron microscopy based three-phase reconstruction of a $LiCoO_2$ cathode. Electrochim Acta 115:131–139. https://doi.org/10.1016/J.ELECTACTA.2013.10.103
80. Kim G-H, Pesaran A, Spotnitz R (2007) A three-dimensional thermal abuse model

for lithium-ion cells. J Power Sources 170(2):476–489. https://doi.org/10.1016/j.jpowsour.2007.04.018
81. Hatchard TD, MacNeil DD, Basu A, Dahn JR (2001) Thermal model of cylindrical and prismatic lithium-ion cells. J Electrochem Soc 148(7):A755. https://doi.org/10.1149/1.1377592
82. Golubkov AW et al (2015) Thermal runaway of commercial 18650 Li-ion batteries with LFP and NCA cathodes – impact of state of charge and overcharge. RSC Adv 5(70):57171–57186. https://doi.org/10.1039/C5RA05897J
83. Ouyang D, Chen M, Wang J (2019) Fire behavior of lithium-ion battery with different states of charge induced by high incident heat fluxes. J Therm Anal Calorim 136:2281–2294. https://doi.org/10.1007/s10973-018-7899-y
84. Liu X et al (2018) Thermal runaway of lithium-ion batteries without internal short circuit. Joule 2(10):2047–2064. https://doi.org/10.1016/j.joule.2018.06.015
85. Wang Z, Ouyang D, Chen M, Wang X, Zhang Z, Wang J (2019) Fire behavior of lithium-ion battery with different states of charge induced by high incident heat fluxes. J Therm Anal Calorim 136:2239. https://doi.org/10.1007/s10973-018-7899-y
86. Kim J, Mallarapu A, Finegan DP, Santhanagopalan S (2021) Modeling cell venting and gas-phase reactions in 18650 lithium ion batteries during thermal runaway. J Power Sources 489:229496
87. Energy Storage Integration Council (ESIC) Energy Storage Reference Fire Hazard Mitigation Analysis. EPRI, Palo Alto, CA: 2019. 3002017136
88. Walker W, Finegan DP, Shearing PR, Battery failure databank (Last accessed October 2022). https://www.nrel.gov/transportation/battery-failure.html
89. Finegan DP et al (2021) The application of data-driven methods and physics-based learning for improving battery safety. Joule 5(2):316–329. https://doi.org/10.1016/J.JOULE.2020.11.018
90. Feng X, Pan Y, He X, Wang L, Ouyang M (Aug. 2018) Detecting the internal short circuit in large-format lithium-ion battery using model-based fault-diagnosis algorithm. J Energy Storage 18:26–39. https://doi.org/10.1016/J.EST.2018.04.020
91. Hu G, Huang P, Bai Z, Wang Q, Qi K (Nov. 2021) Comprehensively analysis the failure evolution and safety evaluation of automotive lithium ion battery. eTransportation 10:100140. https://doi.org/10.1016/J.ETRAN.2021.100140
92. Barnett B, Ofer D, Sriramulu S, Stringfellow R (2012) Lithium-ion batteries – safety. In: Encyclopedia of Sustainability Science and Technology, Meyers RA (ed). Springer, New York
93. Srinivasan R, Demirev PA, Carkhuff BG, Santhanagopalan S, Jeevarajan JA, Barrera TP (2020) Review—thermal safety management in Li-ion batteries: current issues and perspectives. J Electrochem Soc 167(14):140516. https://doi.org/10.1149/1945-7111/ABC0A5
94. Kim J, Mallarapu A, Yang C, Santhanagopalan S (2021) Modeling cell venting and gas-phase reactions in lithium-ion cells during thermal runaway. Presented at the AABC 2021.
95. Torres-Castro L, Kurzawski A, Hewson J, Lamb J (2020) Passive mitigation of cascading propagation in multi-cell lithium ion batteries. J Electrochem Soc 167(9):090515. https://doi.org/10.1149/1945-7111/ab84fa
96. Kamyab N, Coman PT, Reddy SKM, Santhanagopalan S, White RE (2020) Mathematical model for Li-s cell with shuttling-induced capacity loss approximation. J Electrochem Soc 167(13):090534. https://doi.org/10.1149/1945-7111/abbbbf
97. Sethuraman VA, Srinivasan V, Bower AF, Guduru PR (2010) In situ measurements of stress-potential coupling in lithiated silicon. J Electrochem Soc 157(11):A1253. https://doi.org/10.1149/1.3489378
98. Sethuraman VA, Hardwick LJ, Srinivasan V, Kostecki R (2010) Surface structural disordering in graphite upon lithium intercalation/deintercalation. J Power Sources 195(11):3655–3660. https://doi.org/10.1016/J.JPOWSOUR.2009.12.034
99. Cheng X-B, Zhang R, Zhao C-Z, Zhang Q (2017) Toward safe lithium metal anode in rechargeable batteries: a review. Chem Rev 117(15):10403–10473. https://doi.org/10.1021/ACS.CHEMREV.7B00115
100. Chen Y et al (2021) A review of lithium-ion battery safety concerns: the issues, strategies, and testing standards. J Energy Chem 59:83–99. https://doi.org/10.1016/J.JECHEM.2020.10.017

第 7 章　使用高性能计算和机器学习的机遇加速电池模拟

Srikanth Allu, Jean-Luc Fattebert, Hsin Wang, Srdjan Simunovic, Sreekanth Pannala, John Turner

摘要　根据美国能源部（DOE）的估计，到 2030 年，通过采用目前可用的高密度电池化学以及系统级设计和优化的电极，使得电动汽车在美国大规模普及成为可能。预计电池包成本将降至 60 美元 /kWh，并且行驶里程将增加到 300mile 以上，同时车辆充电时间不超过 15min。最先进的锂离子电池技术使用由活性材料、聚合物粘结剂和导电稀释剂（如炭黑）组成的浆料制作而成，在铜和铝等金属集流体上进行涂覆。考虑到未来运输需求对于储能设备开发提出了挑战性要求，我们需要一种具有预测性模拟能力的框架来加速设计过程，并综合考虑不同几何形状、材料和化学选择对性能和安全的影响。本章介绍了最先进的三维建模框架，并给出了关于电池性能和安全模拟方面的示例。此外，我们还探讨了机器学习在越来越多大型数据集上应用于该领域中的方法与技术。

7.1　引言

锂离子电池是一个复杂的电化学系统，其性能和安全性在空间和时间尺度上受到耦合的非线性电化学 - 电 - 热 - 机械过程控制。为了理解这些过程的作用并开发预测能力，以设计更高性能的电池，需要建立一个集成各种物理过程的模型，作为统一工程平台来评估电池设计的框架。在电池的计算机辅助工程（CAEBAT）计划下，宏观或系统级模型通常基于电路模型或简单一维模型，并没有利用 DOE、工业界和学术界在建模开发方面取得的重大进展。因此，我们开发了一个三维电化学 - 电 - 热框架，可以创建三维锂离子电池和电池包模型，并明确地对所有组件（包括集流体、正负极和隔膜）进行仿真。该框架可用于预测正常操作条件下的锂离子电池性能，并研究不利条件下的热与机械安全问题。接下来我们将提供该框架发展及目前研究情况的概述，并介绍已经进行的各种规模上关于性能与安全性方面的研究。此外，该框架还可以充分利用最新高效计算技术加速新一代锂离子电池设计开发进程。最后，在 7.6 节中我们描述了机器学习（ML）在不同规模下对锂离子电池物理与化学过程进行建模方面的最新进展，这已成为锂离子电池分析中至关重要的部分。

7.2 电池的连续电化学和热模型

基于 Butler-Volmer 反应动力学中的电荷和物料守恒 [14,22]，我们利用多孔电极和浓溶液理论构建了物料和电荷守恒方程来描述物理过程。通过求解这些方程，我们能够计算多相锂浓度和电势。连续体模型是通过体积平均方法推导而来的，并且可以扩展到具有任意三维电极结构的全电池。在体积平均方法中 [4,31,45]，我们将电极和电解质视为单位体积 1 上的连续介质堆叠。该假设认为微观特征在某种程度上是均匀分布的（即可由其特征分布的第一个维度来描述），并且其特征长度尺度远小于代表整个体积大小的尺度。同时，在考虑有效性质如扩散系数和电导率等的各向异性时，我们能够捕捉微观尺度结构的影响。此外，该方法能够解释性质在空间和时间上的变化，这些性质对于模拟电极结构的异质性在整个生命周期内至关重要，并且可以有效地模拟组成材料的变化，以便深入了解安全缓解策略㊀。

设 L 是平均体积的特征长度，远大于次级颗粒，即 $L \gg r$，带有归一化加权函数 $g(r)$，该函数随距离的增加单调递减。该函数必须满足约束条件：

$$4\pi\int_0^{\infty} g(r)r^2\mathrm{d}r = 1 \tag{7.1}$$

给定这个函数，我们可以定义关注的局部空间平均值来构造体积平均方程。考虑一个代表性体积元素 $\mathrm{d}\Omega$，其关注量是平均值，如图 7.1 所示。这样我们可以定义：

$$\langle\phi\rangle = \int_{\Omega}\phi g(r)\mathrm{d}\Omega \tag{7.2}$$

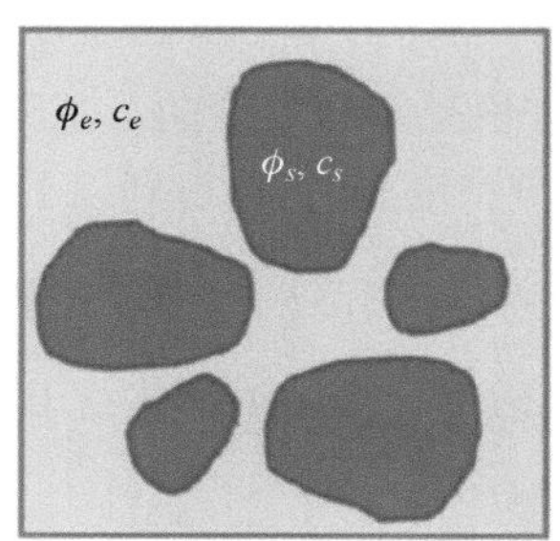

图 7.1 代表性体积示意图

接下来，我们给出电极和电解质平均体积的单独守恒方程，该体积大于单个颗粒，但小于电极尺寸或次级颗粒直径——正如定义器件尺度的情况一样。如果 $\mathrm{d}V$ 是包含固相和电解质相的代表性体积，忽略电解质内任何对流流动，这些方程可以写成：

$$\left\langle\frac{\partial\tilde{\psi}}{\partial t}\right\rangle = \epsilon\frac{\partial\psi}{\partial t} \tag{7.3}$$

㊀ 本节中所给出的推导公式有相当一部分首次发表在参考文献 [2] 中，并经 Elsevier 许可转载。

$$\langle \nabla \tilde{\psi} \rangle = \epsilon \nabla \psi \tag{7.4}$$

电解质中的物料组分浓度　浓溶液理论被用来模拟电解质中离子的传输，因为单个离子的存在会影响电场。电解质中锂离子（摩尔浓度 c_e）的物料守恒由以下公式给出：

$$\frac{\partial(\epsilon_e c_e)}{\partial t} - \nabla \cdot (\epsilon_e D_e^{\text{eff}}(\epsilon_e)\nabla c_e) = \frac{1-t_+^0}{F} j^{\text{Li}} \tag{7.5}$$

式中，扩散系数 D_e 是盐浓度的函数。有效扩散系数通过关系 $D_e^{\text{eff}}(\epsilon_e) = D_e \epsilon_e^{0.5}$ 计算。公式的右边表示由于电化学反应而使离子进入或离开电解质的速率。迁移数 t_+^0 是衡量嵌入效率的指标。

电极中的物料组分浓度　锂离子在活性材料中的传输是速率限制过程。这种现象发生在一个与其他问题特征长度不同的尺度上。目前流行的研究方法假设颗粒为均匀球体，并通过固相扩散方程在电极厚度上每个体积单元的球坐标中进行求解。基于扩散长度的 Duhamel 叠加方法提供了近似解析解，可用于从颗粒尺度向更高长度 / 时间尺度评估固相表面浓度。利用所提出的体积平均技术，我们得到了固相质量平衡方程：

$$\frac{\partial(\epsilon_s c_{s,\text{avg}})}{\partial t} - \nabla \cdot (\epsilon_s D_s^{\text{eff}}(\epsilon_s)\nabla c_{s,\text{avg}}) = -\frac{j^{\text{Li}}}{F} \tag{7.6}$$

式中，$D_s^{\text{eff}}(\epsilon_s) = D_s \epsilon_s^{0.5}$，而闭合关系由下式给出：

$$c_s = c_{s,\text{avg}} + \frac{j^{\text{Li}} R_s}{5 a_s F D_s} \tag{7.7}$$

电解质相的电荷守恒　在电中性的假设下，电解质相中不存在显著的电场，可以忽略电双层的电荷和放电积累，并且电荷守恒是瞬时发生的。基于体积平均原理[14,41]，根据欧姆定律（即电势梯度与电解质相中的电子电流密度相关），得到以下方程：

$$\nabla \cdot (\epsilon_e \kappa^{\text{eff}}(\epsilon_e)\nabla(\phi_e)) + \nabla \cdot (\epsilon_e \kappa_D^{\text{eff}}(\epsilon_e)\nabla \ln c_e) = -j^{\text{Li}} \tag{7.8}$$

式中，$\kappa^{\text{eff}}(\epsilon_e)$ 和 $\kappa_D^{\text{eff}}(\epsilon_e)$ 为离子和扩散电导率，由下式给出：

$$\kappa^{\text{eff}}(\epsilon_e) = \kappa \epsilon_e^{0.5} \tag{7.9}$$

$$\kappa_D^{\text{eff}}(\epsilon_e) = \frac{2RT\kappa\epsilon_e^{0.5}}{F}(t_+^0 - 1)\left(1 + \frac{\text{d}\ln f_+}{\text{d}\ln c_e}\right) \tag{7.10}$$

迁移数 t_+^0 定义为均匀组成的电解质溶液中离子所携带电流的比例。

电极相的电荷守恒　固相中用欧姆定律计算电荷守恒的体积平均方程：

$$\nabla \cdot (\epsilon_s \sigma^{\text{eff}}(\epsilon_s)\nabla \phi_s) = j^{\text{Li}} \tag{7.11}$$

式中，$\sigma^{\text{eff}}(\epsilon_s) = \sigma$ 为有效固相电导率。第一项表示电子导电引起的电荷传输。

化学动力学　Butler-Volmer 动力学方程提供了电极 / 电解质界面总转移电流的描述，即正向反应速率与反向反应速率之间的差异。其中 α_{cj} 和 α_{bj} 分别表示施加在正极和负极上促进反应的电位分数。

$$i_{nj}=i_0\left[\mathrm{e}^{\left(\frac{\alpha_{aj}F}{RT}\eta_j\right)}-\mathrm{e}^{-\left(\frac{\alpha_{bj}F}{RT}\eta_j\right)}\right] \tag{7.12}$$

当正向反应速率等于反向反应速率时，即为零反应速率，此时电势被称为平衡电势，而实际电势与平衡电势之间的差被称为表面过电势：

$$\eta_j=\phi_s-\phi_e-U_{j,\mathrm{ref}}-i_{nj}R_f \tag{7.13}$$

交换电流密度被定义为正极和负极反应速率常数以及物料组分浓度的函数。

$$i_0=kc_e^{\alpha_{aj}}(c_{s,\max}-c_s)^{\alpha_{aj}}c_s^{\alpha_{cj}} \tag{7.14}$$

$$j^{\mathrm{Li}}=\begin{cases}a_{s1}i_{n1} & \text{正极}\\ 0 & \text{隔膜}\\ a_{s2}i_{n2} & \text{负极}\end{cases} \tag{7.15}$$

SOC 由 $\theta=c_s/c_{s,\max}$ 给出。

能量平衡方程是三维热传导方程：

$$\rho C_p\frac{\partial T}{\partial t}-\Delta(k\Delta T)=q \tag{7.16}$$

电池结构中的重复层导致热特性存在各向异性，平面热导率比垂直平面高出数倍。在求解能量平衡方程式（7.16）时考虑了电池几何形状和随区域变化的热源 q。连接线和集流体箔中，简单采用欧姆加热模型作为热源。Bernardi 等 [67] 详细推导出了双电极嵌入电极内额外加热项，并讨论了其对于整个电池内部的影响。在其常用于电池模拟中的简化形式中，考虑可逆能量损失、由半电池反应引起的可逆熵变以及欧姆热等因素产生的总体发热效应。

$$q=\sum a_ji_j(\phi_s-\phi_e-U)+\sum a_ji_jT\frac{\partial U_j}{\partial T}+\frac{i_s^2}{\sigma_{\mathrm{eff}}} \tag{7.17}$$

所有反应的总和 $j=1\cdots M$ 在锂离子嵌入系统中简化为两个半电池反应。OCP 值表示为 U_j。

计算方法与实现　带有因变量的微分 - 代数方程组的初值 $\psi=\{c_s, c_e, \phi_s, \phi_e, j_{\mathrm{Li}}\}$ 可表示为

$$F(t,\dot{\psi},\psi)=0 \tag{7.18}$$

初始条件为 $\psi(0)=\psi_0$ 和 $\dot{\psi}(0)=\dot{\psi}_0$。在这个方程组中，电荷守恒方程是构成指数 1 的 DAE（微分代数方程）系统的代数约束。为了进行数值时间积分，需要在时间 t_0 下对代数约束有一个一致的初始解。为了计算这些 DAE 的解，满足式（7.18）的初始向量 ψ_0 和 $\dot{\psi}_0$ 是必要先决条件。接下来，我们描述了用于初始化自适应时间积分的求解器的技术。

这个公式中的因变量是 $\psi=\{c_s, c_e, \phi_s, \phi_e, j_{\mathrm{Li}}\}$。可以对所有因变量采用相同的逼近次序，即有限元逼近：

$$\psi^h = [N(x, y, z)]\psi \tag{7.19}$$

式中，ψ^h 为因变量的有限元近似；ψ 为节点自由度的向量。

已经确定，不一致的初始条件问题确实导致数值求解技术在指数 1 系统的 DAE 中失效。由于电池的充放电而交替的边界条件，在驱动循环中引起了不一致的初始化。在恒流放电下，恒流条件和参考电位施加在非相邻边界上。在任何时刻 t，假定的恒定初始解剖面与边界条件是不一致的。通过试错法来一致地设置初始解是一项艰巨的任务。为了规避此问题，方程组经过变量转换被重构为一个稳定状态的方程组，即 $\dot{c} = y$ 和 $c\,(x, y, z) = c^{\text{const}}$。

$$0 = f(0, y, c^{\text{const}}, \phi, j_{\text{Li}}, T) \tag{7.20}$$

$$0 = g(0, c^{\text{const}}, \phi, j_{\text{Li}}, T) \tag{7.21}$$

式中，c、ϕ、j_{Li}、T 是微分和代数变量的向量。这些方程的解将与边界条件一致。这种初始化计算是通过使用 Newton-Krylov 求解技术来解决非线性系统实现的。当电流边界条件突然跳跃时，应使用这种 DAE 重新初始化技术。这些可变电流曲线在电池的脉冲测试或驱动循环测试中非常有用。

时间积分方案采用变阶数、变系数的固定前导系数形式的向后微分公式，该方案已在非线性与微分 / 代数方程求解器套件（SUNDIALS）的 IDA 模块中实现[24]。根据公式，向后微分公式可达到 1 ~ 5 阶。

$$\sum_{i=0}^{q} \alpha_{n,i}\psi_{n-i} = h_n\dot{\psi}_n \tag{7.22}$$

式中，ψ_n 和 $\dot{\psi}_n$ 分别是 $\psi(t_n)$ 和 $\dot{\psi}(t_n)$ 的计算近似，而步长由 $h_n = t_n - t_{n-1}$ 给出。系数 $\alpha_{n,j}$ 根据阶数 q 和最近历史步长唯一确定。在 $t = t_{n+1}$ 时，通过计算式（7.18）的值，并利用式（7.22）替代 $\dot{y}$，得到一个需要每步求解的非线性代数方程组：

$$F(t_n, \psi_n, h^{-1}\sum_{i=0}^{q} \alpha_{n,i}\psi_{n-i}) = 0 \tag{7.23}$$

牛顿迭代法被应用于非线性 DAE 问题，以产生一系列逼近值 ψ_k 到 ψ^*，其中 $\psi_{k+1} = \psi_k + s_k$，牛顿步长 s_k 是下列线性方程组的解：

$$F'(\psi_k)s_k = -F(\psi_k) \tag{7.24}$$

式中，F' 是 F 在 ψ_k 求出的雅可比矩阵。雅可比矩阵 J 是方程组的近似值：

$$J = \frac{\partial F}{\partial \psi} + \alpha\frac{\partial F}{\partial \dot{\psi}} \tag{7.25}$$

式中，$\alpha = \alpha_{n,0}/h_n$。

我们采用非精确牛顿迭代与缩放预条件广义最小残差法（GMRES）作为线性求解器，利用当前雅可比矩阵的无矩阵乘积（Jv）。在这个 GMRES[38] 中，通过将线性系统投影到 Krylov 子空间中来获得解：

$$K(A,v)=\mathrm{span}\{v, Av, A^2v,\cdots, A^{m-1}v\} \tag{7.26}$$

式中，$v=f(x_n+1)$。Arnoldi 方法 [10] 仅需利用 A 对向量序列的作用，用于为该空间构造一个非标准基。

在 IDA 内部，式（7.25）中定义的雅可比矩阵 J 是通过差分商近似计算的：

$$J=\frac{[F(t,\psi+\sigma v,\dot{\psi}+\alpha\sigma v)-F(t,\psi,\dot{\psi})]}{\sigma} \tag{7.27}$$

式中，增量 $\sigma=1/\|v\|$。

在各种可用的 Krylov 方法中，我们选择了 GMRES，因为它能够保证非对称、非正定系统的收敛 [38]。尽管每个雅可比解需要更多的迭代，但为了减少这些 GMRES 迭代次数，我们通过预处理问题来提高雅可比矩阵的条件数。左预处理被应用于以下系统中的结果：

$$P^{-1}J\delta y=-P^{-1}F \tag{7.28}$$

在预处理器求解方面，我们采用了代数多重网格（Trilinos ML）V 循环求解器和粗网格求解器 [23]。

7.3　新型电池架构

在基本层面上，具有良好倍率能力、寿命和安全性的可扩展三维电极和器件架构的高度复杂组装，由材料、电化学传输（扩散和动力学）、电极架构和系统设计之间的分层多尺度相互作用控制。为了显著提升电池能量密度，需要同时考虑性能、成本和安全性这三个重要指标。然而，在这种设计约束下，由于电子和离子传输过程的限制，单层电极存在着能量和功率方面的局限 [51]。未来锂离子技术成功发展的关键之一是在不牺牲功率性能的前提下，在单位质量或体积上增加能量密度。其中一种方法是通过设计更厚实的电极，并借助高效的电子与离子通道来保持质量能量密度并提升功率性能 [6]。另外一个根本解决方案则是采用三维架构进行改进，将更多能量封装到有限空间中，并减少传输距离以保持较高功率密度 [28]。三维架构是电极和电池的非平面配置，与传统的平面配置相比，提供了极大改善性能的潜力，特别是在体积能量密度方面 [28, 36]。本研究旨在计算研究三维电极与器件架构，并证明即使使用当前行业常规正极材料（如 $LiCoO_2$ 或 $LiFePO_4$ 或 NMC），也可以提升其能量密度。此外，通过转向锂金属负极还可以进一步改善该问题，并且利用具备更高振实密度及低孔隙率特点的三维结构而不会损失影响功率密度的传输特性。这些设计预计具备可扩展性并适应各种长度范围内快速进行电子与离子传输运行。

当前三维电极结构的现状和需求：传统锂离子平面电极存在许多材料、运输和设计限制，这些限制阻碍了高能量和功率密度的同时实现。通过调控浆料组成、黏度、涂布和干燥参数来控制电极孔隙率、厚度和均匀性只能部分地解决问题。总体而言，这导致电极材料在厚度方向上呈随机分布，并且周围环绕着不均匀分布的碳和聚合物粘结剂。从电化学传输角度看，这引发了一系列问题，包括①氧化还原活性材料与电解质接触困难，②高充放电倍率下的浓差极化以及③嵌入过程中各向异性热传输和机械应力 - 应变效应。此外，在电极制造过程中还存在其他微米尺度上的不均匀性，并伴随其他组件和添加剂存在，对能量密度不利。本研究报告了具有高能量密度和功率密度交错排列的新型电极结构及其相关电池结构，并且理论上可扩展其面积与功率密度。

7.3.1 在非平面交错几何中的应用

迄今为止，我们的主要关注点一直是在最大程度上提高电极容量利用率和倍率性能，然而并非在电池层面追求最大化能量密度。我们通过详细计算建模选定的三维几何图形，以实现单位面积（和体积）能量密度的最大化，并确保电子和离子路径更短，从而实现快速动力学响应并降低电极 / 电解质界面阻力。基于这个原则，在构建更厚的电极时可以重复使用模型中的三维结构，而不会损失其电化学性能和设计特征。

为了评估三维电池结构，我们保持电极体积不变，以获得可以比较的能量密度。这是通过保持电池的高度和宽度恒定，同时改变电极厚度来实现的。在平面配置中，我们降低了电极厚度，并在每个电极上引入等高的沟槽（以适应具有恒定厚度的隔膜）。如图 7.2 所示，浅沟槽（见图 7.2b）和深沟槽（见图 7.2c）之间的沟槽深度相差两倍。这三种配置下能量密度保持不变；同时增加了暴露在初始反应界面上的表面积。由于这三种情况下能量密度相同，在不同倍率边界条件下放电电流保持不变。

图 7.2 三种电池夹层几何结构在模拟中的对比：a）平面；b）浅沟槽；c）深沟槽（深度是浅沟槽的 2 倍）。经 Elsevier 许可摘自参考文献 [2]

同时，应确保正负电极之间的材料平衡，即电池三明治结构两侧的沟槽数量应相等。在图 7.3 中，我们比较了 1C 放电结束时三种配置下固相浓度的分布情况。浓度分布的偏斜是前面所讨论非对称设计的结果。图 7.3 展示了 5C 放电结束时固相中锂含量情况。活性材料主要集中在平面配置下与隔膜接触区域（见图 7.3a），导致正极出现显著浓度梯度。而交错设计（见图 7.3b、c）则显示出更好的材料利用率（固体电极中锂浓度）。

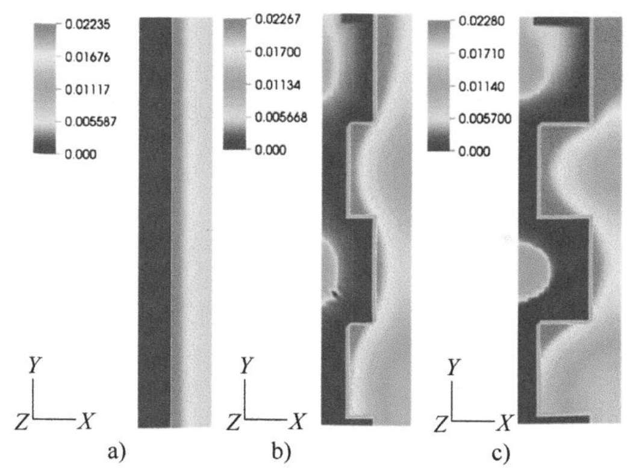

图 7.3　5C 放电结束时固相锂浓度（mol/mm³）：a）平面；b）浅沟槽；c）深沟槽（深度是浅沟槽的 2 倍）。经 Elsevier 许可摘自参考文献 [2]

经过电极材料更有效的利用，电池三明治结构的交错设计呈现出更高的放电容量。沟槽深度增加会导致电池容量增加，而能量密度保持不变。传统上，Rgone 图被用于评估储能设备的功率 / 能量特性，该图对体积能量密度和功率进行了比较。正如前面所述，交错设计提升了电池可用容量。由于更好地利用了电极材料，沟槽深度增加使得电池功率密度也随之提高，并证实具有更高功率特性的三维结构化电池是有希望的。

7.4　热管理

为了确保电池的安全可靠运行，调节电池温度至关重要。由于涂层厚度和电池形状等因素的限制，需要采用各种模块化设计的电池包。这种模块化设计在很大程度上依赖于温度传感和热管理系统的进步。主要挑战是理解在不同驱动循环下产生的热量释放，并具备随时散热和保持恒温能力。整个电池和模块存在非均匀温度分布，会对活性材料利用率造成影响，可能加速容量衰减并导致局部老化，最终降低电池循环寿命。迄今为止，所有仿真研究都使用集总模型来生成热量以探究表面液体或对流冷却效应。然而，考虑到电池内部存在的温度梯度，在研究中必须将空间温度分布与电化学反应耦合起来，并考虑所有电极组件。基于第 6 章提出的公式，我们开发了一个高效且可扩展的并行仿真框架（见图 7.4），用于解决耦合多领域包括电化学和热传输问题。相邻接触组件之间的相互作用可以通过混合边界条件进行建模，并且当前框架还可以考虑接触表面粗糙度。

大型电动汽车电池包通常采用主动冷却系统，例如液体冷却或强制空气冷却作为热管理策略。对于不受空间限制的大型电动汽车电池包而言，这些方法是可行的。为了实现成本效益和紧凑的电池设计，需要从单个电池级别到整个电池包级别进行系统化处理。在单个电池级别上，理想的热管理方法是直接调节位于热源处的电池内部区域。金属导流板散热可以作为替代传统冷却板方式来进行冷却操作。通过保持恒定的内部温度，可以提高电池性能和寿命。在集成热调节方面，在单个电池级别上实施可以降低实现更高功率密度所需的整体系统能耗。此外，控制系统能耗也可以进一步降低，因为当前软包电池的薄外形——由热扩散率决定的形状因子——可以围绕一组新的参数进行优化，超出电池的现有热限制。

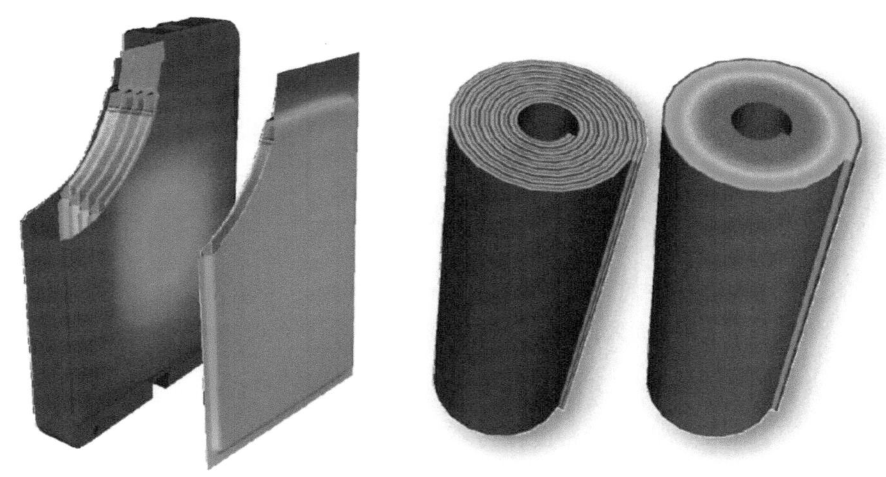

图 7.4　全尺寸软包模组和圆柱形电池的温度分布。经 Elsevier 许可摘自参考文献 [1]

为了验证该概念，我们对一个厚电池进行了建模，该电池包含 84 个电池层。有关电化学模型参数和相应 5C 放电倍率下的放电电流，请见参考文献 [32]。图 7.5 展示了在不同冷却边界条件下耦合的电化学和热效果的对比结果。理想情况下采用液体冷却方式，通过将相应的电池表面保持在 295K（即 Dirichlet 边界条件）来进行模拟。其余表面采用对流空气冷却，并且对流传热系数设定为 15W/(m^2 · K)。新设计的电池允许通过集流体实现核心部分的冷却，从而有效地控制温度范围和均匀性（见图 7.5c）。使用箔片进行液体冷却带来了诸多优势，这些优势可以通

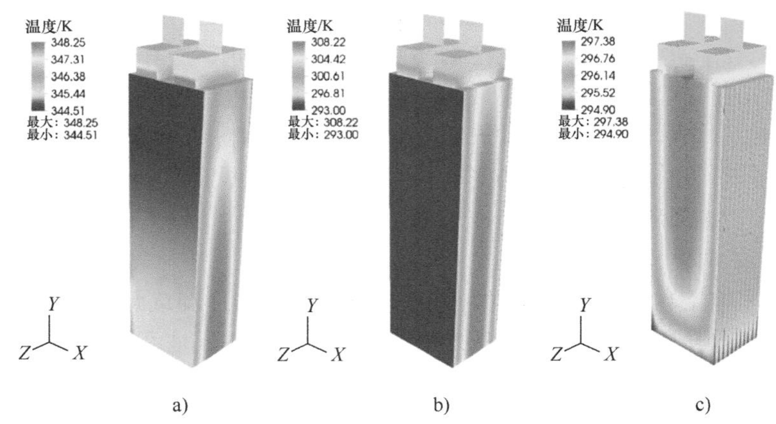

图 7.5　厚方形电池的温度分布：a）无冷却应用；b）软包表面冷却；c）集流体冷却。经 AIP Publishing LLC 许可摘自参考文献 [32]

过图 7.6 中显示出与图 7.5 相同冷却场景下垂直厚度的温度分布来量化。集流体进行液体冷却使整个电池达到最低温度（见图 7.6c）。通过侧面采用延伸金属箔片对电池进行散热不仅方便制造更厚的电池，同时减小了由于直接从核心移除热量而引起的厚度梯度问题。

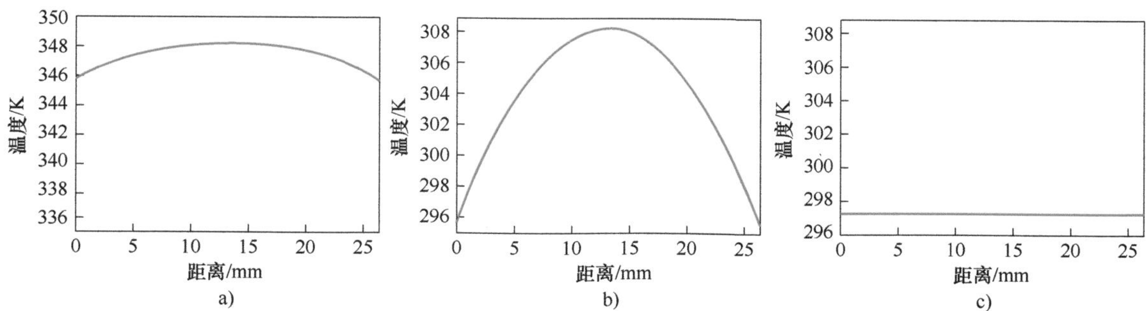

图 7.6　厚方形电池的温度分布：a）无冷却应用；b）软包表面冷却；c）集流体冷却。经 AIP Publishing LLC 许可摘自参考文献 [32]

7.5　安全性

随着电动汽车数量的增加，电池对机械诱导的内短路的响应成为主要关注点之一。由于热失控事件后缺乏物理证据，最终的故障机制很难确定。机械变形引起的内短路被认为是电动汽车碰撞中电池失效和热失控的主要原因。为了深入研究这一问题，在电池层和堆叠层进行了机械压痕试验。通过进行电池挤压或针刺等滥用试验，可以评估故障条件下的最终结果。然而，这些测试往往会导致热失控，并且缺乏足够证据进行检查。为了更好地理解电池内部材料在机械失效时的情况，我们在铝罐中使用方形电池进行了递增压痕试验。压痕试验在不同阶段停止，并且硬壳铝罐能够保持其变形状态，经过试验后仍可观察到。事后分析采用了横截面成像和 X 射线断层扫描技术来确定不同材料折叠前的层数以及发生损坏时的压痕深度。

通过三维 X 射线计算机断层扫描（XCT）观察到，在商用方形电池和大尺寸软包电池上，球形压痕后铜集流体发生碎裂。使用扫描电子显微镜（SEM）、扫描透射电子显微镜（STEM）和 X 射线光电子显微镜（XPS），对使用的商用电池和原始负极的铜集流体进行了微观分析，显示出使用过的电池受反应和扩散影响的粗糙界面区域。通过电子探针微观分析（EPMA）元素映射，将界面区域的这种恶化归因于氧和磷含量的富集。同时，在集流体内部均匀分布着磷，并经 STEM 分析得到证实。XPS 深度刻蚀显示存在 Li、F、P、O 和 C，并且至少以 50nm 深度渗透到铜中，导致箔片脆化；与之相比，原始负极表现出非常光滑的 C/Cu 界面。

在开路电压下降 0.1V 时，表明经过初始短路后，我们使用三维 XCT 对凹陷的方形和大尺寸电池进行了检查。图 7.7a~c 展示了来自三个不同方向的图像。正极中的钴显示为较厚的层，颜色呈浅灰色。由于碳负极是 X 射线透明的，只有铜箔可见。正如之前所提到 [14]，铜层呈碎片状，在横截面视图中呈现为不连续线条（见图 7.7a、b），但在与层平行的平面上则呈现出泥裂纹（见图 7.7c）。对于大尺寸电池，我们选择了 10 个堆叠电池中顶部的电池进行 XCT 扫描。外部直流电源连接到顶部电池，并通过正负极耳监测电压变化。由于样品夹限制了扫描大小为 5.5mm × 50mm × 145mm，在横截面图像中空间分辨率并不高（见图 7.7d、e）。然而，我们仍能观察到不连续的铜层存在。在与层平行的平面上（见图 7.7f），由于压痕曲率影响，该层显示为环形结构。铜集流体与方形电池具有相似的泥裂纹图案特征。10 个电池堆叠的压痕具有电动汽车电池模组中实际电池背衬的条件。虽然存在着可变形性更强的底部电池导致位移量超过单个电池厚度数倍以上，并且已经出现大范围裂缝；然而断裂的证据非常清晰可见。鉴于球形压痕下正极内部未观察到任何铝层断裂迹象，因此本研究重点关注铜集流体器件㊀。

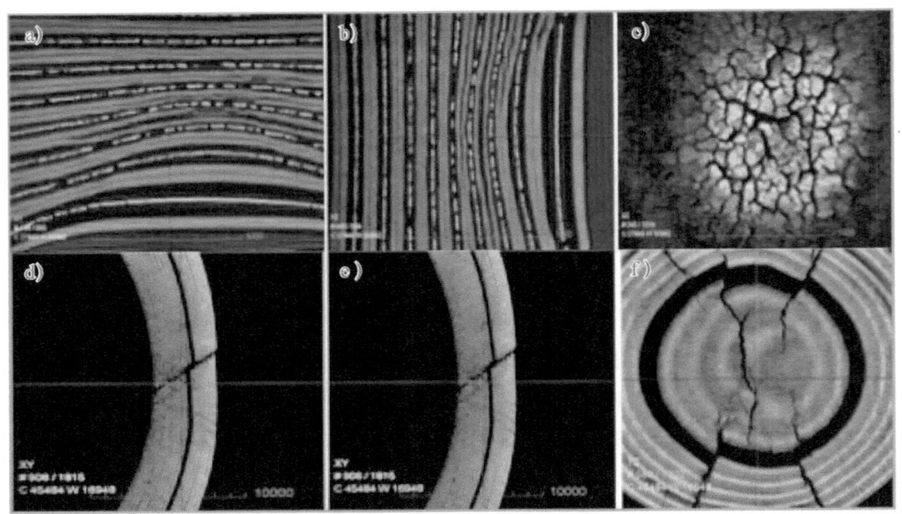

图 7.7　在小方形电池 a）、b）和 c）中，以及在大型 LG 化学 10 个电池堆叠的顶层的电池 d）、e）和 f）中，通过三维 XCT 观察到压痕后铜集流体的破碎。经 Elsevier 许可摘自参考文献 [46]

安全失效模式的主要标准是电隔离电极，以及避免由于诱导变形而引起内短路时的热失控。在电池机械变形过程中，各种材料组件可能会集体或单独发生断裂。为了深入理解与电池夹层部分接触的电极碎片对性能的影响，我们进行了一系列配置合适的电化学模拟[30]。在这种失效情况下，我们预先定义了各种可能的电池三明治结构，并设置了适当的条件进行模拟。构建的各种结构包括：①隔离集流体，但电极材料完好无损；②集流体和正极电极与负极电极隔离；③集流体和电极完全隔离。假设这些是电池变形后最终状态，我们将对隔离的正极集流体区域施加恒定电流条件，并评估其余区域是否参与电化学传输。此数值设置为内部短路理想化版本，通过短路区域的电流可以以指数形式变化，可能会有更多溶解和分解反应导致热失控。这项初步分析足以用于研究电隔离及参与热 - 电化学传输问题。在图 7.8 中，我们展示了使用相同的颜色标度计算得出的接近放电结束时各个区域固相锂浓度（mol/cm^3）等值线图。为了更好地分

㊀ 本节中呈现的结果最初发表在参考文献 [46]，并经 Elsevier 许可转载。

析，所有得到的解都采用相同的颜色标度绘制，其中红色表示达到最大固相浓度的所有模拟结果，蓝色表示零值。顶部截面图突出显示了隔离的集流体、充满电解质的隔膜区域以及电极初始浓度状态。第一种情况表明，即使集流体完全隔离，在具有恒定电流边界条件下形成的短路区域仍会驱动整个电极传输。这表明，如果经过变形后电极 - 电解质系统是连续的，即使存在隔离的集流体，热失控也可能发生，因为其余部分电极仍然对能量释放做出贡献。在第二种情况下，正极和铝箔完全隔离，整个负极与一个隔离的铜箔仍然可以促进传输和随后的热失控。最后，我们研究了完全隔离的正极和负极的放电。电极片直接穿过对方有助于电荷传输。锂浓度在隔膜 / 正极界面上发展。但相邻区域中没有离子通量，即电隔离区域保持相同的初始浓度，不促进放电容量。这些案例研究暗示了通过延迟热扩展来更好地缓解安全问题。然而，在因变形而导致短路时要完全避免热失控，不仅需要对集流体进行电隔离，还需要对电极进行电隔离以消除参与放电。

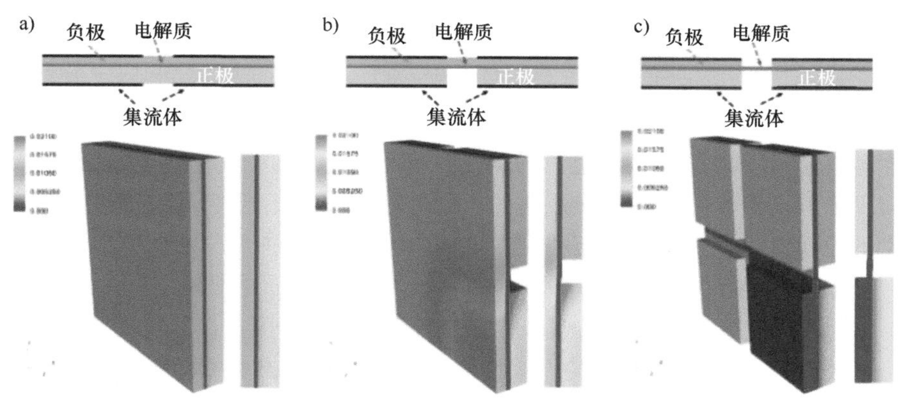

图 7.8　放电过程结束时，固相中锂离子浓度（mol/cm^3）的等值线图（横穿分段电极）。经 Elsevier 许可摘自参考文献 [30]

7.6　锂离子电池数据和机器学习的机遇

随着自然语言处理、图像分类和数据收集的大规模分布式训练取得成功，机器学习 / 人工智能方法正越来越广泛地应用于各种复杂物理现象的领域。然而，由于违反了图灵限制、Vapnik 和 Tarski 可学习和表达的原则、Godal 限制 [8]，大多数复杂物理问题无法仅通过机器学习技术从数据中解决。如果没有建立任何潜在限制，科学上解释机器学习与非物理结果之间的相关性将变得困难。本节将探讨早期采用机器学习 / 人工智能技术解决电池应用中不同长度和时间尺度问题的一些先驱，并介绍相关挑战。此外，在接近结尾时，我们还将提及基于物理模拟计算成本过高以及机器学习 / 人工智能技术可以帮助弥合这一差距的机会。

7.6.1 原子建模

我们已经熟知了量子力学定律，这些定律描述了微观层面上原子和电子的行为，并且已经有近 100 年的历史。自那时以来，人们投入了大量努力，试图解决这些方程在实际问题中的应用，例如，在分子层面上理解化学现象。由于量子力学方程本身的复杂性，其精确求解变得异常困难。为了克服实际应用中所面临的挑战，我们引入了不同层次的近似方法和模型。

锂离子电池涉及众多电化学和化学反应，深入理解这些反应将有助于我们设计和优化材料以满足预期的应用需求。SEI 对材料系统的稳定性和锂离子电池（LIB）的长循环寿命至关重要，是当前化学研究中最为广泛探讨的薄膜材料之一。然而，界面形态及其对界面还原过程的影响仍存在许多未知方面，计算机建模可以提供帮助。电解质基因组计划（Electrolyte Genome Project）加速了新型有用电解质的发现，并产生了数千个表征电解质表面分子反应的数据，从而促进早期 SEI 形成 [35]。这使得能够快速进行高通量第一性原理计算，并可稳健地评估关键性质，如溶剂化结构、自扩散系数、添加或不添加添加剂时的电导率以及各种物相组分间还原电位差异等。高通量技术也使得快速筛选具备特定性能的材料成为可能。

7.6.1.1 第一性原理原子模型

第一性原理（FP）原子模型（也称为从头计算）的思想是基于纯粹的原子组成知识来描述系统，而不依赖实验参数。其中最成功的模型之一是密度泛函理论（DFT）。尽管仍然考虑了量子级别的电子，但它将电子相互作用视为平均场，并允许大多数科学家使用计算机资源对包含数百个电子的原子系统进行计算。在这种模型中，原子通常被建模为经典粒子（Born-Oppenheimer 近似），通过求解 DFT 方程来提供作用于每个原子的力，以实现分子动力学（MD）模拟。由于其复杂性随着电子数量 N 三次方增长，这些计算成本可能非常昂贵。因此，$O(N)$ 复杂性求解器采用各种近似和小矩阵微元截断技术，并已开发出更高效的模拟方法 [10, 16]。即使在大型超级计算机上进行求解，所需时间仍然相对较长，并且限制了实际 MD 模拟长度在 10 ~ 100ps 范围内。针对许多应用而言，这样的长度是不够满足要求的，因此需要寻找替代模型。

一种降低计算成本的方法是采用连续溶剂模型 [43] 替代系统中的溶剂部分。相较于在真空环境下模拟分子系统，这通常更为优越，尤其对于极性溶剂如 EC 而言。此外，Ward 等人 [47] 最近利用机器学习开发了一种基于消息传递神经网络（MPNN）模型的方法，该方法仅需以分子图作为输入，并成功取代了成本昂贵的计算过程。通过使用超过 100000 个分子进行训练，他们能够证明该模型在预测新分子的溶剂化能方面具有非常高的准确性。这个例子展示了机器学习如何以低计算成本快速确定特定分子系统的物理或化学特性，并且只需要一个经过数千次昂贵计算训练得到的模型。

7.6.1.2 经典分子动力学

经典分子动力学是对原子相互作用进行简化建模的一种方法。其旨在直接描述原子之间的力，将其抽象为经典粒子，并利用解析表达式（即力场）来描述原子之间的相互作用。该力场取决于原子之间的距离、三个原子构成的角度以及两组三个原子所形成平面之间的二面角。这些相互作用可以分为键合、范德华和库仑等不同形式。通常情况下，这些相互作用可以被拆分为短程和远程库仑势两部分进行单独计算，从而使得涉及 N 个原子时计算复杂度为 $O(N)$。此外，由于使用了相对简单的解析表达式来评估力场，因此我们能够借助高性能计算资源模拟数百万甚至数十亿个原子。

然而，在应用经典 MD 时存在严重的局限性。首先，由于通常难以找到一个解析力场与实际力很好地匹配系统的所有可能配置，因此精度可能受到限制。其次，原子键是力场参数化中不可或缺的一部分。这意味着模型不仅编码了原子键强度，还包含了一对原子之间存在原子键的事实。因此，在经典 MD 模拟中无法自发发生化学反应。

一种规避这一限制的方法是实时检测原子系统处于有利于化学反应发生的构型，并通过改变力场（从而改变原子键）来促使该反应以特定概率发生。此方法已在广泛使用的分子动力学软件 LAMMPS 中得到实现 [20]，并最近被用于锂电池 SEI 生长模型 [3]。此方法额外具备优势，即通过增加这些反应发生的概率，可以加快反应速率。

另一种选择是 ReaxFF 模型，该模型结合了键长、键序和电荷动态分布，允许进行化学反应。尽管它具备形成和解离键的能力，但与标准力场势相比，计算成本高出一个数量级。最近，该模型已被应用于研究 SEI 演变 [50]。

7.6.1.3　用于确定原子势的机器学习

当进行长时间的分子动力学模拟时，会产生大量数据，包括许多时间步的原子配置、原子力和系统能量。在面对这些数据时，我们可以提出一个问题：如果我们有足够多预先计算得到的配置，是否可以通过学习来推断出原子系统能量与其原子配置之间的关系？在过去 15 年中，Behler 和 Parrinello 等人 [7] 开展了大量相关研究，并在最近几篇综述文章中进行了总结 [13, 17]。研究结果表明，在许多情况下，可以从一组原子配置及其相应能量推导出原子势函数。如果通过机器学习方法获得的能量面是可微分的，则可以计算作用于所有原子上的力，并生成分子动力学模拟。神经网络（NN）和基于核回归是构建这些势函数最常用的回归模型。一旦完成训练，使用这种机器学习势函数评估力与完整 DFT 计算相比所需计算成本非常低，同时仅引入很小误差 [52]（见图 7.9）。

需要注意的是，与试图直接模拟分子系统物理或化学特性的机器学习模型不同，通过从分子图中提取机器学习原子势，可以间接评估这些特性。然而，机器学习势的发展仍处于不断演进之中，在采样方法和原子环境描述符方面存在改进空间。相较于 DFT 或经典力场，机器学习势尚未达到同等成熟程度，因为每个新应用都需要用户进行训练，并且需要相当多的专业知识才能实现此目标。但是，该领域内许多研究人员正在积极分享他们的数据和软件，使得情况迅速发展起来。

一些学者认为，对于所有相互作用都是短程的应用而言，从 DFT 生成机器学习势已经成为一个被解决的问题。然而，许多与电池相关的应用实际上并不属于这一类别，尤其是由各种阴离子和阳离子产生的长程库仑势所致。但目前也正在针对带电系统开发解决方案，例如通过学习每个原子上部分电荷来计算添加到机器学习势中的静电能量 [49]。

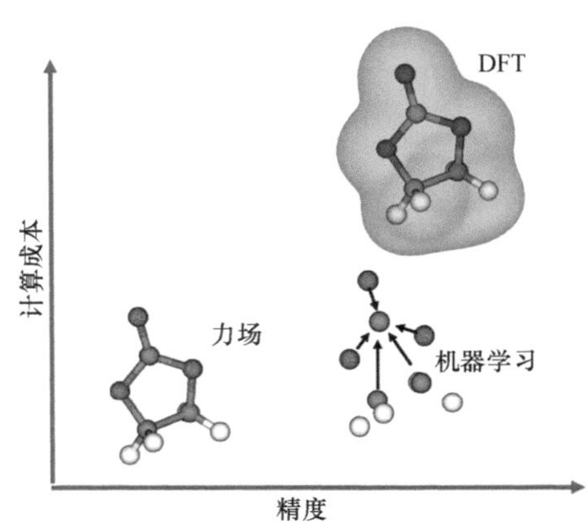

图 7.9　各种模型及其相对精度和计算成本的说明。数据库机器学习方法（右下）在许多情况下可以以接近力场模型的计算成本提供 DFT 精度

尽管机器学习势通常使用 DFT 作为基础模型进行训练，但从原则上讲，也可以采用其他更准确的模型。随着方法学的演进，特别是更好采样方法的开发，有助于减少训练配置数量，这可能成为这些机器学习势的一个重要优点，因为 DFT 并不总是足够精确。此外需要注意，在涉及多种配置、物相组分和潜在界面 [12] 时，与固体电解质相比，对液体电解质进行机器学习势开发更具挑战性。虽然第一性原理模拟可以让我们深入了解原子尺度的许多现象，但涉及实际界面（如负极表面）的计算可能相当具有挑战性 [29]。

7.6.1.4　化学反应机理

虽然从原则上讲，第一性原理模拟可以直接用于化学反应的模拟，但由于这些反应自发发生所需的计算时间较长，因此该方法并不实用。然而，在已知反应物和产物的情况下，可以从第一性原理中获取关于单个反应的信息。如果能够猜测出一个可能的反应路径，并通过采样能量和 / 或力（例如使用几何约束）沿着该路径进行计算，则可以利用热力学积分来计算反应物和产物之间的自由能差以及该反应的能垒 [11]。为了考虑温度效应，可以通过在沿着该路径每个采样点运行有限温度 MD 来包含它们。键解离能（BDE）被定义为 298K 和 1atm 下的化学反应焓变，而 Arrhenius 方程提供了化学反应速率常数与温度 T 之间依赖关系，并与下式成正比：

$$e^{-E_a/RT}$$

式中，E_a 为活化能；R 为气体常数。

如上所述，为了计算键解离能和能垒，首先需要对化学反应发生的可能性有全面的了解。在 SEI 形成过程中，我们对电解质及其反应产物等系统可能发生的反应有一定了解。然而，考虑到所有可能的反应、反应途径和产物时，可能性数量会迅速增加，并且使用量子力学方法计算这些分子之间所有潜在反应是非常昂贵的。在这方面，机器学习模型也可以提供帮助。通过训练数千个小分子样本后，已经提出了一个相当准确地预测有机分子键解离能的模型[42, 48]。此外，Grambow 等人[21]还开发了一个深度学习模型，在给定一组反应物和产物分子图的情况下可以定量预测活化能。

与机器学习原子势相似（见 7.6.1.3 节），一个优秀的机器学习模型关键在于其描述符或输入向量，即适当编码分子信息并可供神经网络等算法学习和预测键解离能或活化能等特征。分子图可以被定义为一组由边（键）连接的顶点（原子）。基于这一基本概念，化学启发式图神经网络（GNN）或消息传递神经网络（MPNN）[19]已被成功应用于预测分子性质，如前述键解离能和活化能以及 7.6.1.1 节中提到的溶剂化能。

利用这一基础设施，Samuel Blau 等人[9]计算了反应能量和键解离能，并结合 SEI 形成背景下分子间化学相似性的自动评估。利用这些反应数据，研究团队构建了一个具有化学计量学约束的化学一致性图，可以预测大量反应网络中最可能的路径，并研究比以前更复杂的系统。

7.6.2 连续尺度电化学系统

7.6.2.1 成像实验的中尺度结构 - 性质关系

在中尺度上，控制电池的主要物理现象涉及活性材料颗粒表面的电化学反应和离子 / 电子通过由组成相形成的曲折双连续网络的传输。在电极尺度上，机器学习方法已被用于协助电池成像数据预处理、阈值化（/ 分割）和量化，并构建多孔微结构进行数值模拟和几何特性评估。由于电极的微观结构复杂，组成材料各异，现有的中尺度成像工具缺乏区分空间分布和各向异性能力。层析成像已成为表征和量化多孔介质微观结构和相关特性的重要工具，包括锂离子电池（LIB）电极和隔膜。然而，在层析成像数据中存在不同材料组分之间图像对比度低的问题。Pietsch 等人[33]已经指出，在数据二值化过程中可能会产生误差，并导致计算参数（如孔隙率、曲折度或比表面积）不确定性增加。因此，使用 X 射线微层析成像获得锂离子电池的成像信息的可靠重建是困难的，需要小心处理阈值设置与分割操作以评估比表面积、孔隙率和曲折度等参数。许多机器学习方法已经开发出来，可以在这些较小数据集上进行训练以从收集到的 X 射线纳米层析成像数据识别不同材料相并提取其分布情况。然而，环氧树脂、炭黑和聚合物粘结剂的 X 射线吸收方面差异较小使得它们难以区分。另一种可采用的方法是 GAN[18]生成人工数据来补充真实数据，并重建探测困难的粘结剂相（见图 7.10）。

Jiang 等人[25]开发了一种机器学习工作流，能够自动识别从同一颗粒中分离出的多个碎片，并对每个 NMC 颗粒的特性进行量化。利用该方法，他们还观察到了 NMC 颗粒中严重受损局部区域与聚合物粘结剂域之间的分离现象。Qian 等人[34]提出了一种基于纳米分辨率同步辐射光谱显微镜的数据分类方法，以研究富镍正极材料中非对称应力和导致结构解体的因素。这些作者还制定了一种机器学习辅助的数据聚类方法，以减少数据噪声和维度，并进一步量化应变引起的晶格畸变（见图 7.11）。

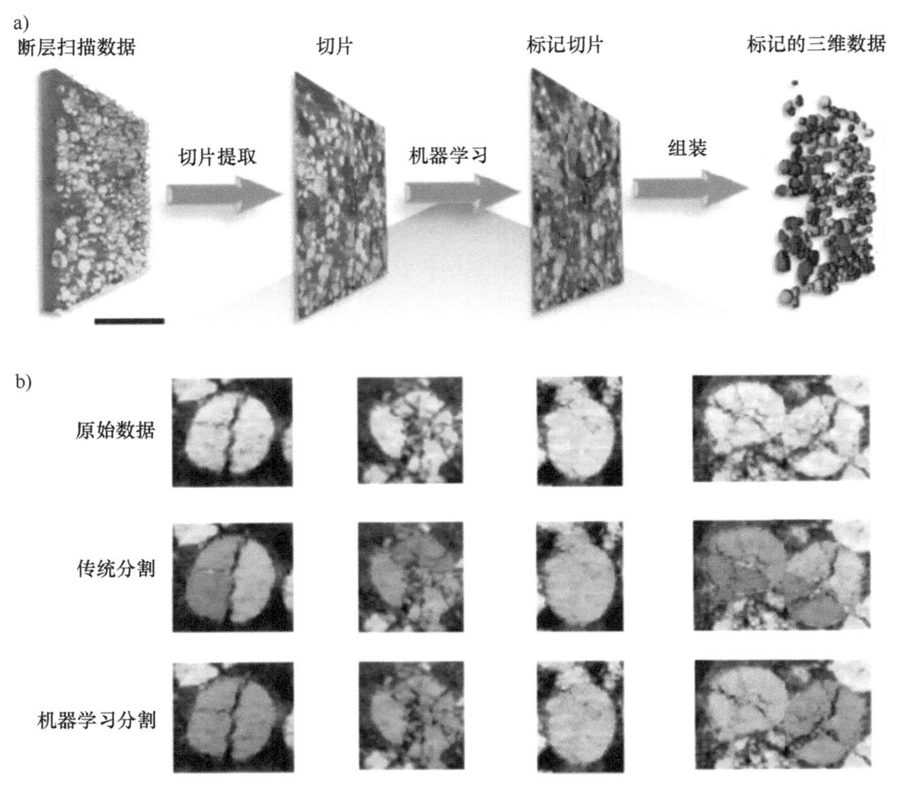

图 7.10　基于机器学习的分割工作流。经 NatureComm 许可摘自参考文献 [25]

然而，对于从同步加速器设施收集的纳米尺度数据而言，收集时间与样本大小成正比。实际样本体积具有各种材料的代表性体积分布，其规模难以想象[39]。在这些数据集上训练的机器学习模型可用于识别不同材料相，并预测通过 X 射线微断层扫描获得的更高尺度粒子相分布，从而弥补了纳米和微米尺度之间的差距。此外，随着科学设施数据规模的增长，研究界将始终需要在大规模分布式计算中部署这些机器学习技术以筛选和量化数千个粒子，并补充成像实验以关联电池材料结构与性能之间的关系。

7.6.2.2　从数据 / 实验角度的电池水平分析的老化研究加速

在工业规模部署锂离子电池时，需要快速计算各种动态运行条件的模型。这些计算机模拟主要用于评估系统设计、主动控制策略和预测。基于充放电行为物理特性的等效电路模型因求解更快被广泛使用，但精度有限。随着传感器技术和现场监测导致大规模数据收集进步，新数据分析采用机器学习技术成为可能，并提供了使用数据驱动方法预测健康状态和循环寿命的机会。Severson[40] 已经证明了一种从加速实验中提取特征的方法，以识别使用线性回归模型预测电池寿命与容量退化的相关性。本节中，我们将通过弹性网络回归训练的线性模型，利用加速老化实验数据作为输入，并从前 100 个循环的充电数据中提取增量容量变化即 $\Delta Q(V)$ 以预测

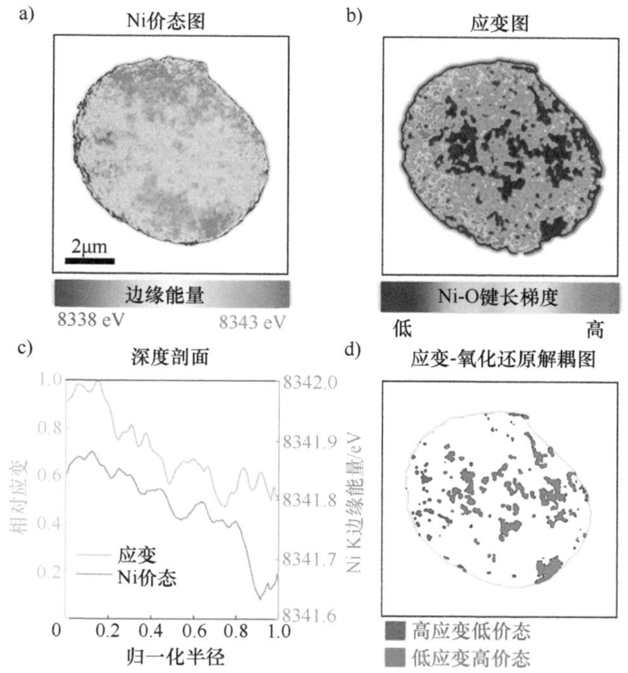

图 7.11　Ni 价态与 NCM811 颗粒应变之间的相关性分析。a）XANES 光谱中的 Ni K 边缘能谱图。b）由机器学习处理的 EXAFS 光谱中的颗粒应变图。c）Ni 价态与沿深度剖面的应变之间的相关性。d）颗粒中应变 - 氧化还原解耦的分布图。经 ACS 许可摘自参考文献 [34]

电池最终循环寿命。尽管该机器学习模型提供了有用信息，但其在线代表性不确定且未包括动态驱动循环和相关衰减模式的所有方面。此外，Roman Darius 等人 [37] 通过探索各种算法开发了一个机器学习线，对 179 个在多种条件下循环的电池进行训练，并使用 30 个特征来校准模型，以可靠地实时估计电池健康状态。在 Li W. 等人 [27] 研究中观察到，虽然递归神经网络（RNN）是处理原始时间序列数据的理想选择之一，但对于电池条件只具有短期记忆能力。因此，研究人员开发了一种监督学习方法，该方法采用带有长短期记忆（LSTM）单元的 RNN，以准确估计电池在运行过程中的剩余容量。Weihan Li 等人 [26] 试图基于物理原理开发机器学习模型，并通过消除非物理和异常制度使用物理过程数据进行训练。验证过的电化学热模型被应用于生成大量数据集合（如在真实操作条件及各种负载曲线和温度下所产生的电压、电流、温度和内部电化学状态等）。这些数据被用于 LSTM 训练以估计不同空间位置上电极和电解质内部浓度及电势情况。尽管我们拥有一个可以准确预测结果但计算成本较高的物理模型，在需要获得即时结果时基于数值数据建立机器学习模型具备优势；然而从物理角度考虑，则基于数值数据建立机器学习模型被视为黑箱，无法识别或揭示影响的内部物理过程与衰减方式，并不能为改进下一代设计提供指导。

最近，Muratahan Aykol 等人[5]的一篇文章描述了各种可能的架构，如图 7.12 所示，用于将基于物理的模型（PBM）与主要用于建模谱末端的机器学习模型分别集成。PBM 是基于热力学和动力学定律描述的，可用于预测短时间内复杂的物理现象；而机器学习模型则正在迅速发展，并利用从机载系统收集到的数据来快速预测长期事件如寿命结束。

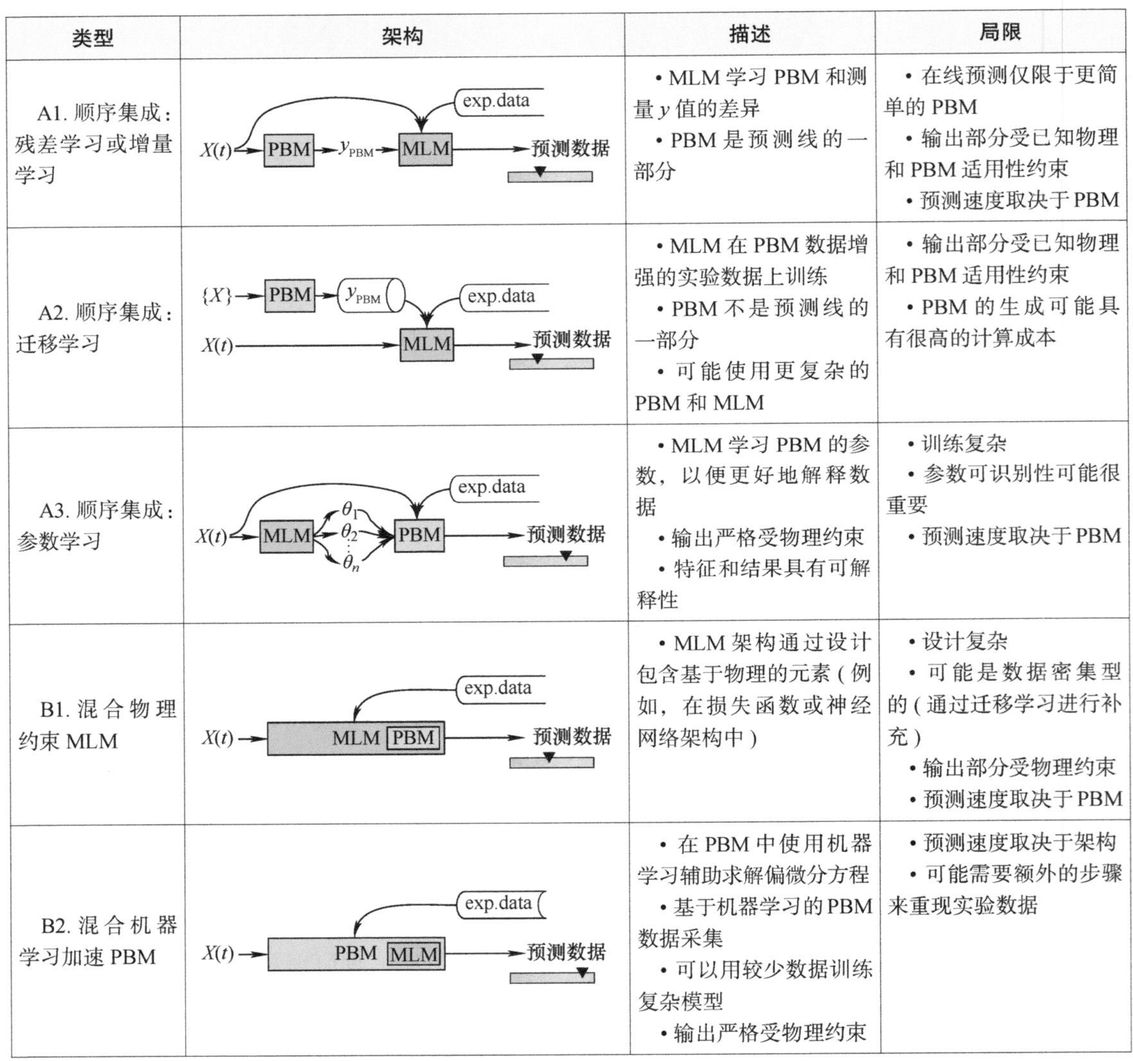

类型	架构	描述	局限
A1. 顺序集成：残差学习或增量学习	$X(t)$ → PBM → y_{PBM} → MLM → 预测数据；exp.data → MLM	• MLM 学习 PBM 和测量 y 值的差异 • PBM 是预测线的一部分	• 在线预测仅限于更简单的 PBM • 输出部分受已知物理和 PBM 适用性约束 • 预测速度取决于 PBM
A2. 顺序集成：迁移学习	$\{X\}$ → PBM → y_{PBM} → MLM；exp.data → MLM；$X(t)$ → MLM → 预测数据	• MLM 在 PBM 数据增强的实验数据上训练 • PBM 不是预测线的一部分 • 可能使用更复杂的 PBM 和 MLM	• 输出部分受已知物理和 PBM 适用性约束 • PBM 的生成可能具有很高的计算成本
A3. 顺序集成：参数学习	$X(t)$ → MLM → $\theta_1, \theta_2, \dots, \theta_n$ → PBM → 预测数据；exp.data → PBM	• MLM 学习 PBM 的参数，以便更好地解释数据 • 输出严格受物理约束 • 特征和结果具有可解释性	• 训练复杂 • 参数可识别性可能很重要 • 预测速度取决于 PBM
B1. 混合物理约束 MLM	$X(t)$ → MLM [PBM] → 预测数据；exp.data → MLM	• MLM 架构通过设计包含基于物理的元素（例如，在损失函数或神经网络架构中）	• 设计复杂 • 可能是数据密集型的（通过迁移学习进行补充） • 输出部分受物理约束 • 预测速度取决于 PBM
B2. 混合机器学习加速 PBM	$X(t)$ → PBM [MLM] → 预测数据；exp.data → PBM	• 在 PBM 中使用机器学习辅助求解偏微分方程 • 基于机器学习的 PBM 数据采集 • 可以用较少数据训练复杂模型 • 输出严格受物理约束	• 预测速度取决于架构 • 可能需要额外的步骤来重现实验数据

图 7.12　PBM 和机器学习模型的集成策略。经 ECS 许可摘自参考文献 [5]

最近，Hao Tu 等人[44]尝试通过构建不同配置的单粒子电化学和热模型与前馈神经网络（FNN）的混合模型来集成物理电池现象。FNN 提供了额外的内部状态信息，并有助于更有效地学习测量数据中缺失的方面。

已有多篇观点文章提出将物理与机器学习相结合，主要目的在于降低数据维度以捕捉所有运行条件的组合。即便考虑 PBM，以确保不违反热力学定律，在我们看来，使用大量数据集训练机器学习模型以覆盖所有可能领域代表性用例是不可避免的。然而，当前讨论中任何模型都无法处理电池测试中每次生成数百万 GB 级别数据量的情况。

在短时间内，计算科学已经越来越多地从桌面应用扩展到领导级计算系统，其中的模拟能够解释和预测跨越多个长度和时间尺度的电化学动力学和传输现象。过去十年间，计算科学家们开发了模拟代码，并利用高通量筛选以及不同尺度的电化学传输加速了电池材料的发现。同时，他们也越来越多地使用各种计算平台生成和分析大量数据。与此同时，几个国家实验室提供给用户进行实验研究电池材料的数据量不断增加。人工智能 / 机器学习技术正在被纳入计算和实验科学工作中，在大型可扩展机器学习和人工智能技术的支持下，将极大地加快科学发现进程。特别是，在多个尺度上耦合人工智能 / 机器学习可以显著提升材料发现、界面稳定性以及最终整个电池性能等方面的研究。

致谢　该研究由美国能源部 Oak Ridge 国家实验室的车辆技术办公室根据与 UT-Battelle, LLC 的合同号 DE-AC05-00OR22725 提供支持。

参考文献

1. Allu S, Kalnaus S, Elwasif W, Simunovic S, Turner JA, Pannala S (2014) A new open computational framework for highly-resolved coupled three-dimensional multiphysics simulations of Li-ion cells. J. Power Sources 246:876–886
2. Allu S, Kalnaus S, Simunovic S, Nanda J, Turner JA, Pannala S (2016) A three-dimensional meso-macroscopic model for Li-ion intercalation batteries. J Power Sources 325:42–50
3. Alzate-Vargas L, Allu S, Blau SM, ClarkSpotte-Smith EW, Persson KA, Fattebert J-L (2021) Insight into SEI growth in Li-ion batteries using molecular dynamics and accelerated chemical reactions. J Phys Chem C 125(34):18588–18596
4. Anderson TB, Jackson R (1967) Fluid mechanical description of fluidized beds. Equations of motion. Ind Eng Chem Fundam 6(4):527–539
5. Aykol M, Gopal CB, Anapolsky A, Herring PK, van Vlijmen B, Berliner MD, Bazant MZ, Braatz RD, Chueh WC, Storey BD (2021) Perspective—combining physics and machine learning to predict battery lifetime. J Electrochem Soc 168(3):030525
6. Bae C-J, Erdonmez CK, Halloran JW, Chiang Y-M (2013) Design of battery electrodes with dual-scale porosity to minimize tortuosity and maximize performance. Adv Mat 25(9):1254–1258
7. Behler J, Parrinello M (2007) Generalized neural-network representation of high-dimensional potential-energy surfaces. Phys Rev Lett 98:146401
8. Ben-David S, Hrubeš P, Moran S, Shpilka A, Yehudayoff A (2019) Learnability can be undecidable. Nat Mach Intel 1(1):44–48
9. Blau SM, Patel HD, Spotte-Smith EWC, Xie X, Dwaraknath S, Persson KA (2021) A chemically consistent graph architecture for massive reaction networks applied to solid-electrolyte interphase formation. Chem Sci 12(13):4931–4939

10. Bowler DR, Miyazaki T (2012) O(N) methods in electronic structure calculations. Rep Prog Phys 75(3):036503
11. Carter EA, Ciccotti G, Hynes JT, Kapral R (1989) Constrained reaction coordinate dynamics for the simulation of rare events. Chem Phys Lett 156(5):472–477
12. Deringer VL (2020) Modelling and understanding battery materials with machine-learning-driven atomistic simulations. J Phys Energy 2(4):041003
13. Deringer VL, Caro MA, Csányi G (2019) Machine learning interatomic potentials as emerging tools for materials science. Adv Mat 31(46):1902765
14. De Vidts P, White RE (1997) Governing equations for transport in porous electrodes. J Electrochem Soc 144(4):1343–1353
15. Doyle M, Fuller TF, Newman J (1993) Modeling of galvanostatic charge and discharge of the lithium/polymer/insertion cell. J Electrochem Soc 140(6):1526–1533
16. Fattebert J-L, Osei-Kuffuor D, Draeger EW, Ogitsu T, Krauss WD (2016) Modeling dilute solutions using first-principles molecular dynamics: computing more than a million atoms with over a million cores. In: SC '16: proceedings of the international conference for high performance computing, networking, storage and analysis, pp 12–22
17. Friederich P, Häse F, Proppe J, Aspuru-Guzik A (2021) Machine-learned potentials for next-generation matter simulations. Nat Mat 20:750–761
18. Gayon-Lombardo A, Mosser L, Brandon NP, Cooper SJ (2020) Pores for thought: generative adversarial networks for stochastic reconstruction of 3d multi-phase electrode microstructures with periodic boundaries. NPJ Comput Mat 6(1):1–11
19. Gilmer J, Schoenholz SS, Riley PF, Vinyals O, Dahl GE (2017) Neural message passing for quantum chemistry. In: Precup D, Teh YW (eds) Proceedings of the 34th international conference on machine learning, vol 70. Proceedings of machine learning research, pp 1263–1272. PMLR
20. Gissinger JR, Jensen BD, Wise KE (2017) Modeling chemical reactions in classical molecular dynamics simulations. Polymer 128:211–217
21. Grambow CA, Pattanaik L, Green WH (2020) Deep learning of activation energies. J Phys Chem Lett 11(8):2992–2997
22. Gu WB, Wang CY, Li SM, Geng MM, Liaw BY (1999) Modeling discharge and charge characteristics of nickel–metal hydride batteries. Electro Acta 44(25):4525–4541
23. Heroux MA, Bartlett RA, Howle VE, Hoekstra RE, Hu JJ, Kolda TG, Lehoucq RB, Long KR, Pawlowski RP, Phipps ET, et al. (2005) An overview of the Trilinos project. ACM Trans Math Softw 31(3):397–423
24. Hindmarsh AC, Brown PN, Grant KE, Lee SL, Serban R, Shumaker DE, Woodward CS (2005) Sundials: suite of nonlinear and differential/algebraic equation solvers. ACM Trans Math Softw 31(3):363–396
25. Jiang Z, Li J, Yang Y, Mu L, Wei C, Yu X, Pianetta P, Zhao K, Cloetens P, Lin F, et al (2020) Machine-learning-revealed statistics of the particle-carbon/binder detachment in lithium-ion battery cathodes. Nat Commun 11(1):1–9
26. Li W, Sengupta N, Dechent P, Howey D, Annaswamy A, Sauer DU (2021) Online capacity estimation of lithium-ion batteries with deep long short-term memory networks. J Power Sources 482:228863
27. Li W, Zhang J, Ringbeck F, Jöst D, Zhang L, Wei Z, Sauer DU (2021) Physics-informed neural networks for electrode-level state estimation in lithium-ion batteries. J Power Sources, 506:230034
28. Long JW, Dunn B, Rolison DR, White HS (2004) Three-dimensional battery architectures. Chem Rev 104(10):4463–4492
29. Magnussen OM, Groß A (2019) Toward an atomic-scale understanding of electrochemical interface structure and dynamics. J Am Chem Soc 141(12):4777–4790
30. Naguib M, Allu S, Simunovic S, Li J, Wang H, Dudney NJ (2018) Limiting internal short-circuit damage by electrode partition for impact-tolerant li-ion batteries. Joule 2(1):155–167
31. Pannala S (2010) Computational gas-solids flows and reacting systems: theory, methods and practice: theory, methods and practice. IGI Global, Pennsylvania

32. Pannala S, Turner JA, Allu S, Elwasif WR, Kalnaus S, Simunovic S, Kumar A, Billings JJ, Wang H, Nanda J (2015) Multiscale modeling and characterization for performance and safety of lithium-ion batteries. J Appl Phys 118(7):072017
33. Pietsch P, Ebner M, Marone F, Stampanoni M, Wood V (2018) Determining the uncertainty in microstructural parameters extracted from tomographic data. Sustain Energy Fuels 2(3):598–605
34. Qian G, Zhang J, Chu S-Q, Li J, Zhang K, Yuan Q, Ma Z-F, Pianetta P, Li L, Jung K, et al (2021) Understanding the mesoscale degradation in nickel-rich cathode materials through machine-learning-revealed strain–redox decoupling. ACS Energy Lett 6(2):687–693
35. Qu X, Jain A, Rajput NN, Cheng L, Zhang Y, Ong SP, Brafman M, Maginn E, Curtiss LA, Persson KA (2015) The electrolyte genome project: A big data approach in battery materials discovery. Comput Mat Sci 103:56–67
36. Roberts M, Johns P, Owen J, Brandell D, Edstrom K, El Enany G, Guery C, Golodnitsky D, Lacey M, Lecoeur C, et al (2011) 3d lithium ion batteries—from fundamentals to fabrication. J Mat Chem 21(27):9876–9890
37. Roman D, Saxena S, Robu V, Pecht M, Flynn D (2021) Machine learning pipeline for battery state-of-health estimation. Nat Mach Intel 3(5):447–456
38. Saad Y, Schultz MH (1986) GMRES: a generalized minimal residual algorithm for solving nonsymmetric linear systems. SIAM J Sci Stat Comput 7(3):856–869
39. Scharf J, Chouchane M, Finegan DP, Lu B, Redquest C, Kim M-c, Yao W, Franco AA, Gostovic D, Liu Z, et al (2021) Bridging nano and micro-scale x-ray tomography for battery research by leveraging artificial intelligence. Preprint. arXiv:2107.07459
40. Severson KA, Attia PM, Jin N, Perkins N, Jiang B, Yang Z, Chen MH, Aykol M, Herring PK, Fraggedakis D, et al (2019) Data-driven prediction of battery cycle life before capacity degradation. Nat Energy 4(5):383–391
41. Slattery JC (1972) Momentum, energy, and mass transfer in continua. McGraw-Hill, New York
42. St. John PC, Guan Y, Kim Y, Kim S, Paton RS (2020) Prediction of organic homolytic bond dissociation enthalpies at near chemical accuracy with sub-second computational cost. Nat Commun 11:2328
43. Sundararaman R, Schwarz K (2017) Evaluating continuum solvation models for the electrode-electrolyte interface: challenges and strategies for improvement. J Chem Phys 146(8):084111
44. Tu H, Moura S, Fang H (2021) Integrating electrochemical modeling with machine learning for lithium-ion batteries. Preprint arXiv:2103.11580
45. Wang CY, Gu WB, Liaw BY (1998) Micro-macroscopic coupled modeling of batteries and fuel cells I. Model development. J Electrochem Soc 145(10):3407–3417
46. Wang H, Leonard DN, Meyer III HM, Watkins TR, Kalnaus S, Simunovic S, Allu S, Turner JA (2020) Microscopic analysis of copper current collectors and mechanisms of fragmentation under compressive forces. Mat Today Energy 17:100479
47. Ward L, Dandu N, Blaiszik B, Narayanan B, Assary RS, Redfern PC, Foster I, Curtiss LA (2021) Graph-based approaches for predicting solvation energy in multiple solvents: open datasets and machine learning models. J Phys Chem A 125(27):5990–5998
48. Wen M, Blau SM, Spotte-Smith EWC, Dwaraknath S, Persson KA (2021) BonDNet: a graph neural network for the prediction of bond dissociation energies for charged molecules. Chem Sci 12:1858–1868
49. Yao K, Herr JE, Toth DW, Mckintyre R, Parkhill J (2018) The tensormol-0.1 model chemistry: a neural network augmented with long-range physics. Chem Sci 9:2261–2269
50. Yun K-S, Pai SJ, Yeo BC, Lee K-R, Kim S-J, Han SS (2017) Simulation protocol for prediction of a solid-electrolyte interphase on the silicon-based anodes of a lithium-ion battery: ReaxFF reactive force field. J Phys Chem Lett 8(13):2812–2818
51. Zheng H, Li J, Song X, Liu G, Battaglia VS (2012) A comprehensive understanding of electrode thickness effects on the electrochemical performances of li-ion battery cathodes. Electro Acta 71:258–265
52. Zuo Y, Chen C, Li X, Deng Z, Chen Y, Behler J, Csányi G, Shapeev AV, Thompson AP, Wood MA, Ong SP (2020) Performance and cost assessment of machine learning interatomic potentials. J Phys Chem A 124(4):731–745